홍원표의 지반공학 강좌 건설사례편 5

구조물의 안정사례

홍원표의 지반공학 강좌 건설사례편 5

구조물의 안정사례

그동안 우리나라는 전쟁에서 벗어난 후진국에서 선진국으로 급격하게 성장하였다. 그래서 모든 사회면에서 선진국의 모형이 나타나고 있다. 예를 들면, '저출산과 고령화'가 급속히 진행되는 사회문제를 들 수 있다. 건설 분야에서도 새로운 인프라 구조물을 축조하기보다 노후한 기존 인프라 구조물의 유지·보수에 더 많은 투자를 하고 있다. 이와 같이 이제는 새로운 투자보다는 유지와 보수가 더욱 요구되고 있는 것이다.

홍원표 저

중앙대학교 명예교수
홍원표지반연구소 소장

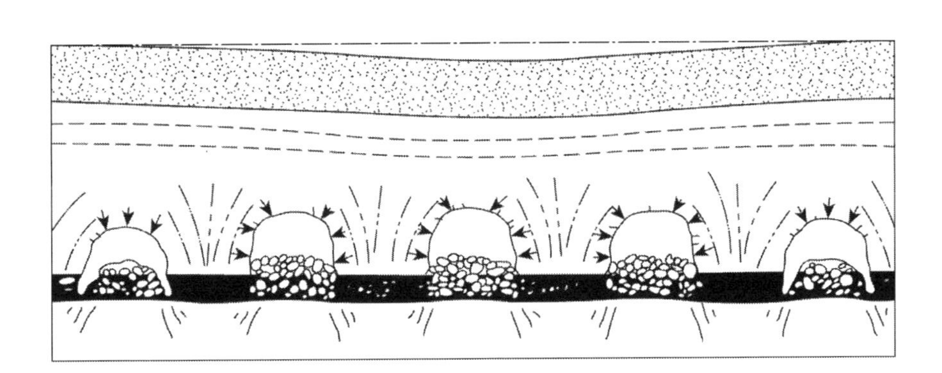

씨아이알

'홍원표의 지반공학 강좌'를 **시작하면서**

2015년 8월 말, 필자는 퇴임강연으로 퇴임식을 대신하면서 34년간의 대학교수직을 마감하였다. 이후 대학교수 시절의 연구업적과 강의노트를 서적으로 남겨놓는 작업을 시작하였다. 퇴임 당시 주변에서 이제부터는 편안히 시간을 보내면서 즐기라는 권유도 많이 받았고 새로운 직장을 권유받기도 하였다. 여러 가지로 부족한 필자의 여생을 편안하게 보내도록 진심어린 마음으로 해준 조언도 분에 넘치게 고마웠고 새로운 직장을 권하는 사람들도 더 없이 고마웠다. 그분들의 고마운 권유에도 귀를 기울이지 않고 신림동에 마련한 자그마한 사무실에서 막상 집필작업에 들어가니 황량한 벌판에 외롭게 홀로 내팽겨진 쓸쓸함과 정작 '집필을 수행할 수 있을까?' 하는 두려운 마음이 들었다.

그때 필자는 자신의 선택과 앞으로의 작업에 대하여 많은 생각을 하였다. '과연 나에게 허락된 남은 귀중한 시간을 무엇을 하는 데 써야 행복할까?' 하는 질문을 수없이 되새겨보았다. 이제 드디어 나에게 진정한 자유가 허락된 것인가? 자유란 무엇인가? 자신에게 반문하였다. 여기서 필자는 "진정한 자유란 자기가 좋아하는 것을 하는 것이며 행복이란 지금의 일을 좋아하는 것"이라고 한, 어느 글에서 해답을 찾을 수 있었다. 그 결과 퇴임 후 계획하였던 집필작업을 차질 없이 진행해오고 있다. 지금 돌이켜보면 대학교수직을 퇴임한 것은 새로운 출발을 위한 아름다운 마무리에 해당하는 것이라고 스스로에게 말할 수 있게 되었다. 지금도 힘들고 어려우면 초심을 돌아보면서 다짐을 새롭게 하고 마지막에 느낄 기쁨을 생각하면서 혼자 즐거워한다. 지금부터의 세상은 평생직장의 시대가 아니고 평생직업의 시대라고 한다. 필자에게 집필은 평생직업이 된 셈이다.

이러한 평생직업을 가질 수 있는 준비작업은 교수 재직 중 만난 수많은 석·박사 제자들과의 연구에서 출발하였다고 생각한다. 그들의 성실하고 꾸준한 노력이 없었다면 오늘 이런 집필작업은 꿈도 꾸지 못하였을 것이다. 그 과정에서 때론 크게 격려하기도 하고 나무라기도 하였던 점이 모두 주마등처럼 지나가고 있다. 그러나 그들과 동고동락하던 시기가 내 인생 최고의 시기였음을 이 지면에서 자신 있고 분명하게 말할 수 있고, 늦게나마 스승보다는 연구동반자로 고마움을 표하는 바다.

신이 허락한다는 전제 조건하에서 100세 시대의 내 인생 생애주기를 세 구간으로 나누면 제1구간은 탄생에서 30년까지로 성장과 활동의 시기였고, 제2구간인 30세에서 60세까지는 노후 집필의 준비시기였으며, 제3구간인 60세 이상에서는 평생직업을 갖는 인생 마무리 주기로 정하고 싶다. 이 제3구간의 시기에 필자는 즐기면서 지나온 기록을 정리하고 있다. 프랑스 작가 시몬드 보부아르는 "노년에는 글쓰기가 가장 행복한 일"이라고 하였다. 이 또한 필자가 매일 느끼는 행복과 일치하는 말이다. 또한 김형석 연세대 명예교수도 "인생에서 60세부터 75세까지가 가장 황금시대"라고 언급하였다. 필자 또한 원고를 정리하다 보면 과거 연구의 잘못된 점도 발견하고 있어 늦게나마 바로 잡을 수 있어 즐겁고 연구가 미흡하여 계속 연구를 더 할 필요가 있는 사항을 종종 발견하기도 한다. 지금이라도 가능하다면 계속 진행하고 싶으나 사정이 여의치 않아 아쉬운 마음이 들 때도 많다. 어찌하였든 지금까지 이렇게 한발 한발 자신의 생각을 정리할 수 있다는 것은 내 인생 생애주기 중 제3구간을 즐겁고 보람되게 누릴 수 있다는 것이 더없는 영광이다.

우리나라에서 지반공학 분야 연구를 수행하면서 참고할 서적이나 사례가 없어 힘든 경우도 있었지만 그럴 때마다 "길이 없으면 만들며 간다"는 신용호 교보문고 창립자의 말을 생각하면서 묵묵히 연구를 계속하였다. 필자의 집필작업뿐만 아니라 세상의 모든 일을 성공적으로 달성하기 위해서는 불광불급(不狂不及)의 자세가 필요하다고 한다. "미치지(狂) 않으면 미치지(及) 못한다"라고 하니 필자도 이 집필작업에 여한이 없도록 미쳐보고 싶다. 비록 필자가 이 작업에 미쳐 완성한 서적이 독자들 눈에 차지 못할지라도 그것은 필자에게는 더없이 소중한 성과다.

지반공학 분야의 서적을 기획·집필하기에 앞서 이 서적의 성격을 우선 정하고자 한다. 우리 현실에서 이론 중심의 책보다는 강의 중심의 책이 기술자에게 더 필요할 것 같아 이름을 '지반공학 강좌'로 정하였고, 일본에서 발간된 여러 시리즈의 서적과 구분하기 위해 필자의 이름을 넣어 '홍원표의 지반공학 강좌'로 정하였다.

강의의 목적은 단순한 정보전달이어서는 안 된다고 생각한다. 강의는 생각을 고취하고 자극

해야 한다. 많은 지반공학도들이 본 강좌서적을 활용하여 새로운 아이디어, 연구 테마 및 설계·시공안을 마련하기를 바란다. 앞으로 이 강좌에서는 「말뚝공학편」, 「기초공학편」, 「토질역학편」, 「건설사례편」 등 여러 분야의 강좌가 계속될 것이다. 주로 필자의 강의노트, 연구논문, 연구 프로젝트 보고서, 현장자문기록, 필자가 지도한 석·박사 학위논문 등을 정리하여 서적으로 구성하였고 지반공학도 및 설계·시공기술자에게 도움이 될 수 있는 상태로 구상하였다. 처음 시도하는 작업이다 보니 조심스러운 마음이 많다. 옛 선현의 말에 "눈길을 걸어갈 때 어지러이 걷지 마라. 오늘 남긴 내 발자국이 뒷사람의 길이 된다"라고 하였기에 조심스러운 마음으로 눈 내린 벌판에 발자국을 남기는 자세로 진행할 예정이다. 부디 필자가 남긴 발자국이 많은 후학들의 길 찾기에 초석이 되길 바란다.

2015년 9월 '홍원표지반연구소'에서

저자 **홍원표**

#「건설사례편」 강좌
서 문

은퇴 후 지인들로부터 받는 인사가 "요즈음 뭐하고 지내세요"가 많다. 그도 그럴 것이 요즘 은퇴한 남자들의 생활이 몹시 힘들다는 말이 많이 들리기 때문에 나도 그 대열에서 벗어날 수 없는 것이 사실이다. 이러한 현상은 남자들이 옛날에는 은퇴 후 동네 복덕방(지금의 부동산 소개업소)에서 소일하던 생활이 변하였기 때문일 것이다. 요즈음 부동산 중개업에는 젊은 사람들이나 여성들이 많이 종사하고 있어 복덕방이 더 이상 은퇴한 할아버지들의 소일터가 아니다. 별도의 계획을 세우지 않은 경우 남자들은 은퇴 즉시 백수가 되는 세상이다.

이런 상황에 필자는 일찌감치 은퇴 후 자신이 할 일을 집필에 두고 준비하며 살았다. 이로 인하여 은퇴 후에도 바쁜 생활을 할 수 있어 기쁘다. 필자는 은퇴 전 생활이나 은퇴 후의 생활이 다르지 않게 집필계획에 따라 바쁘게 생활하고 있다. 비록 금전적으로는 큰 도움이 되지 못하지만 시간상으로는 아무 변화가 없다. 다만 근무처가 학교가 아니라 개인 오피스텔인 점만이 다르다. 즉, 매일 아침 9시부터 저녁 5시까지 집필에 몰두하다 보니 하루, 한 달, 일 년이 매우 빠르게 흘러가고 있다. 은퇴 후 거의 10년의 세월이 지나고 있다. 처음 목표로 정한 '홍원표의 지반공학 강좌'의 「말뚝공학편」, 「기초공학편」, 「토질공학편」, 「건설사례편」의 집필을 완성하는 그날까지 계속 정진할 수 있기를 기원하는 바다.

그동안 집필작업이 너무 힘들어 포기할까도 생각하였으나 초심을 잃지 말자는 마음으로 지금까지 버텨왔음이 오히려 자랑스럽다. 심지어 작년 한 해는 처음 목표의 절반을 달성하였으므로 집필작업을 잠시 멈추고 지금까지의 길을 뒤돌아보는 시간도 가졌다. 더욱이 대한토목학회로부터 내가 집필한 '홍원표의 지반공학 강좌' 「기초공학편」이 학회 '저술상'이란 영광스러운 상의 수상자로 선발되기까지 하였고, 일면식도 없는 사람으로부터 생각하지도 않았던 감사인사까지 받게 되어 그동안 집필작업에 쉬지 않고 정진하였음은 정말 잘한 일이고 그 결정을 무엇보다 자랑스럽게 생각하는 바다.

드디어 '홍원표의 지반공학 강좌'의 네 번째 강좌인 「건설사례편」의 집필을 수행하게 되었다. 실제 필자는 요즘 「건설사례편」에 정성을 가하여 열심히 몰두하고 있다. 황금보다 소금보다 더 소중한 것이 '지금'이라 하지 않았던가.

네 번째 강좌인 「건설사례편」에서는 필자가 은퇴 전에 참여하여 수행하였던 각종 연구 용역을 '지하굴착', '사면안정', '기초공사', '연약지반 및 항만공사', '구조물의 안정'의 다섯 분야로 구분하여 정리하고 있다. 책의 내용이 다른 전문가들에게 어떻게 평가될지 모르나 필자의 작은 노력과 발자취가 후학에게 도움이 되고자 과감히 용기를 내어 정리하여 남기고자 한다. 내가 노년에 해야 할 일은 내 역할에 맞는 일을 해야 한다고 생각한다. 이러한 결정은 '새싹이 피기 위해서는 자리를 양보해야 하고 낙엽이 되어서는 다른 나무들과 숲을 자라게 하는 비료가 되어야 한다'라는 신념에 의거한 결심이기도 하다.

그동안 필자는 '홍원표의 지반공학 강좌'의 첫 번째 강좌로 『수평하중말뚝』, 『산사태억지말뚝』, 『흙막이말뚝』, 『성토지지말뚝』, 『연직하중말뚝』의 다섯 권으로 구성된 「말뚝공학편」 강좌를 집필·인쇄·출간하였으며, 두 번째 강좌로는 「기초공학편」을 집필·인쇄·출간하였다. 「기초공학편」 강좌에서는 『얕은기초』, 『사면안정』, 『흙막이굴착』, 『지반보강』, 『깊은기초』의 내용을 집필하였다. 계속하여 세 번째 「토질공학편」 강좌에서는 『토질역학특론』, 『흙의 전단강도론』, 『지반아칭』, 『흙의 레오로지』, 『지반의 지역적 특성』의 다섯 가지 주제의 책을 집필하였다. 네 번째 강좌에서는 필자가 은퇴 전에 직접 참여하였던 각종 연구 용역의 결과를 다섯 가지 주제로 나누어 정리함으로써 내 경험이 후일의 교육자와 기술자에게 작은 도움이 되었으면 한다.

우리나라는 세계에서 가장 늦은 나이까지 일하는 나라라고 한다. 50대 초반에 자의든 타의든 다니던 직장에서 나와 비정규직으로 20여 년을 더 일해야 하는 형편이다. 이에 맞추어 우리는 생각의 전환과 생활 패턴의 변화가 필요한 시기에 진입하였다. 이제 '평생직장'의 시대에서 '평생직업'의 시대에 부응할 수 있게 변화해야 한다.

올해는 세계적으로 '코로나19'의 여파로 지구인들이 많은 고통을 겪었다. 이 와중에도 내 자신의 생각을 정리할 수 있는 기회를 신으로부터 부여받은 나는 무척 행운아다. 위기는 모르고 당할 때 위기이고, 알고 대비하면 피할 수 있다고 하였다. 부디 독자 여러분들도 어려운 시기지만 잘 극복하여 각자의 성과를 내기 바란다.

마음의 문을 여는 손잡이는 마음의 안쪽에만 달려 있음을 알아야 한다. 먼 길을 떠나는 사람은 많은 짐을 가지고 가지 않는다. 높은 정상에 오르기 위해서는 무거운 것들은 산 아래 남겨두는 법이다. 정신적 가치와 인격의 숭고함을 위해서는 소유의 노예가 되어서는 안 된다. 부디 먼 길을 가기 전에 모든 짐을 내려놓을 수 있도록 노력해야 한다.

모름지기 공부란 남에게 인정받기 위해 하는 게 아니라 인격을 완성하기 위해 하는 수양이다. 여러 가지로 부족한 나를 채우고 완성하기 위해 필자는 오늘도 집필에 정진한다. 사명이 주어진 노력에는 불가능이 없기에 남이 하지 못한 일에 과감히 도전해보고 싶다. '잘된 실패는 잘못된 성공보다 낫다'는 말에 희망을 걸고 용기를 내본다. 욕심의 반대는 무욕이 아니라 만족이기 때문이다.

2023년 2월 '홍원표지반연구소'에서

저자 **홍원표**

『구조물의 안정사례』 머리말

드디어 「건설사례편」의 집필을 마치며, 계획된 '홍원표의 지반공학 강좌'의 집필을 모두 마무리하게 되었다. 즉, '홍원표의 지반공학 강좌'의 「말뚝공학편」, 「기초공학편」, 「토질공학편」, 「건설사례편」으로 도합 20권의 집필을 끝냈다. 그동안 출간한 서적을 보면 흐뭇하기도 하다. 오랜 시간에 걸친 집필작업으로 몸과 마음의 에너지가 모두 소진되어 이제는 지친 상태다. 휴식이 필요하다. 이제부터는 역사에 모든 것을 맡기고 나 자신은 여생을 즐겁게 지내야 할 시기다.

올해가 '한미동맹 70주년'이 되는 해라고 한다. 그동안 우리나라는 전쟁에서 벗어난 후진국에서 선진국으로 급격하게 성장하였다. 그래서 모든 사회면에서 선진국의 모형이 나타나고 있다. 예를 들면, '저출산과 고령화'가 급속히 진행되는 사회문제를 들 수 있다. 건설 분야에서도 새로운 인프라 구조물을 축조하기보다 노후한 기존 인프라 구조물의 유지·보수에 더 많은 투자를 하고 있다. 이와 같이 이제는 새로운 투자보다는 유지와 보수가 더욱 요구되고 있는 것이다. 대표적인 예로 동강댐을 들 수 있다. 주민의 반대로 인하여 동강댐은 건설하지 못하였으며, 그로 인해 동강댐 설립 예정이던 하천은 볼 수가 없을 정도로 황폐해지고 망가졌다. 또한 4대강 유역은 제대로 활용하지 못하여 그 피해가 막중하다.

요즈음은 건설공사 중 사고(특히 인사사고 발생 시)가 발생하면 대표이사까지 구속하는 법이 시행되고 있기에 새로운 공사를 시작하지 않는 분위기(건설 분야에는 더욱 좋지 않은 분위기)다. 그럼에도 불구하고 필자는 집필을 계속해왔다. 오히려 지금이 건설 분야에 필요한 서적을 많이 편찬해놓기 좋은 시기일 것이라는 생각 때문이었다.

이 서적에서는 제10장에 걸쳐 건설 구조물의 축조 과정에서 발생하는 제반 안전 관련 문제점을 취급하였다. 즉, 축조 과정에서 발생하거나 적용한 기초의 형태에 대해서 설명하였다.

특히 본 서적에는 동료 교수들과의 협동 연구한 결과를 많이 수록하였다. 제1장에서는 조윤호 교수와 함께 연구한 제주 월드컵 경기장의 배수처리 방안에 대해서 수록하였다. 이는 시기적으로 '88서울올림픽 경기에 앞선 월드컵 경기장에서의 안전 문제를 거론하였다.

다음으로 제2장에서는 당시 대림대학에 근무하던 제자 한중근 박사의 침수피해 연구 결과를 수록하였다. 제3장에서는 요즈음 발생 빈도가 늘어나고 있는 '광해로 인한 지반침하'를 수록하였다. 이 연구는 당시 제자로 건설대학원에 제학 중이었던 대한광업진흥공사의 김종남 씨의 기여에 의한 연구 성과다. 제4장에서는 '전철 분당선 제8공구 터널사고 원인 분석 및 복구대책 수립'의 결과를 수록하였다. 한편 제5장에서는 '부산 청룡동 경동아파트와 고속철도 건설계 획에 따른 기술 검토'에 관한 연구 결과를 수록하였다.

마지막으로 제6장에서 제10장까지는 '도시관리 전문교육과정 교재'에서 강의한 내용을 수록하였다. 제6장에서는 '제방의 안정'을, 제7장에서는 '연약지반 속 말뚝의 안정'을, 제8장에서는 '지하공간 개발'을, 제9장에서는 '전철 안전시공 점검사항'을, 제10장에서는 '매립처분'을 수록하였다.

끝으로 본 서적의 집필 중에는 집안에 우환이 겹쳐 두 배로 힘든 시기였음을 밝혀두는 바다. 며느리는 대장암의 항암투병으로 힘들어했고, 아내는 불의의 사고로 인하여 '지주막하출혈'로 두 차례에 걸친 뇌수술을 진행한 상태였다. 이들의 쾌유를 주님께 기도드리며 빠른 쾌유를 기원하는 바다.

끝으로 어려운 시기에 집필을 무사히 끝낼 수 있게 해주신 주님께 감사드린다. 이제 다음 단계의 계획을 수립해야 할 시기다. 아마도 다음 단계는 지금까지 집필한 내용을 '유튜브 강좌'로 강의할 구상을 하고 있다.

2024년 6월 '홍원표지반연구소'에서

저자 **홍원표**

Contents

Chapter 05 부산 청룡동 경동아파트와 고속철도 건설 계획에 따른 기술 검토

Chapter 06 제방의 안정

Chapter

01

제주 월드컵 경기장 배수처리 방안

Chapter 01 제주 월드컵 경기장 배수처리 방안

1.1 서론

1.1.1 연구 배경 및 목적

2002년 월드컵이 우리나라에서 개최됨에 따라 제주도민의 성원과 국가적인 지원에 힘입어 서귀포시가 개최 도시의 하나로 선정되어 조직위원회는 경기장 건설에 박차를 가하였다. 서귀포시 법환동 914번지 일대 36,451평의 부지 위에 현대식 돔 구조물의 축구 전용 경기장을 건설하였으며, 풍림건설이 일괄도급 계약방식으로 공사를 진행하였다. 공사 중 기존 설계에서 제시된 일부 방안이 재검토되었는데, 기존 설계에서 경기장 외 지역의 강우에 따른 배수는 불투수층 포장하에 우수관로를 배치하여 해안으로 물을 자연유출시키는 방안을 제시하였다. 그러나 완공된 지 몇 년 안 된 서부법환도로의 일부 구간의 교통을 우회시키며 일정 기간 폐쇄해야 하는 어려움에 직면하였다. 따라서 본 과업에서는 ① 기존 설계의 강제배수 방식을 재검토하되 자연배수 방법을 모색하고, ② 10년 강우강도 이외에 부득이한 환경재앙, 예를 들어 30년 강우강도에 해당하는 폭우가 닥쳤을 때를 대비하며, ③ 제시된 방법이 기존 제주도의 자연수를 오염시키지 않고, ④ 합리적인 공사비를 제시할 수 있는 설계 기본안을 제시하고자 하였다.(8)

1.1.2 연구 내용

중력식 자연 배수공법을 모색하되 지하수 오염을 최소화하며 최적의 비용을 투입하려는 본

과업의 목적을 달성하기 위해 본 과제는 다음과 같은 연구 내용을 포함하였다.[8]

(1) 일반 현황 조사: 월드컵 경기장 주변의 일별 강우량, 온도, 강우강도 등을 조사하여 중력식 배수공법 적용 시 고려할 기초 자료를 수집하고, 기존 설계에서 제시된 공법을 재검토하여 공학적 타당성 검토 작업을 진행한다.
(2) 지질조사: 각종 현장조사(시추조사, 전기비저항탐사, 현장투수시험, 수압시험 등) 및 실내시험을 통하여 지층의 구성상태 및 특성 분석 그리고 투수능력에 대한 기본 자료를 수집한다.
(3) 자연배수법 검토: 투수 콘크리트, 유수지, 쇄석기둥(stone column) 등을 이용한 각종 배수법의 특징을 검토하고 이들이 경기장 지역의 강우를 모두 소화할 수 있는지를 분석한다.
(4) 대안 선정 및 분석: 투수 콘크리트, 유수지, 쇄석기둥 등을 조합한 대안을 선정하고 각 대안을 공학적인 관점에서 비교·분석한다.
(5) 대안의 우선순위 선정: 각 대안의 경제성, 안전성, 미관, 환경적 영향 등을 고려하여 최적안을 도출한다.

1.1.3 연구 진행 방법

본 연구에서는 먼저 서귀포 월드컵 경기장 외곽부지 내의 우수를 처리하는 데 지중 침투에 의한 자연배수 방안이 가능한지 여부를 검토하였다. 1차 기본자료 분석 후 보다 효율적이고 합리적이며 경제적인 배수처리 방안을 제시하기 위하여 현장답사와 (주)이엔지건설엔지니어링에서 제시한 지반조사보고서 및 배수시설검토보고서에 의거하여 연구를 진행하였다.

다음과 같은 범위의 과업을 수행하였다.

(1) 현장답사
(2) 기존 설계도서 검토
(3) 강우자료 검토
(4) 기존 배수 관련 설계도서 검토
(5) 지반조사보고서 검토
(6) 추가지반조사 결과 및 현장실험 결과 검토
(7) 자연배수 가능성 검토

(8) 합리적인 배수처리 방안 마련

(9) 보고서 작성

본 연구를 수행하는 과정에서 (주)풍림산업, (주)이엔지건설엔지니어링과 수차례의 회의를 실시하여 타당한 연구 성과를 마련하도록 하였다.

1.1.4 과업 범위

(1) 시간적 범위: 1999년 5월 6일~6월 15일

(2) 공간적 범위: 제주도 서귀포시 법환동 월드컵 경기장 부지 일대

1.2 기존 설계 검토

본 절에서는 기존 설계 검토를 통하여 강제배수의 문제점 파악 및 기존 관망을 확장하지 않고, 경기장 부지 또는 그 인접지역에서 사업부지의 우수를 처리할 수 있는 중력식 배수 설계의 기본 방향을 제시하였다.

1.2.1 개요

사업부지 내 하수배제방식은 분류식으로 계획하였는데, 버스주차장 부지 배수는 북측 일주도로변 박스(3.5×3.5m)에 연결 배제하였고, 그 외 전체 부지는 부지 서측 법환 진입도로(폭 20m)의 관로를 확장하여 해안까지 연결되도록 계획하였다.

1.2.2 우수배제 계획

대상 부지의 우수배제는 그림 1.1에서 보는 바와 같이 서측 기존도로에 매설된 우수관(D600)의 용량 부족으로 기존 관로를 박스(2.0×2.0m)로 개수 설계에 반영하였다. 경기장 내 지하수를 유공관 및 U형 측구를 통해 사업부지 서측 법환 도로에 배제되도록 계획하였다. 또한 부지 내 도로의 배수는 종단 구배(0.3%)를 두어 노면에 우수가 고이지 않도록 계획하였고, 기념광장 및

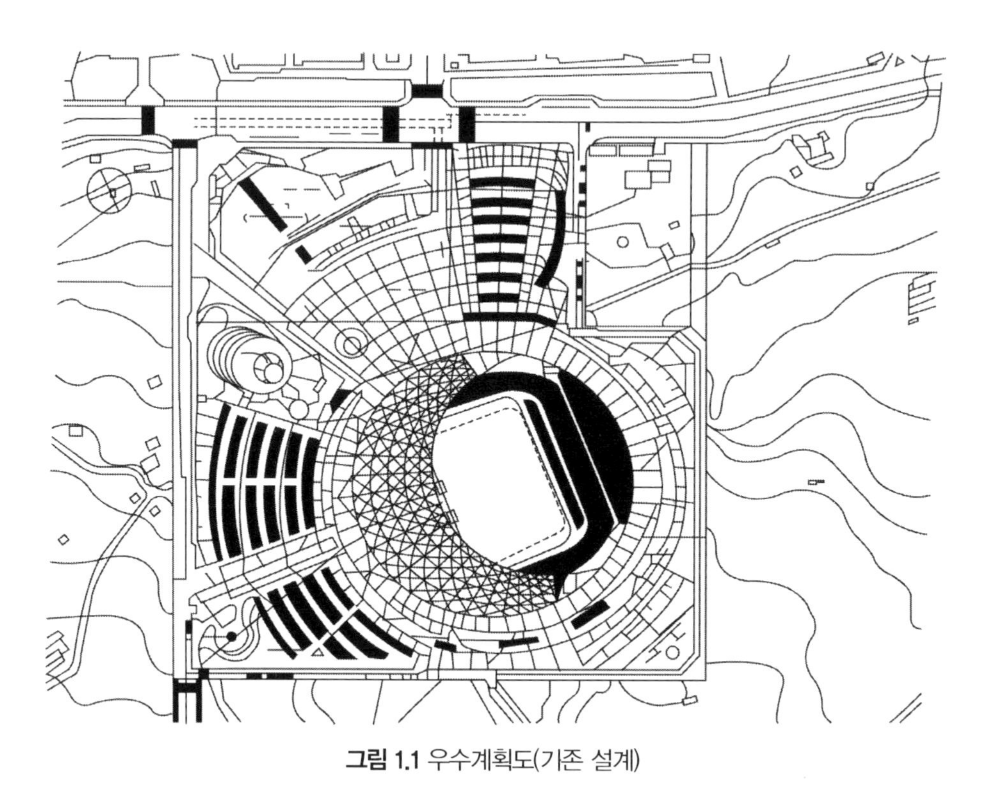

그림 1.1 우수계획도(기존 설계)

버스정류장에도 집수정 및 U형 측구를 설치하여 우수가 원활하게 배제되도록 설계하였다.

1.2.3 우수처리 방안

그림 1.2는 사업 부지 내 우수를 배제하기 위한 우수처리계통을 나타낸 도면이다. 경기장 및 경기장 외곽에 우수를 우수관로를 활용하여 강제 배수방식으로 처리·집수하여 해안방류를 목적으로 하고 있다. 경기장 배수는 유공관, U형 측구, 집수정을 이용하여 운동장 외곽 맨홀로 강제배수하고, 부지 내 계획도로 우수관로와 연결한다. 경기장 외곽부의 배수는 배수관망 설계에 따라 측구, 원형관, 박스 및 맨홀을 통하여 기존 서부 법환도로상에 박스를 확장하여 해안 방류시킨다.

표 1.1은 각 배수 구역에 따른 유역면적 및 배수 위치를 나타내고 있다. A구역은 주로 임시 사용부지(버스 및 순환버스 주정차장)와 월드컵 기념광장으로 구성되어 있고, B구역은 축제오름 및 타 용도 광장, C구역은 경기장, D구역은 바람오름, 주차장 및 데크 지역으로 구성되어 있다.

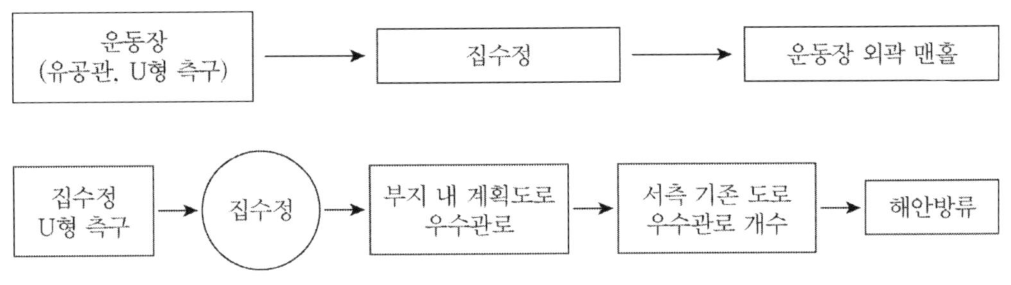

그림 1.2 강재 배수방식에 의한 우수처리

표 1.1 강제 배수방식에 의한 배수구역 및 위치

배수구역	최종 방류구	유역면적(ha)	배수위치	비고
A구역	D900	2.46	북측일주도로	
B구역	D900	5.04	서측법환도로	
C구역	D1000	2.60	서측법환도로	운동장 포함
D구역	박스 2.0×2.0	4.25	서측법환도로	

본 사업지구의 우수배제는 그림 1.2에서 보는 바와 같이 주경기장 내 운동장 배수와 주경기장 외곽배수로 분리하여 하수도 설계기준에 의한 수리계산을 수행하였으며, 이에 따른 적절한 배수 계획을 수립하였다.(4)

우수유출량은 합리식으로 산정하였고, 강우강도는 물부(모노베) 공식으로 산정하였다. 이때 서귀포시의 빈도별 확률강우량은 최근 40년 자료 중 최대치인 365.5mm/day를 사용하였다. 유출계수는 투수성 포장지역은 0, 불투수성 포장지역은 0.85, 오름(수목)지역은 0.17의 값을 사용하였다. 조도계수는 흄관의 경우 0.013, 구형거의 경우 0.015를 사용하였다. 우수관의 설계유속은 최소 0.8m/sec, 최대 3.0m/sec 이하로 하고, 관거 내 설계수심은 원형관일 때는 100%, 구형거일 때는 90% 수심을 적용하였다.

우수관은 비교·검토하여 내구성이 강하고 수밀성이 유지되며, 시공성이 우수한 관을 선정하였다.(3) 우수본관의 최소 관경은 하수도시설기준에 의거 D450mm로 하였으며, D1200mm 이하는 흄관을 사용하고 그 이상은 현장타설콘크리트 암거로 설계하였다.(7) 관거의 매설심도는 지하매설물, 차량의 충격하중을 고려 1.20m 이상으로 계획하였다. 관의 연결관은 누수 및 지하수의 유입을 방지하기 위하여 수밀성 및 내구성이 있는 소켓식 접합을 적용하였다. 맨홀은 관의 방향, 경사, 관경이 바뀌거나 단차가 생기거나 합류하는 곳에 반드시 설치하였다.(7)

1.2.4 기존 설계의 문제점

기존 설계를 검토한 결과 여러 문제점이 발견되었는데, 예를 들어 기존 서부법환도로상의 관거(D200)를 해체하고 박스를 신설함에 따라 기존 도로를 파손시켜 토공, 박스 공을 1.7km 정도 시공해야 하므로 시공성 및 경제성 측면에서 타당하지 않은 안이 될 수 있을 것으로 판단하였다.(7)

즉, 우수는 그대로 해안으로 방류함에 따라 해안오염의 가능성이 있으며, 관로 설치 시 예상 추가 비용이 약 20억 원(소요 연장 1.7km)으로 경제성 문제가 따르므로 적용 가능한 대안을 비교·검토하여 보다 합리적이고 경제적인 최적안을 선정해야 할 필요성이 있었다. 따라서 본 연구에서는 표 1.2에 보인 바와 같이 크게 유수지 확보 방안 및 중력식 자연 배수방안(이하 자연배수 방안)으로 분류하여 타당성을 검토하고자 하였다.(8)

표 1.2 대책안의 개요 및 특징(8)

항목 \ 대책안	유수지 확보 방안	중력식 자연배수 방안
개요	• 우수를 현장 주변에 설치된 유수지로 유도하여 자연배수	• 투수 콘크리트를 이용한 자연배수 • 침투조를 이용한 우수의 자연배수 • 쇄석기둥을 이용한 자연배수 • 투수 콘크리트 및 침투 트렌치에 의해 배수되지 못한 우수를 침투조로 유도하여 자연배수
특징	• 확실한 우수처리를 기대할 수 있음 • 유수지에 저수된 우수를 제주도 지역 여건을 감안하여 농업용수 등으로 재활용이 가능함 • 유수지 건설에 필요한 부지가 클 경우 경제성이 떨어짐	• 기존 주차장 부지를 이용하므로 추가 부지가 필요하지 않음 • 투수콘과 투수기둥 등 복합적인 공법 채택으로 효율을 극대화시킬 수 있음 • 투수성 기능 저하에 대한 대책이 필요함

1.3 대안 선정 및 분석

본 절에서는 과업 목적에 알맞은 최적안을 선정하기 앞서 과업 대상 지역의 기본 자료를 바탕으로 설계 강우강도를 추정하여 최대계획 우수유출량을 산정하였다. 다양한 침투 시설을 살펴보고 관련 전문가들의 의견을 모아 타당한 대안을 제시하였으며, 제안된 대안들이 기본적인 배수 능력을 갖추고 있는가를 수문학적 기본 이론을 바탕으로 검토하였다.(1,2)

검토안을 바탕으로 합리적인 대안을 제시하며 기존안과 대안을 합리적으로 분석하여 설계에

반영할 수 있는 근거를 제시하였다.(8)

1.3.1 최대계획 우수유출량 산정

최대계획 우수유출량 산정에는 하수도 설계 및 기타 우수유출량 산정에 가장 보편적으로 사용되는 합리식을 적용하기로 하였다.(2,3) 합리식이란 지속시간에 대응하는 강우강도를 그 지역 강우 특성에 의한 강우강도 곡선이나 강우강도 공식에 따라서 구한 후 이러한 강도의 강우가 계획된 배수구역 전체에 동일하게 내린다고 가정하여 산출된 식이다.

이 식의 주요 인자로 강우강도가 있는데, 강우강도 공식으로는 과거 강우량의 통계로부터 유도된 Talbot형, Sherman형, 물부공식 등 여러 공식이 있다. 본 과업에서는 물부공식을 바탕으로 하여 설계에 적합한 최대 계획 우수유출량을 제시하고자 하였다.

(1) 합리식에 의한 방법

합리식에 의한 방법은 미리 선정한 확률 강우강도 공식에 강우지속시간과 유달시간이 같다는 가정 아래 시간당 강우량을 구한 후 이에 배수면적과 유출계수 등을 곱하여 최대우수유출량을 구하는 방법이다.(3,4)

$$Q = \frac{1}{360} CIA \tag{1.1}$$

여기서, Q = 최대계획 우수유출량(m^3/sec)

C = 유출계수

I = 유달시간 내의 평균강우강도(mm/hr)

A = 배수면적(ha)

① 강우강도 공식

강우강도 공식이란 확률 연마다 강우강도와 지속시간과의 관계곡선을 수식으로 나타낸 공식이다.(1-4) 이 공식은 지역마다 과거 강우량의 통계자료로부터 유도한다. 즉, 강우강도 공식은 지역에 따라 다르며, 같은 지역에 있어서도 재현기간에 따라 공식이 다르다.

강우강도-빈도-지속시간의 관계는 주어진 재현기간에 따라 대수지상에서 직선으로 표시되므로 다음과 같은 공식으로 표현한다.

$$I = \frac{aT^m}{(b+T)^n} \tag{1.2}$$

여기서, t = 재현기간(년)

T = 강우의 지속시간(분 또는 시)

a, b, m 및 n = 회귀분석에 의한 계수

국내에서 많이 사용되고 있는 강우강도 공식은 식 (1.3)에 보인 Talbot형이다.

$$I = \frac{a}{t+b} \tag{1.3}$$

여기서, t = 강우 지속시간

a, b = 재현기간과 지역특성에 따른 상수

② 서귀포시에서 사용한 강우강도 공식

문헌조사에 따르면 현재까지 서귀포시에서 사용된 공식은 다음의 세 가지로 요약된다. '경기장 기본설계 보고서'에서는 식 (1.5)의 물부 공식을 채택하여 사용하였다.

가. 서귀포시 하수처리장 실시설계에서 사용된 공식(재현기간 5년, 1992.08.)

$$I = \frac{510}{\sqrt{t}+0.57} \tag{1.4}$$

나. 서귀포시 하수도 정비 기본계획에서 사용한 물부 공식(1984.06.)

$$I = \frac{R24}{24}\left(\frac{24}{t}\right)^{\frac{2}{3}} \tag{1.5}$$

다. 물부의 수정공식(농림수산부, 서귀포 지역)

$$I = \frac{R24}{24}\left(\frac{24}{t}\right)^{0.4930} \tag{1.6}$$

③ 유달시간

유달시간이란 우수가 배수구역의 제일 먼 지점으로부터 하수관거에 유입하는 데 필요한 시간, 즉 유입시간과 유입지점으로부터 설계지점까지 흐르는 데 필요한 유하시간의 합을 말한다.[9-12] 따라서 유입시간이란 우수가 토지나 기타의 표면을 흘러서 처음으로 하수관거에 도달하기까지의 시간으로, 해당 배수구의 면적과 지표면의 기울기, 조도계수 등에 의해서 변화하며, 통상 간선인 경우는 5분, 지선인 경우에는 7분이 사용된다(하수도시설기준, 1997).[7]

유입시간을 이론적으로 산정하는 식으로는 Kerby식이 있다.

$$t_1 = 1.44\left(\frac{l \cdot n}{S^{\frac{1}{2}}}\right)^{0.467} \tag{1.7}$$

여기서, l = 지표면의 거리(m)

n = 조도계수와 유사한 지체계수

S = 지표면의 평균경사(%)

빗물이 하수관거에 유입한 지점으로부터 유수지나 집수정까지 흐르는 데 필요한 시간을 유하시간이라 하는데, 이 시간은 통상 식 (1.8)을 통해 계산한다.

$$\text{유하시간(분)} = \frac{L}{V \times 60} \tag{1.8}$$

여기서, L = 하수관거의 총연장(m)

V = 하수관 내의 평균유속

④ 유출계수

최대우수유출량의 강우량에 대한 비율을 유출계수라 한다.[1-4] 보통 하수도에서는 장기간의 것을 말하는 것이 아니고, 지금 내리고 있는 비의 얼마 정도가 곧 유출하는 양인지를 나타내는 데 사용하고 있다. 즉, 1시간 또는 1분이라는 단위시간의 강우량과 단위시간의 유출량과의 비를 유출계수로 사용하는데, 이는 식 (1.9)로 계산된다.

$$C = \frac{\text{최대우수유출량}}{\text{강우량}} = \frac{Q}{I \cdot A} \tag{1.9}$$

여기서, C = 유출계수

Q = 최대우수유출량

I = 유달시간 내의 평균강우강도

A = 배수면적

그러나 빗물이 다양한 표면 위를 거쳐서 흐르는 경우 유출계수는 보정되어 사용되는데, 이를 총괄유출계수라 한다. 즉, 면적을 이용하여 가중 평균을 구하는 데 (1.10)을 이용함으로써 쉽게 구할 수 있다.

$$C = \frac{\sum_{i=1}^{m} C_i A_i}{\sum_{i=1}^{m} A_i} \tag{1.10}$$

여기서, C = 총괄유출계수

C_i = i번째 토지이용도별 기초유출계수

A_i = i번째 토지이용도별 총면적

m = 토지이용도의 수

일반적으로 토지 이용에 따라 표 1.3에 보인 것과 같은 유출계수가 사용되고 있는데, 본 과업에서도 동일한 값을 적용하였다.

표 1.3 토지이용별 기초유출계수의 표준값

표면 형태	유출계수	표면 형태	유출계수
지붕	0.85~0.95	공지	0.10~0.30
도로	0.80~0.90	잔디, 수목이 많은 공원	0.05~0.25
기타 불투수면	0.75~0.85	경사가 완만한 산지	0.20~0.40
수면	1.00	공사가 급한 산지	0.40~0.60

한편 유출계수를 강우강도나 지속시간의 함수로 표시한 경우도 있는데, 예를 들어 식 (1.11), (1.12)에 보인 F. Reinhold 공식이나 Horner 공식을 들 수 있다.[11]

$$C = mrR^{0.567}t^{0.228} \quad \text{(F. Reinhold 공식)} \tag{1.11}$$

여기서, t = 강우 지속시간(분)

mr = 상수 0.0064(모래표면)~0.0238(석괴포장)

R = 강우량(L/ha/sec)

$$C = 0.364\log t + 0.00420p - 0.145 \quad \text{(Horner 공식)} \tag{1.12}$$

여기서, t = 강우지속시간(분)

p = 불투수면의 비율

본 과업에서는 유수지 및 집수정 설계에서 사업부지의 총괄유출계수를 사용하였는데, 채택한 값은 표 1.3에 나타난 수치를 근거로 산출하였다.

(2) 실제 계산식에 사용된 공식 및 근거치

최대계획 우수유출량 산출 시 상하수도 시설기준에는 합리식을 사용하도록 권장하고 있다. 그 이유는 본 과업 지역의 경우 충분한 강우자료가 존재하므로 합리식을 사용하는 것이 타당하다고 판단하였다. 그리고 본 보고서에서는 서귀포시 하수도 정비 기본계획에서 사용한 물부의 공식을 적용하였다.

식 (1.5)의 물부 공식을 채택한 본 과업에서 빈도별 확률강우량(R24)의 선정은 1962년부터 현재까지의 강우자료를 바탕으로 강우량이 급속히 증가한 최근 10년간의 강우기록을 이용하였다. 일최대강우량을 기준으로 볼 때 최근 10년간 일최대강우량이 365.5mm/day(1995.07.02.), 259.8mm/day(1992.05.06.), 195.7mm/day(1990.07.01.) 등으로, 과거 30년간 190mm/day 이상의 강우량이 1979년과 1985년 각각 260.6mm/day, 232.8mm/day인 것에 비하여 그 발생 빈도가 급속히 증가하였다. 따라서 본 연구에서는 역대 최대치인 365.5mm/day를 확률강우량(R24)으로 사용하였다. 그 외 유출계수는 투수성 포장지역은 0, 불투수성 포장지역은 0.85, 오름(수목)지역은 0.17의 값을 사용하였다.

1.3.2 침투이론

본 과업에서 제안된 대안들은 우수의 침투를 통한 자연처리를 전제로 하고 있기 때문에 침투에 대한 기본 이론 고찰은 중요하다. 본 절에서는 침투에 대한 기본 이론들을 살펴본다.

(1) 침투 과정

침투란 물이 중력과 모세관 작용에 의하여 표면을 통하여 토양 속으로 스며드는 현상이다. 물이 시간당 흙에 스며드는 비율을 침투율(f, mm/h)이라 한다. 대부분의 조건에서 침투율은 물이 흙 표면을 처음 접촉할 때 최대고 그 속도 또한 최대다. 흙 속으로 침투한 물은 지표 부근에서는 횡방향으로 흐름을 형성하나 대부분은 연직으로 이동하여 지하수에 이르게 되는데, 이와 같이 중력에 의한 연직 흐름을 침투라 한다.

토양 표면에 침투한 물이 침투하지 않고 표토층에 잔류상태에 있으면 침투는 계속될 수 없다. 침투한 물은 마찰이 가장 작은 통로를 따라 중력수로 아래로 흘러 지하수에 이른다. 모관작용은 중력수를 모세관 공극으로 흡인하여 하향하는 중력수의 힘을 감소시킨다. 이러한 현상은 결과적으로 침투를 감소시킨다.

주어진 조건에서 물의 공급이 충분할 때 일어나는 최대침투율을 침투능(f_p)이라 한다. 실제 침투율(f)은 공급률(i_s: 강우량 - 증발, 차단)이 침투능과 같거나 초과할 때만 침투능과 같게 된다. 이론적으로 $i_s \leq f_p$일 때 실제 침투율은 공급률과 같게 된다. 실제 침투율은 강우 초기에 초기침투율과 같고 시간이 경과됨에 따라 감소한다. 침투가 계속되어 토양이 포화되면 침투에 의하여 표면 근처의 토양에서 물이 빠져나가는 양만큼 침투가 일어나 침투율이 일정하게 되고 이 일정한 침투율을 최종침투율(f_c)이라고 한다.

모관작용에 의하여 토양수분을 지표면으로 끌어올리는 과정을 침탈이라고 한다. 이 과정은 상향 모관력이 중력을 초과할 때 일어난다. 침탈된 물은 보통 증발에 의하여 지면에서 사라진다. 지면의 증발잠재력은 상향 모관력을 증가시켜 모관 상승, 즉 침탈의 증가를 일으킨다.

(2) 비포화 흐름에서의 수두

본 과업에서는 우수배제를 비포화 흐름인 지반의 침투를 이용하기에 비포화 흐름에 대한 이해가 필요하다.

Darcy의 공식 $V = k \cdot i$는 포화상태에서의 흐름 속도를 구하는 것이다. 비포화 상태에서의 수두는 중력에 의한 수두 이외에 모세관 압력에 의한 수두를 고려해야 한다. 모세관 현상은 유체의 표면장력으로 인하여 유체가 관의 어느 높이까지 상승하는 것을 말한다. 상승하는 높이 h_c는 다음과 같다.

$$h_c = 2\frac{\sigma}{r}\rho g \cos\alpha \tag{1.13}$$

여기서, σ = 표면장력

r = 관의 반지름

ρ, g = 유체의 밀도 및 중력가속도

α = 접촉각

식 $h_c = 2\frac{\sigma}{r}\rho g \cos\alpha$을 흙에 적용한다면, 흙에서의 모관 상승 높이는 공극의 크기에 반비례한다는 것을 알 수 있다. 또한 공극의 크기는 함수량에 영향을 받는데, 건조한 상태의 흙에서는 미세한 공극까지도 수분을 흡수할 수 있는 능력이 있으나 일단 수분이 흡수되면 먼저 미세한 공극을 채우고 나머지 공극은 비교적 큰 공극만이 남는다. 따라서 함수량이 적을수록 모세관에 의한 상승 높이는 커지며, 함수량이 공극률에 가까울수록 상승 높이는 0에 가깝게 된다. 이 상승 높이를 모세관 압력수두라고 하며, 이는 흙의 흡수력을 나타내는 것이므로 포화흐름에서의 압력수두 또는 위치수두와는 반대의 부호를 갖는다.

(3) 침투율 산정 공식

우수배제에서는 얼마만큼의 우수가 침투할 수 있느냐, 즉 침투능력을 산정하는 것이 중요하다.

$$\text{Horton 공식: } f = f_c + (f_o - f_c)e^{-M} \tag{1.14}$$

여기서 f_c, f_o는 흙의 종류에 따라 결정되는 상수로서, 이 공식은 시간 $t = 0$일 때 $f = f_o$의 값을 가지며 $t = \infty$일 때는 $f = f_c$이다. f_c의 값은 보통 투수계수 k값과 같은 값을 가지는 경우가 많으나 f_c와 k의 상수는 실험에 의하여 결정한다.

1.3.3 침투공의 종류

우수침투시설은 지반의 침투능력을 활용하여 유출되는 물의 양을 감소시켜 하천의 홍수 부담을 경감시키고, 토지 이용을 극대화시키는 등의 목적으로 이용한다. 특히 본 현장의 경우 지반암의 투수성이 양호한 상태이므로 이를 이용하여 운동장 내외부의 우수를 현장 처리할 수 있을 것으로 판단하였다. 따라서 본 절에서는 현장에서 활용할 수 있는 자연식 배수공법을 살펴보고 이들의 장단점을 검토하여 경기장 외곽의 배수시설 대안 선정 시 기초자료로 활용한다.

(1) 침투시설 선정 시 고려 사항

현장지반특성에 맞는 침투시설을 선정할 때는 안정성, 경제성 등을 고려해야 하는데, 다음과 같은 네 가지 기준이 사용될 수 있다.

① 지표면 부근의 불포화 지대를 통과해서 우수를 침투시키는 것으로, 지반이 가지는 침투능력을 충분히 활용할 수 있는 시설의 구조, 시공법에 대한 배려가 필요하다.
② 쓰레기, 토사 등에 의한 문제를 최소한으로 억제하고, 장기간 제 기능을 유지할 수 있는 구조로 한다.
③ 쓰레기, 토사 제거 등의 유지관리를 용이하게 할 수 있어야 한다.
④ 유지관리비를 포함해서 경제적으로 저렴한 것을 선택하도록 한다.

(2) 침투시설의 종류

침투시설의 종류에는 다음 그림에서 분류한 바와 같이 우물법과 표층으로부터 물을 침투시키는 확산법 및 저류·침투의 두 가지 기능을 동시에 가지는 쇄석기둥공법이 있다.

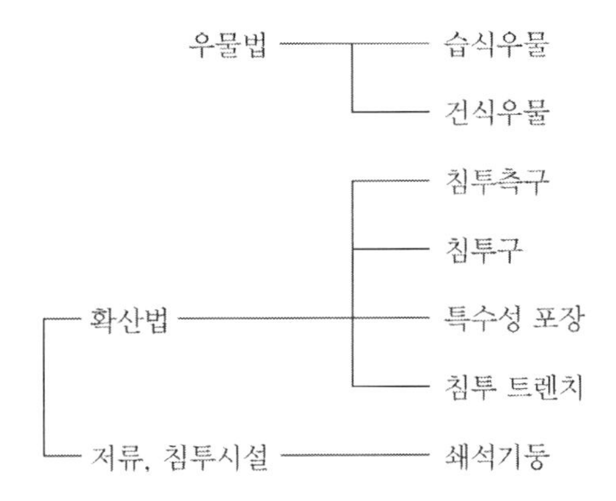

① 우물법

우물법은 이전부터 사용하였던 방법으로, 보링(boring)으로 우물을 만들어 그 우물 속으로 우수를 통과시킨 후 지하로 배수하는 방법이다. 우물법에 의한 침투시설의 예는 그림 1.3과 같다.

우물법은 우물 내에 지하수의 존재 여부에 따라 지하수가 존재하는 습식 우물법과 존재하지 않는 건식 우물법으로 나누며, 우물에 우수를 주입하는 방식에 따라 펌프를 사용한 압입방식과 중력에 의한 자연주입방식이 있다. 압입방식의 경우는 처리배수량이 대량이지만 강우 시만 부분적으로 사용되고 유지비용 등의 단점이 있으므로 주로 자연주입방식을 사용하고 있다.

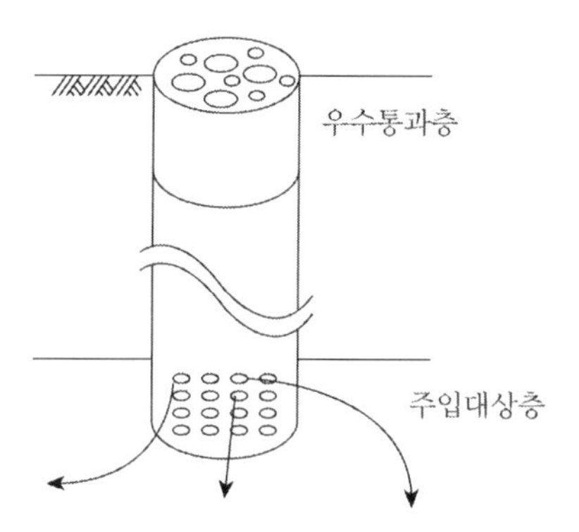

그림 1.3 우물법에 의한 침투시설(자료: 시정개발 연구원 '우수유출률 저감 대책')

지하수위가 낮은 장소에 적합한 방법인 우물법의 단점은 주입수 중의 부유물질에 의해 우물 내부가 막힘으로써 배수가 불량해질 위험을 지니고 있는 것이다. 따라서 우물법을 사용한 시설은 비가 그친 후 1주일에서 1개월 사이에 한 번은 우물을 건조시켜서 막힘의 문제가 되는 퇴적물을 긁어내야 한다. 이러한 우물법에 대한 장단점을 요약하면 표 1.4와 같다.

우물법은 막힘을 제거하기 위한 번거로운 작업이 따르고 많은 양의 우수를 침투시킬 수 있는 넓은 토지가 필요하기 때문에 지표에 침투시키는 확산법이 연구되었다.

표 1.4 우물법의 장단점

장점	단점
• 투수성이 크다. • 하수도시설이 없는 지역에서도 시공이 가능하다.	• 부지 확보가 필요하다. • 모래층이 깊은 경우는 시공이 곤란하다. • 우물이 막힘으로 기능 저하가 발생할 수 있다.

② 확산법

확산법은 지표의 얕은 불포화층에서 우수를 침투·확산시켜 지표면으로의 유출을 억제하고, 저류에 의하여 유출시간을 지연시키는 방법이다. 확산법에는 침투측구, 침투구, 투수성 포장, 침투 트렌치로 세분되며 확산법의 네 가지 시설에 대해서는 다음에서 설명하는 바와 같다.

가. 침투측구

측구를 통하여 집수한 우수를 지중에 침투시키기 위하여 측구의 밑면에 배수가 양호한 쇄석을 설치한 시설로서 기본 구조는 그림 1.4와 같다.

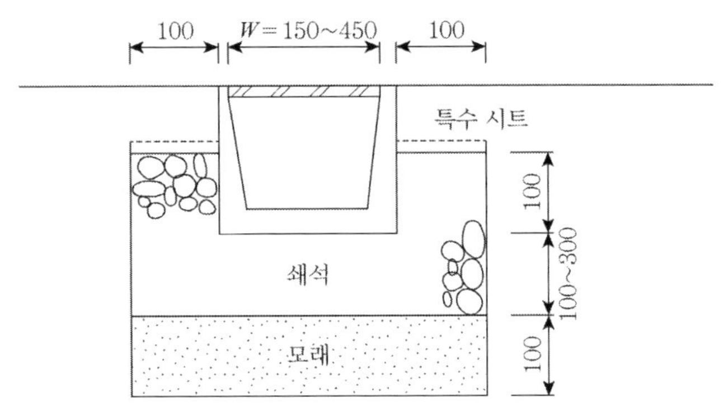

그림 1.4 침투측구(자료: 시정개발 연구원 '우수유출률 저감 대책')

일반적으로 침투측구의 시공법은 다음과 같다.

1) 바닥에 모래 10cm와 쇄석 10~30cm를 깔고, 측면에 10cm 두께로 쇄석을 시공한다.
2) 측구는 다공성 재료를 사용하고 폭은 침투량, 저류량을 고려해서 150~450mm로 한다.
3) 측구에 낙차가 있으면 말단부 침투구 앞에는 월류웨어를 설치한다.
4) 상부에 뚜껑을 설치한다.
5) 지붕의 우수배수는 유입부에 침전부를 설치하여 부유 물질로 인한 막힘을 고려한다.

나. 침투통

침투통은 그림 1.5와 같이 침투통의 저면에 모래, 쇄석을 채운 구조로 집수통 바닥을 통해 우수를 분산시키는 시설이다. 상부구조의 형태에 따라 택지형, U형 및 도로암거형으로 나누며, 상부에는 뚜껑 및 덮개를 설치한다.

침투통 내의 토사, 부유물질 등으로 인한 막힘을 방지하기 위해 침투통 내의 막힘을 비디오 카메라 등을 이용하여 확인한다. 막힘이 심한 침투통은 진공 세척한다. 또한 정기점검을 실시하여 필터 및 그물의 막힘 시에는 보수 교체를 실시한다.

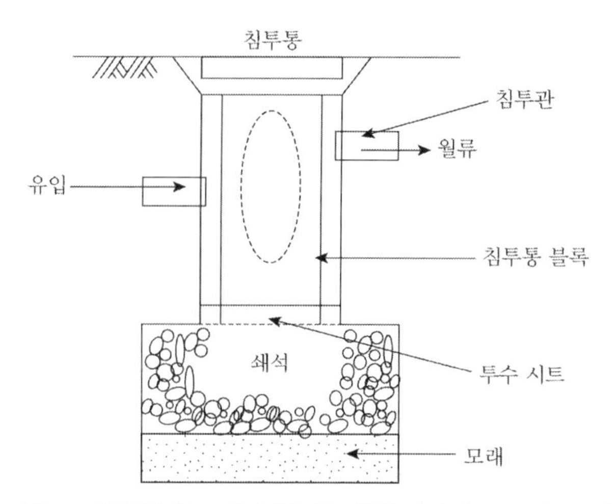

그림 1.5 침투통(자료: 시정개발 연구원 '우수유출률 저감 대책')

다. 투수성 포장

포장을 통해 우수를 직접 침투시켜 지반으로 분산·침투하는 기능을 가진 포장으로 보도, 자동차 통행이 적은 접근로, 주차장 등에 이용되며 설계 시에 표층, 노반의 공극은 저류량으로 계산한다. 투수성 포장의 유지관리는 투수면의 막힘 때문에 정기적으로 고압세척 청소를 실시한다(2~3년에 1번 정도). 투수성 포장에 관한 사항은 제1.3.4절 투수 콘크리트에서 자세하게 다룬다.

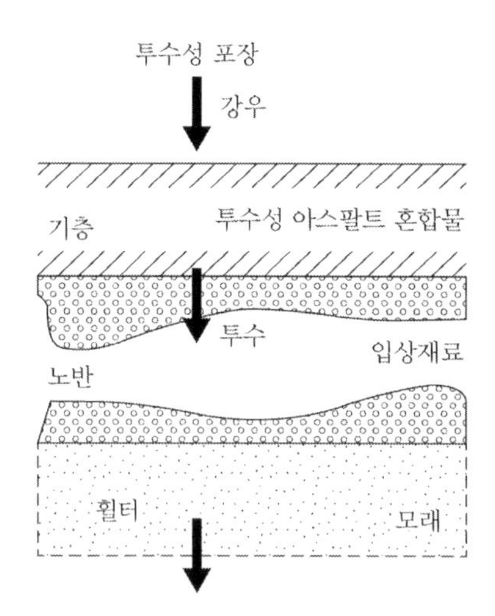

그림 1.6 투수성 포장(자료: 시정개발 연구원 '우수유출률 저감 대책')

라. 침투 트렌치

침투 트렌치는 주로 건물 주변의 녹지, 광장 등에서 침투통과 조합하여 우수를 침투시키는 시설이다. 그림 1.7과 같이 굴착한 도랑을 쇄석으로 채우고 침투통과 연결되는 침투관을 설치해서 우수를 쇄석의 측면 및 바닥면을 통해 지반으로 분산시키는 시설이다.

그림 1.7의 침투 트렌치에 대한 시공은 다음과 같다.

1) 폭 60mm, 깊이 600~700mm를 표준으로 한다.
2) 트렌치 내에는 연결된 침투통을 통해 유입한 물을 분산시키기 위한 침투관을 쇄석 속에 설치한다.
3) 쇄석의 상부에는 침투 시트를 깔고 흙으로 매립한다.
4) 침투 트렌치의 토질 종류에 따른 최저침투율과 침투량을 표 1.5에 나타냈다.

표 1.5에서 보듯이 침투율은 토질 종류에 따라 크게 다르며, 가장 침투율이 좋은 토질은 모래로서 최저침투율은 8.27이고, 가장 나쁜 토질은 점토로서 최저침투율은 0.02다.

이 밖에 지하매관법 등이 있지만 대규모 사업의 우수배제에 적용하기에는 기술적으로 어렵기 때문에 여기서는 다루지 않는다.

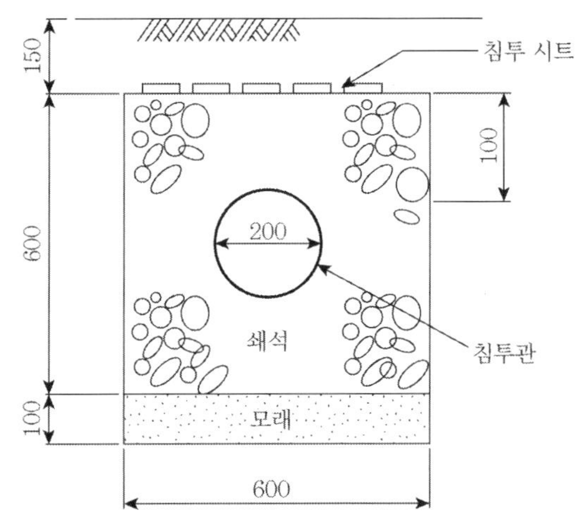

그림 1.7 침투 트렌치(자료: 시정개발 연구원 '우수유출률 저감 대책')

표 1.5 토질 종류에 따른 침투 트렌치의 침투량의 비교

토질 종류	최저침투율 (Fc-inch/hr)	SCS 토양그룹	트렌치 침투량(mm)	
			48시간	72시간
모래	8.27	A	992	1,489
롬질 모래	2.41	A	290	434
모래질 롬	1.02	B	122	183
롬	0.52	B	62	93
실트 롬	0.27	C	32	49
실트 점토 롬	0.17	C	20	31
점토 롬	0.09	D	11	16
실트 점토 롬	0.06	D	7	11
모래질 점토	0.05	D	9	9
실트질 점토	0.04	D	6	7
점토	0.02	D	2	4

* 자료: Maryian WRA(1984) and Shaver(1986)

③ 쇄석기둥공법

쇄석기둥공법은 일명 돌기둥(stone column)이라 하며, 쇄석 등의 공극을 우수의 저류공간으로 이용하는 저류와 침투의 두 기능을 동시에 가지는 방법으로 그림 1.8의 예와 같다.

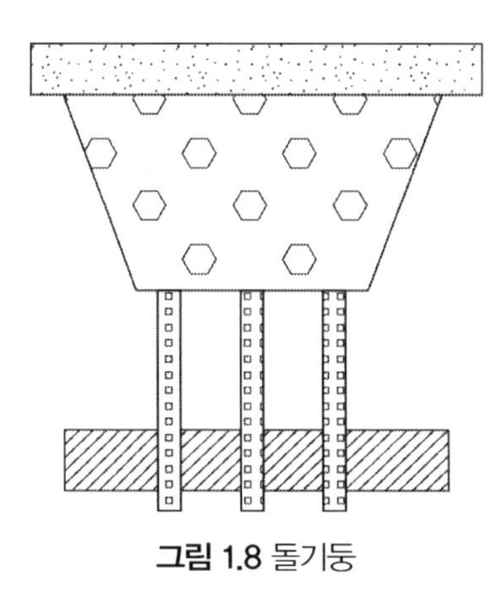

그림 1.8 돌기둥

쇄석기둥공법 설계 시 고려할 사항은 다음과 같다.

가. 시설 계획 시에 사용 기간 중의 침투능력의 저하를 고려한다.

나. 침투능력의 산정은 시설 계획장소에서 투수시험을 행하여 얻어진 침투량을 기초로 산정한다.

다. 시설의 설치장소 선정 시 부근의 건축물 등에 미치는 영향을 고려한다.

라. 지하수위가 높은 곳에서는 지하수위 침입 방지 대책을 세운다.

쇄석공극 침투조는 지반에 트렌치, 집수정, 쇄석기둥을 설치하여 쇄석 사이의 공극에 우수를 유입시키고 그 상부는 주차장이나 운동장으로 이용하는 것이다. 쇄석공극 침투조는 다른 공법과 조합하여 우수배제 기능을 수행하도록 계획하는 것이 좋은 방법이다. 다만 쇄석공극 침투조는 다음과 같은 내용에 주의할 필요가 있다.

가. 시공 시 토사 유입을 방지하기 위해서 불투수층을 시공하여 상부의 유입토사 등을 차단하는 방법, 유입부에 스크린을 설치하는 방법 등의 토사유입에 의한 공극의 저류기능 저하대책이 필요하다.

나. 집수정을 구성하는 쇄석의 종류, 공극률, 시공법에 따라 침하량이 다르다. 따라서 집수시설 상부의 재료, 시공법 등을 고려할 필요가 있다. 표 1.6에서는 쇄석 종류에 따른 공극률과 건조단위중량을 나타내었다.

표 1.6 쇄석의 공극률표

쇄석 / 항목	입도 조정 쇄석 (M–40)	입도 조정 쇄석 (M–25)	분쇄기 통과 쇄석 (C–40)	분쇄기 통과 쇄석 (C–20)	단입도 쇄석 (4호)
공극률(%)	3.5~1.2	6~15	8~15	12~18	42~47
건조단위체적 중량(t/m^3)	2.15~1.97	2.14~1.94	2.12~1.95	2.10~1.85	

주 1) 입도조정쇄석, 분괘기통과쇄석의 자료는 「투수성포장 핸드북」(일본도로건설협회)에 의함
2) 단입도쇄석의 자료는 「강우수의 충진식 저류법 시행을 위한 기초실험」(일본 주택, 도시정비 공단) 및 전 권의 파크타운(공원도시)의 건설에 따른 시험 결과에 의함

1.3.4 투수 콘크리트

투수 콘크리트는 복합골재와 폐고무, 혼화재, 안료, 시멘트 등을 배합하여 만든 포장체로서, 이는 지하생태계 보호, 우천 시 자동차의 분무현상 및 수막현상을 방지할 뿐만 아니라 지하수 고갈을 방지할 수 있으므로 제주도의 지역 특성을 감안하면 유용하고 합리적인 공법이다.

(1) 포장공법 비교

투수성 포장이란 기존 불투수층의 포장 개념과는 달리 포장층을 빗물이 직접 통과하여 길바탕흙에 도달하는 구조로서, 땅속에 물을 허용하는 포장을 말한다. 그림 1.9에서는 기존 포장과 투수성 포장의 차이를 개념적으로 나타내고 있다. 즉, 기존 포장은 빗물을 크라운 등의 자연구배를 이용하여 표면을 따라 흐르도록 설계하여 이들이 측구나 하수도 등의 인공하수 시설을 이용하여 처리하는 데 비하여 투수성 포장은 빗물을 직접 길바탕흙에 이르도록 하되 이 물이 침투 및 증발산에 의해 배수되도록 하는 것이다.

그러나 이러한 투수성 포장은 구조적 한계를 지님으로써 일반 차로에는 사용하지 않고 보도를 중심으로 자전거 전용도로, 주차장 등에 많이 이용하고 있다.

또한 투수 콘크리트 포장은 차량의 미끄럼 저항의 증대와 소음을 줄여주는 등의 부가적인 장점이 있다.

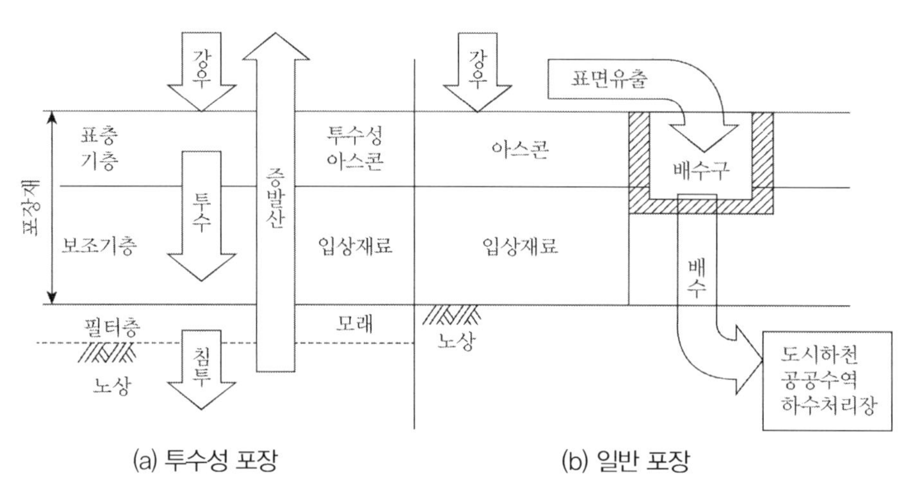

그림 1.9 기존 포장과 투수성 포장의 개념 차이(자료: 한국아스콘공업협동조합 '투수성 아스콘 제조 및 설계시공법')

일반적인 포장과 투수콘과의 장단점 비교, 특징, 개략적인 공사비 등을 표 1.7에 나타내었다. 투수 콘크리트의 사용재료를 보면 시멘트, 안료, 폐고무, 혼화재(실리카 흄), 폴리미 등을 사용하는데, 골재의 경우 5~8mm의 단입도 골재를 사용한다. 시공 방법으로는 피니셔 또는 인력 포설 후 양생을 원칙으로 하며, 양생포를 덮은 후 즉시 통행이 가능하다. 그 외의 특성으로 단가는 100,000원/m^2고, 투수성은 1.0×10^{-2}cm/sec며, 압축강도는 180~240kg/cm^2, 휨강도는 40kg/cm^2

이상을 갖는다.

표 1.7 포장공법별 장단점 비교

	아스팔트콘크리트 포장	콘크리트 포장	컬러 투수 콘크리트 포장
구조적 특성	• 포장층 모두가 통화하중을 지지 • 기층 또는 보조 기층에도 큰 응력이 작용 • 반복되는 교통하중에 민감	• 콘크리트 슬래브가 교통하중을 휨저항으로 지지 • 부피 변화에 의한 균열 발생을 줄눈으로 억제 • 골재 맞물림작용 및 다우웰바를 통한 하중 전달	강성포장이므로 기층 불필요
시공성	• 양생 기간이 짧아 시공 후 즉시 교통 개방 • 신속성 및 시공 경험 측면에서 유리 • 단계 시공방법에 적합	콘크리트 품질관리, 양생, 평탄성, 줄눈시공 등에 경험 습득	기층용 재료가 골재가 아닌 아스콘이나 콘크리트일 경우 점착력이 떨어지며 공극이 생길 수 있음
교통하중	대형 교통량이 많은 도로에서 소성변형 발생	중차량에 대한 저항성 양호	대형 교통 통행 시 위험함
유지보수	국부적 파손에 대한 보수 용이. 잦은 보수로 교통 소통에 지장	보수 시 심각한 교통 장애	유지보수가 쉬우며 시공 후 곧바로 사용 가능
색상	검은색	회색	선명하고 다양한 색상
장점	• 평탄성 및 승차감 양호 • 양생기간 불필요 • 유지보수 용이	높은 시공 수준이 요구되나 유지보수가 거의 필요 없음	• 지하수 고갈 억제 • 유수배제로 미끄럼 방지 • 보행성이 좋음
단점	• 그늘진 곳이나 습지는 아스팔트의 분리 발생 우려 • 노반공사비 고가	• 양생기간이 장기간 소요 • 보행성 및 승차감 불량	• 공사비 고가 • 시공 경험이 많지 않음
공사비	1,340천 원/a	922천 원/a	1,392천 원/a

(2) 포장 구성

일반적인 투수성 포장의 구성을 살펴보면 그림 1.10과 같다. 교통량과 강도에 따라 다양한 형태 및 두께가 가능하나 일반적으로 중교통량이 통과하는 지역은 보조 기층을 포함하는 것이 타당하다.

각 포장층의 구성 및 두께는 교통하중의 조건, 노상 및 노반의 조건, 환경 조건, 재료 조건 등에 따라 설계하고 경제성을 고려하여 결정한다.

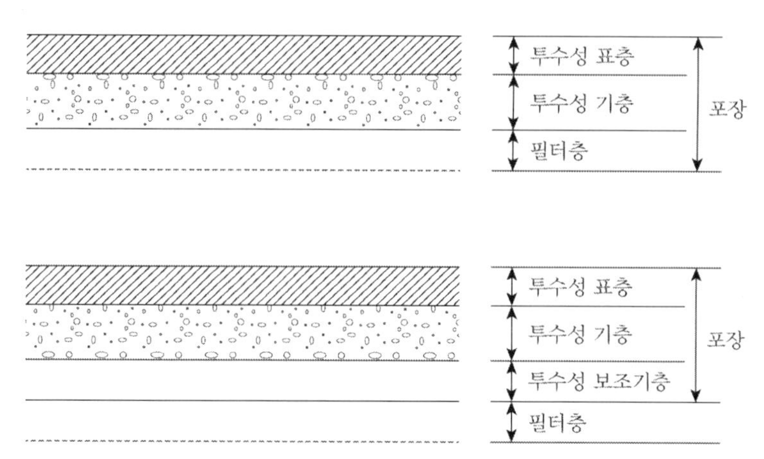

그림 1.10 일반적인 투수성 포장의 구성(자료: 한국아스콘공업협동조합 '투수성아스콘 제조 및 설계시공법')

그러나 포장층의 전체 두께를 결정하는 국내의 공식은 없는 것으로 판단되므로, 일본 도로건설협회의 투수성 포장 핸드북에 의거하여 포장 두께를 설계하는데, CBR과 윤하중의 크기만으로 사용되는 방법으로는 다음에 보인 식 (1.15)가 있다.

$$H = \frac{58.5P^{0.4}}{CBR^{0.6}} \times 0.75 \tag{1.15}$$

여기서, H = 전 포장두께(cm)

P = 설계 윤하중(ton)

CBR = 설계 CBR

표 1.8은 식 (1.15)에 따른 포장 두께 설계를 나타낸 것이다. 예를 들어, CBR이 3인 경우 윤하중 6,000kg에 필요한 두께는 약 46cm로 나타났다.

표 1.8 전체 포장의 두께 설계 (단위: cm)

설계 윤하중(kg) / 설계 CBR	750	1,500	3,000	6,000
3	20	27	35	46
4	17	23	30	39

표장의 두께 $H = h_l$(표층부) + h_2(표층 아래 기층 + 보조 기층)으로 나뉘며 표층의 두께는 다음의 공식을 사용하도록 하고 있다.

$$h_1 = \sqrt{\frac{2.4P}{\sigma} \times C} \tag{1.16}$$

여기서, h_1 = 표층 슬래브 두께

P = 설계 윤하중(kg)

σ = 콘크리트 휨강도(kg/m^2)

C = 노반 지지력 계수 0.85

표층 슬래브 두께는 휨강도 30kg/m^{2}을 기준으로 설계하는데, 식 (1.16)을 바탕으로 표층 슬래브의 두께를 추정하면 표 1.9와 같다.

표 1.9 표층 슬래브의 두께

설계휨강도 / 설계윤하중(kg)	30kg/cm^2, 표층 두께(cm)	용도
750	7	자전거 도로, 일반 보도
1,500	10	승용차 주차장, 광장, 공원
3,000	15	일반 주차장, 광장, 골목길
6,000	20	대형 주차장, 경교통로

이와 같은 구조적인 설계 두께를 바탕으로 국내 실정에 맞게 제시된 투수 콘크리트 포장 단면은 그림 1.11과 같다.

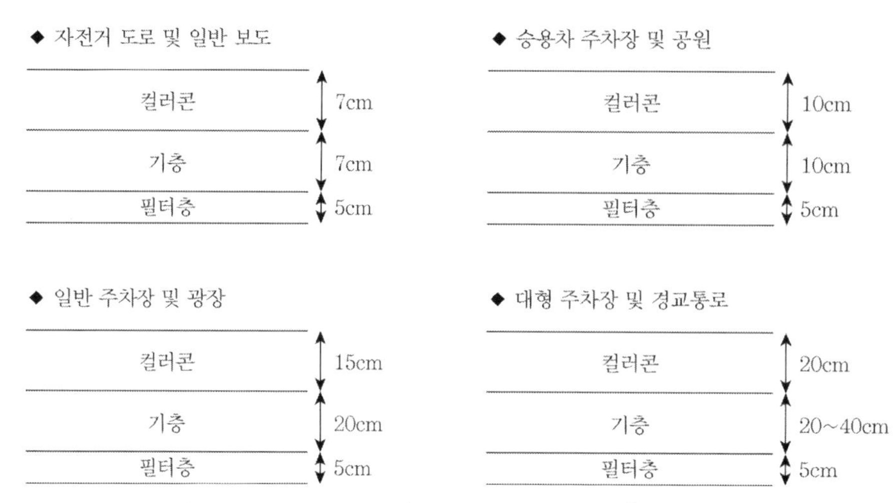

그림 1.11 컬러콘 포장 단면(기준 휨강도: 30kg/cm^3, 단위: cm)[(5)]

(3) 시공법

① 필터용 재료

No.200체 통과량이 6% 이하인 모래를 사용한다. 모래는 깨끗하고 강하며 내구성을 가져야 하고 먼지, 흙, 유기불순물, 염화물 등의 유해물을 함유해서는 안 된다.

② 기층 재료

골재는 콘크리트에 사용되는 재료로 견고하고 내구적인 부순 돌, 입도조정쇄석, 자갈, 재생콘크리트, 슬래그, 기타 감독관이 승인한 재료 또는 이들의 혼합물로 점토질, 실트, 유기불순물, 기타 유해물을 함유해서는 안 된다. 외형은 비교적 균일한 형상을 가지고 있어야 하고, 수정 CBR이 20% 이상, 마모율은 40% 이하, 투수계수는 10×10^{-2}cm/sec 이상이어야 한다.

③ 표층용 재료

가. 시멘트

KS L 5201의 규격에 의한 보통 포틀랜드 시멘트를 사용하여야 하고, 같은 공사 구간 내에서는 동일 상표, 동일 공장 제품을 사용하여야 한다. 또한 동절기공사나 조기 강도가 필요할 때는 조강 또는 포틀랜드 시멘트를 사용하고, 하절기에는 중용열 포틀랜드 시멘트를 사용한다.

나. 골재

6mm체에서 0~10%를, 10mm체에서 90~100%, 13mm 체에서는 100% 통과하는 세척된 단입도의 골재를 사용한다. 그 외 성질로 비중은 2.5 이상, 흡수율은 3% 이하, 마모율은 40% 이하인 물리적 성질을 가져야 한다.

다. 혼화제

혼화제는 일반 콘크리트 포장에서 사용되는 혼화제를 모두 사용할 수 있다.

④ 시공순서

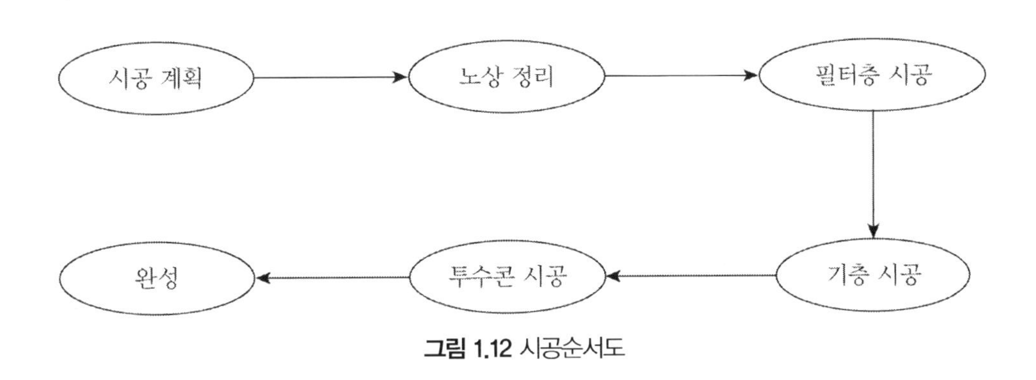

그림 1.12 시공순서도

가. 노상 정리

노상은 포장의 두께를 결정하는 기초가 되는 흙의 부분으로 연약한 경우 양질의 재료로 치환하거나 시멘트 또는 석회를 첨가하여 개량하는 안정처리공법을 사용하는 것이 좋다.

나. 필터층 시공

미세 입도의 불순물이 길바탕흙에 침투하여 연약화시키는 것을 방지한다. 인력이나 도우저 또는 모터그레이드 등으로 포설하고, 롤러나 콤팩트로 다짐한다.

다. 기층 시공

표층을 지지하고 하중을 분산하며 균등한 지지력을 제공한다.

인력이나 도우저 등으로 재료 분리가 발생하지 않도록 주의해서 포설하며, 다짐은 최적함수비에서 롤러 또는 콤펙터 등으로 한다.

라. 투수 콘크리트(6) 시공

운반은 배합 후 포설까지 2시간 이내에 하여야 하며, 포설 시 균일한 높이를 유지해야 하고, 다짐은 투수에 필요한 공극의 유지를 위해 무진동으로 행한다. 양생 시 수분의 과다한 증발이 생기지 않도록 유의하고, 건조·수축 등의 유해한 균열이 발생하지 않도록 하며, 포장의 커팅(cutting) 시기는 포장 슬래브의 강도가 확보되고 골재분리가 되지 않는 시점으로 한다.

수축줄눈은 건조·수축이나 온도 하락 등 콘크리트가 수축할 때 발생하는 균열을 인위적으로 유도하기 위해 5m 간격으로 설치하는데, 절단 깊이는 투수 콘크리트의 1/3이 적당하다. 팽창줄눈은 여름철에 온도나 습도가 상승할 때 겨울에 벌어진 줄눈이나 균열 틈으로 침입한 비압축성 이물질이 콘크리트의 팽창을 구속하기 때문에 이를 방지하기 위해 30m 간격으로 슬래브 전 폭에 걸쳐 완전히 절단되도록 설치한다.

줄눈 설치 후에는 이물질의 침투를 막기 위해 씰링 처리하며, 에폭시 도포는 표층 표면에 에폭시 프라이머로 코팅을 하는 것이나 과도하게 살포되면 공극이 막혀 투수에 지장을 주므로 0.3mm 미만으로 한다. 이상의 설명을 도표로 나타내면 그림 1.13과 같다.

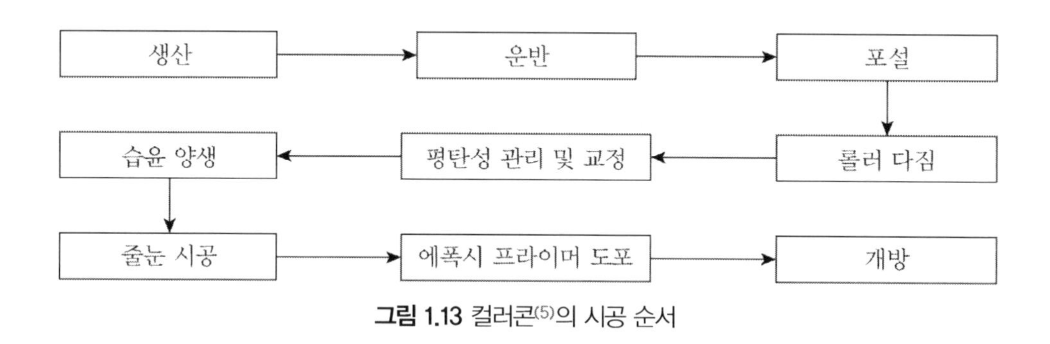

그림 1.13 컬러콘(5)의 시공 순서

⑤ 유지보수

투수성 포장의 가장 큰 문제점은 구멍의 막힘이다. 구멍이 막히게 되면 투수성 포장의 가장 중요한 장점인 배수에 문제가 생기므로 이에 대한 각별한 주의를 요구한다. 구멍이 막히는 것을 제거하는 방법으로는 소형 청소차에 의한 노면 청소, 노면에 진동을 준 후 진공청소기를 이용한 이물질 제거 방법 그리고 고압력수를 이용한 세척 방법 등이 있는데, 그중에서 일반적으로 사용되는 것은 고압력수를 이용하는 것이다. 어떠한 방법을 사용하느냐는 구멍 막힘이 어디서 주로 일어나는가에 달려 있다.

일반적으로 투수성 포장은 포장노면에 보행자나 바람 등에 의해 운반되는 토사나 가로수의 낙엽 등이 포장의 표면으로부터 공극에 들어가 부착·고정되어 구멍이 막히는 것이다. 이렇듯 원인을 조사해본 결과 그림 1.14와 같이 구멍 막힘 부분의 대부분은 표면에 가까운 범위임을 알게 되었다.

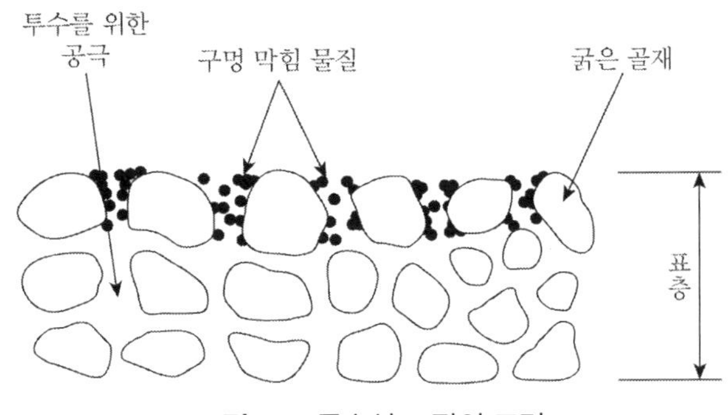

그림 1.14 투수성 포장의 표면

이에 대한 대책으로 그림 1.15에 보인 바와 같이 포장표면의 공극에 부착되어 있는 토사, 먼지 등을 고압수의 분사로 박리시켜 물과 함께 부유·제거시키는 고압력수를 이용한 방법이 있는데, 기본적으로 분사 노즐의 압력이나 수, 배치 등에 따라 투수성 기능 회복이 결정된다.

일반적으로 분사압력이 크면 클수록 구멍을 막히게 하는 이물질의 제거 효율도 증가하지만 물의 공급과 세척 후의 오·탁수 처리 등을 고려하여 노즐 1개당의 물량을 적게 하면서 투수기능 회복효과를 좋게 하기 위해 병렬식 배치를 주로 사용하고 있다.

분사 노즐의 수, 배치 등 역시 주요 결정인자인데, 단일 노즐 형식에서는 회복효과의 불균일성을 유발할 수 있으므로 복수의 노즐을 가로 1열로 나란히 한 형식으로 하고 작업효율과 보도폭 등을 고려하여 노즐 수와 배치방법을 결정한다. 그리고 노즐과 노면 사이의 거리가 짧을수록 효과가 크므로 되도록 거리를 줄이도록 한다.

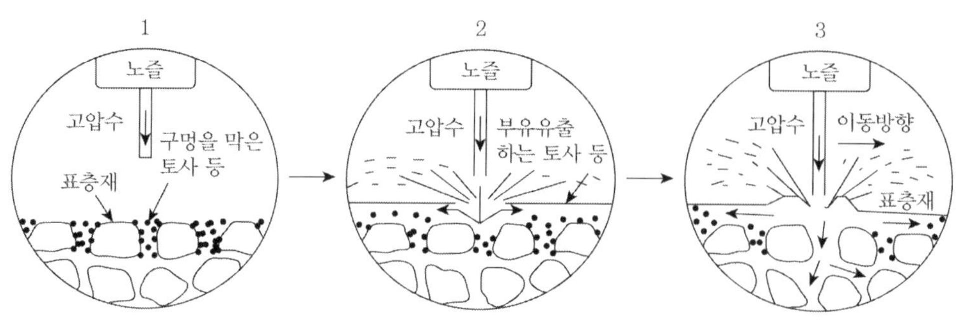

그림 1.15 투수콘 포장의 분사 세척

1.3.5 개별 공법 검토

1차로 각 자연 배수대안의 기본 검토를 거쳐 본 연구진은 서귀포 경기장에 타당하다고 판단하는 각 대안을 선정하였다. 경기장 이외의 지역을 모두 투수콘으로 처리하는 안, 모두 불투수성 포장으로 처리하되 유수지를 제시하는 안 그리고 유수지 대신에 쇄석기둥 및 집수정을 제안하는 안 등이다. 본 절에서는 이들의 적용 가능성을 검토해보고자 하였다.

(1) 전면적인 투수콘 사용 시

전면적인 투수콘 설계 시 고려해야 할 점은 그림 1.16에 나타낸 것과 같이 기본적으로 주어진 강우강도에서 필요한 두께를 선정하여 선정된 두께가 주어진 교통하중을 지지할 수 있는가를 고려함으로써, 이러한 두 조건을 만족시키는 포장 두께의 설계가 이루어져야 한다.

본 과제에서는 배수 문제를 처리하기 위해 필요한 포장 두께를 먼저 구하고 이를 전 절에서 주어진 강도 두께와 비교, 최종 설계를 진행하기로 하였다.

주어진 강우강도에 따라 투수콘층과 보조 기층의 두께를 결정하는 공식은 그림 1.17을 기초로 하여 유도되었다. 주어진 빗물이 길 바탕 흙을 통하여 유출되는 양과 투수성 포장 안에 저장되는 양과의 관계를 이용하여 유도된 공식은 식 (1.17)과 같다. 단 이 공식은 투수콘과 보조 기층의 공극률을 동일한 값으로 가정하여 유도한 것이다.

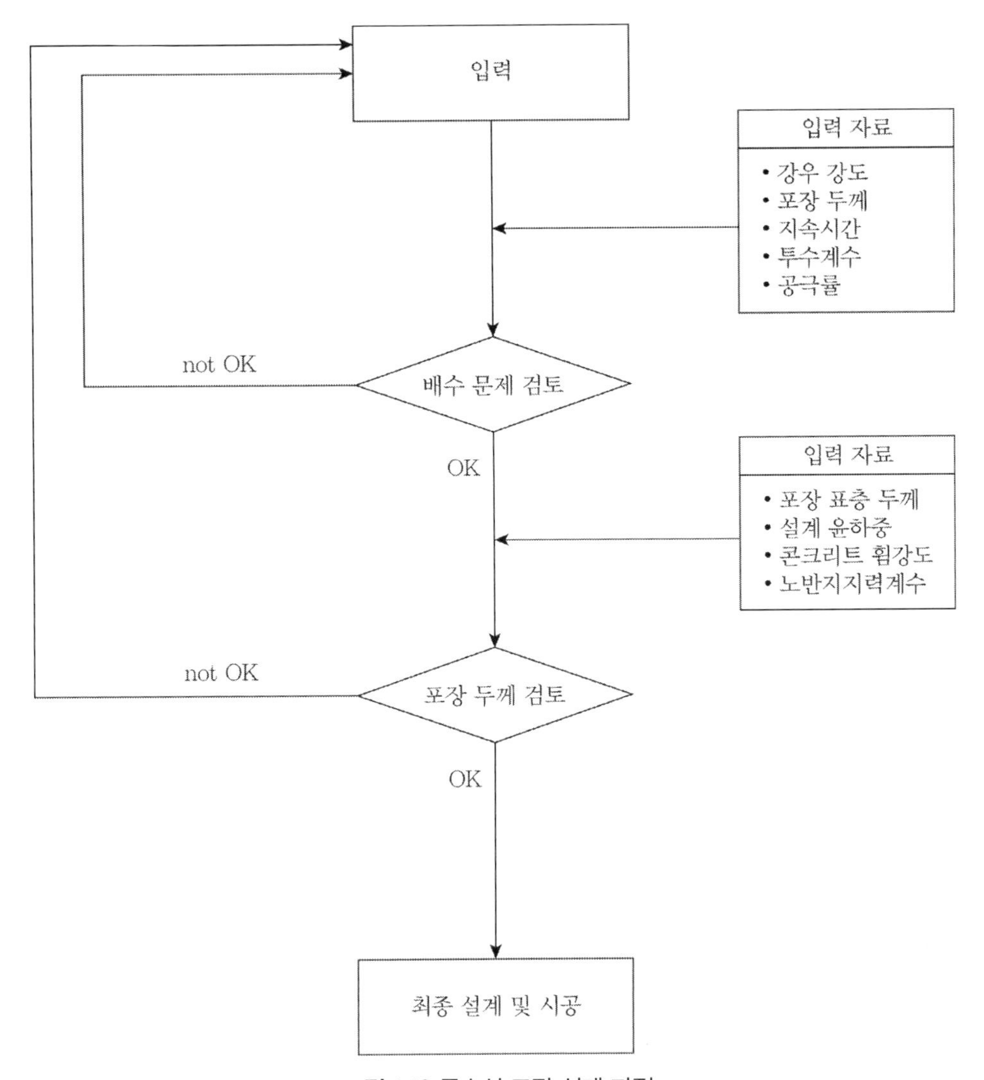

그림 1.16 투수성 포장 설계 과정

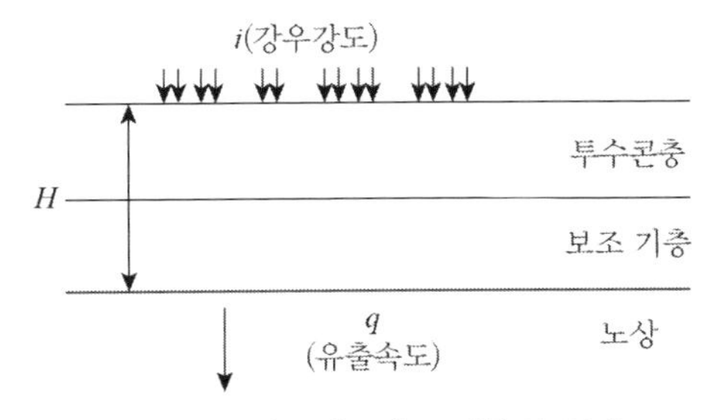

그림 1.17 강우강도와 포장층의 두께

$$t(\text{min}) \cdot i(\text{mm/hr}) = \frac{V}{100} \cdot H(\text{cm}) + q(\text{cm/sec}) \cdot t(\text{min})$$

$$60t(\text{min}) \cdot \frac{i}{3600}(\text{mm/sec}) = \frac{V}{100} \cdot 10H(\text{cm}) + 10_q(\text{cm/sec}) \cdot 60t(\text{min})$$

$$\frac{V}{100} \cdot 10H = \frac{60i \cdot t}{3600} - 10_q \cdot 60t$$

$$H = \frac{10}{V}\left(\frac{i \cdot t}{60} - 10_q \cdot 60t\right)$$

$$= \frac{10}{V}\frac{t}{60}(i - 10_q \cdot 3600)$$

$$= \frac{10}{V}\frac{t}{60} \cdot 10(0.1i - 3600 \cdot q)$$

$$\therefore H = (0.1i - 3600 \cdot q) \times \frac{10t}{6V} \tag{1.17}$$

한편 각 층에 대한 공극률을 실험을 통하여 구할 수 있다면 투수콘의 두께와 보조 기층 및 필터층의 두께를 구할 수 있다. 포장층을 여러 층으로 분리한 개략도는 그림 1.18에 나타나 있고, 계산한 식은 식 (1.18)에 주어져 있다.

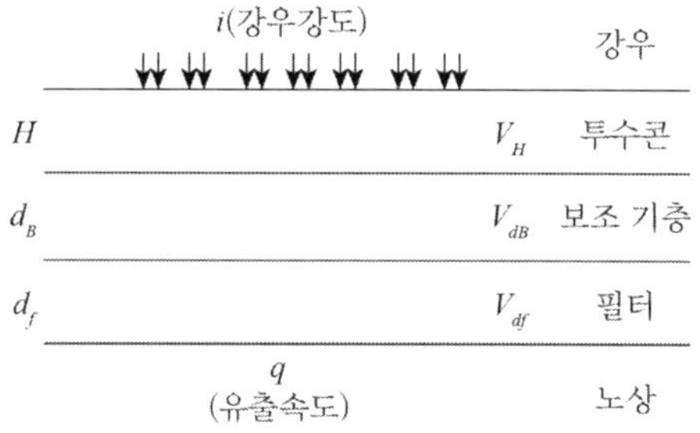

i(강우강도)
강우
H V_H 투수콘
d_B V_{dB} 보조 기층
d_f V_{df} 필터
q
(유출속도)
노상

그림 1.18 각 층을 고려한 강우강도와 포장층의 두께

$$t(\text{min}) \cdot i(\text{mm/hr}) = \frac{V_H}{100} \cdot H(\text{cm}) + \frac{V_{dB}}{100} \cdot d_B(\text{cm})$$

$$+ \frac{V_{df}}{100} \cdot d_f(\text{cm}) + q(\text{cm/sec}) \cdot t(\text{min})$$

$$60t \cdot \frac{i}{3600} = \frac{V_H}{100} \cdot 10H + \frac{V_{dB}}{100} \cdot 10d_B + \frac{V_{df}}{100} \cdot 10d_f + 10q \cdot 60t$$

$$\frac{i \cdot t}{6} = V_H \cdot H + V_{dB} \cdot d_B + V_{df} + 6000q \cdot t$$

$$\therefore H = \frac{1}{V_H}\left(\frac{i-t}{6} - V_{dB} \cdot d_B - V_{df} \cdot d_f - 6000 \cdot q \cdot t\right) \tag{1.18}$$

이 공식들을 바탕으로 제시한 경기장 주변의 배수능력 검토를 실시하였으며, 단 입력변수는 시추주상도와 기존 문헌조사 결과를 바탕으로 선정하였다.

시추주상도에서 노상의 문헌조사 결과 실트질의 투수계수 k는 $1 \times 10^{-6} \sim 1 \times 10^{-3}$cm/sec로 나타났는데, 실험 결과는 2.262×10^{-3}cm/sec, 1.630×10^{-3}cm/sec로 매우 높게 나타났다. 따라서 본 과제에서는 제주도의 지질적 특성을 인정하여 이들의 평균값인 1.946×10^{-3}cm/sec을 사용하기로 하였다. 또한 q는 $q = k \cdot I$로부터 계산된 값이며 여기서 동수경사 i는 1을 사용하였다.

한편 투수 콘크리트의 공극률은 투수 콘크리트 기술자들이 일반적으로 20%를 채택하였으며, 기층의 경우 부순 돌, 입도조절 쇄석 등을 다양하게 사용하는데, 촘촘한 모래질 자갈인 경우의 최악치 18%를 사용하였다. 필터층의 경우는 통상 균일한 모래를 사용하는데, 이때 다짐을 하므로 문헌 참조 결과 33% 정도의 값이 최악치로 나타나 이를 계산에 반영하였다.

본 경기장 주변 시설을 일반주차장이라고 가정하고, 표층을 15cm, 기층을 20cm, 필터층을 5cm, 각 층의 공극률을 각각 20%, 18%, 33%로 가정하였을 때, $t = 60$, $q = 1.946 \times 10^{-3}$cm/sec인 조건에서 이 투수성 포장이 수용할 수 있는 강우강도는 152.6mm/hr으로 계산되었다. 즉, 그림 1.19에서 보는 바와 같이 152.6mm/hr 이하의 강우강도에서는 투수콘 포장이 문제가 없음을 보여주고 있다.

만일 강우강도가 200mm/hr인 경우는 그림 1.20에 도시된 바와 같이 24cm의 투수콘 두께가 더 필요함을 알 수 있는데, 이는 기층과 보조 기층의 두께를 늘림으로써 조정 가능한 것으로 판단하였다.

한편 강우강도가 200mm/hr이고 투수콘의 두께가 15cm와 20cm일 경우 각각 오버플로우(overflow)가 일어나는 시간은 아래에 나타난 그림 1.21과 1.22에서 보이듯이 약 38분 후 그리고 43분 후에 각각 발생함을 알 수 있다.

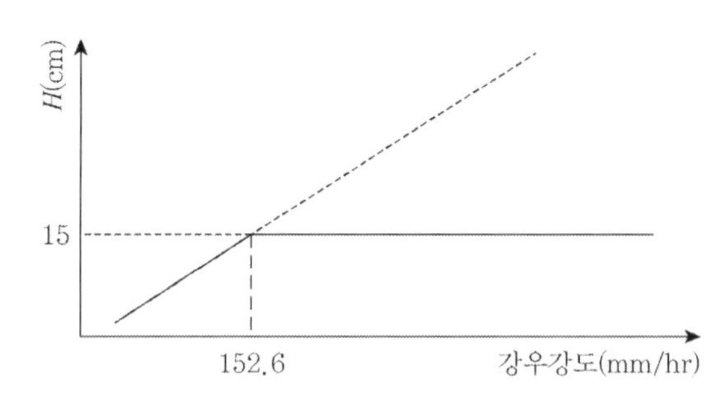

그림 1.19 강우강도와 투수콘 두께 H

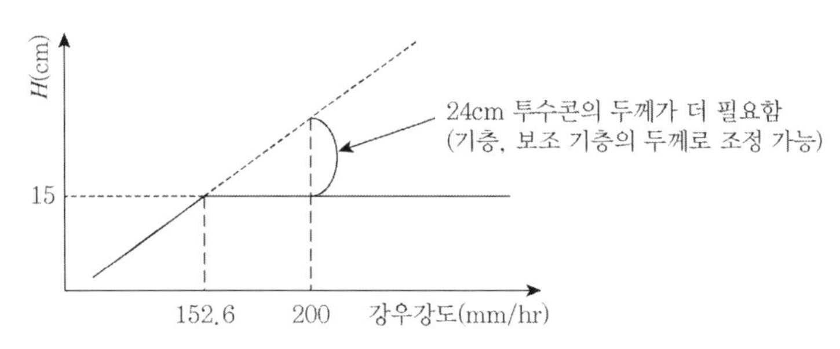

그림 1.20 강우강도와 투수콘 추가 두께

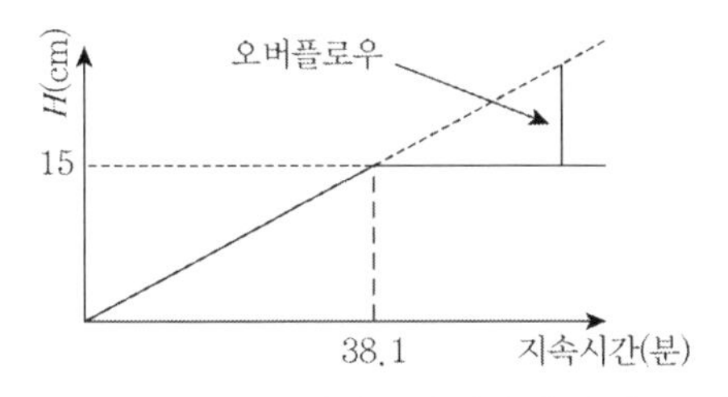

그림 1.21 투수콘 두께와 지속시간의 관계(15cm)

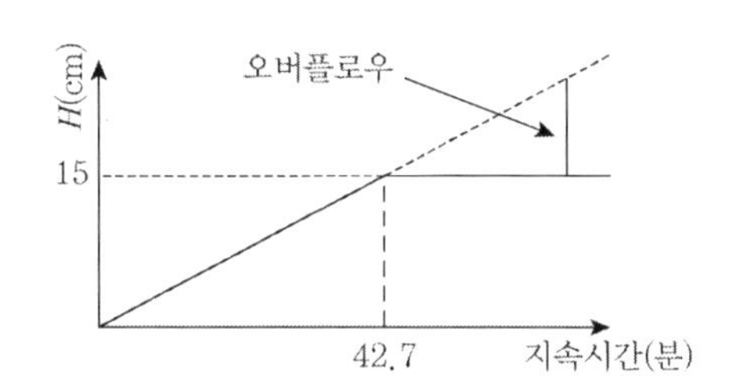

그림 1.22 투수콘 두께와 지속시간의 관계(20cm)

위에서 사용한 $H=15$, $d_f=20$, $d_r=5$, $V_e=18$, $V_H=20$, $V_t=33$, $q=1.946\times10^{-3}$cm/sec를 그대로 사용하여 오버플로우 양을 구하기 위해 다음과 같은 식을 유도한다.

유출량: $Q=\sum v\cdot d+q\cdot t=1.1676t+82.5$

유입량: $\dfrac{i\cdot t}{60}$

오버플로우: 유입량 – 유출량

$$= \frac{i \cdot t}{60} - 1.1676t - 82.5$$

오버플로우가 발생하기 위해서는 0보다 커야 한다. 그러므로 $\frac{i \cdot t}{60} - 1.1676t - 82.5 > 0$이 된다.

이 식을 i와 t에 관해서 정리하면 다음과 같다.

$$t > \frac{4950}{i - 70.056} \tag{1.19}$$

$$i > \frac{4950}{t} + 70.056 \tag{1.20}$$

식 (1.19)에서 보듯이 t(시간)는 0보다 커야 하므로 강우 강도가 70.056mm/hr 이하일 경우는 오버플로우가 발생하지 않는다. 여기서 오버플로우가 발생할 조건을 모두 검토해보면 다음에 보인 경우와 같다.

① $i < 70.056$ → 오버플로우가 발생하지 않는다.
② $i = 152.6$ → $t = 60$부터 오버플로우가 발생한다.
③ $i = 200$ → $t = 38.1$부터 오버플로우가 발생한다.

순간 강우강도에 대한 투수 콘크리트의 침투 효능을 살펴보면 관련 문헌을 참조한 결과 다음과 같은 내용을 알 수 있었다.

"강우강도가 포화투수계수보다 작은 경우에는 침윤선의 진행이 강우강도의 영향을 받아 그 진행 정도가 다르게 되나, 강우강도가 포화투수계수의 약 4~5배 이상으로 큰 경우에는 강우강도의 크기에 관계없이 동일한 진행을 보인다. 이는 침윤선의 진행에 영향을 미칠 수 있는 강우강도 크기에 한계치가 있음을 의미하는데, 이때 사면 투수에 한계가 되는 강우를 한계강우라 하면 강우강도 I는 $4K_0 \sim 5K_0$이다."

위의 내용에 근거하여 계산식을 만들기 위해 투수 콘크리트의 일반적인 평균투수계수는 51.22×10^{-3}cm/sec로 가정하고, 강우강도는 아래에 나타낸 식 (1.21)의 물부공식을 적용하기로 하였다. 이때 R24는 24시간 확률강우량으로 역대 최댓값(40년 빈도)에 대해서 365.5mm/day을 사용하였으며 t는 강우지속시간(hr)이다.

$$\frac{R24}{24}\left(\frac{24}{t}\right)^{2/3} \tag{1.21}$$

따라서 위의 내용에 근거하여 계산식과 결과를 나타내면 다음과 같다.

$$\frac{R24}{24}\left(\frac{24}{t}\right)^{2/3}(\mathrm{mm/hr}) = 51.22 \times 10^{-2}(\mathrm{cm/sec}) \times 10 \times 3{,}600 \times n = 18439.2n(\mathrm{mm/hr})$$

$$\frac{R24}{24}\left(\frac{24}{t}\right)^{2/3}(\mathrm{mm/hr}) = 51.22$$

여기서, n은 상수로 4~5의 값을 갖는다.

① $n=4$인 경우: 지속시간, $t=0.256$sec

② $n=5$인 경우: 지속시간, $t=0.183$sec

위의 계산 결과를 보면 순간 강우강도가 매우 큰 경우라도 지속 시간이 0.256초, 0.183초 등으로 매우 짧으므로 투수 콘크리트의 강우량 소화에 큰 영향을 미치지 않는다고 판단하였다.

(2) 쇄석기둥 및 유수지 계산

두 번째로 고려한 개별 공법은 기본 설계에서와 마찬가지로 주차장을 모두 불투수층 포장으로 처리하고, 주차면과 오름 등의 지역에 내리는 모든 비를 쇄석기둥(집수정) 또는 유수지를 이용하여 처리하는 안이다.

환경 피해의 최소화, 비용의 최소화 그리고 최대 강우강도에 대한 대비 등을 목적으로 배수공법을 선정하는 데 지하수 오염으로 인한 피해를 최소화하기 위해 쇄석기둥의 채움재로 제주도에 많이 산재해있는 송이를 사용하는 것을 검토하였다.

여기서 송이란 화산폭발로 분출된 용암이 오랜 세월 동안 풍력에 의한 침식, 운반, 퇴적작용을 거쳐 다공질 상태로 변화된 화산암재로서, 지층 부근에 작은 입자가 흑갈색으로 산재되어 있는 속돌을 말한다. 이는 온도를 조절한 건조상태에서 입도를 조절하여 각종 건축물 내외장재(벽돌, 인도 블록), 비료(화분토, 농작물 및 유기질), 사료(배합) 및 산업용 등에 사용되고 있는 양질의 화산암재다.

이러한 송이층의 특성을 살펴보면 배수와 수분 유지의 효력이 우수하고, 토양 속의 유해 가스를 제거하며, 수자원의 정화 작용을 갖는다. 또한 위생 및 탈취 효과가 뛰어나고 거름(퇴비) 조성에서 탁월한 효과를 보인다.

특히 수자원의 정화작용은 매우 뛰어난 것으로 알려졌으며 국내에서 이를 응용한 폐수 처리용 필터의 개발이 한창 진행 중이다. 이 송이층을 필터층으로 이용하려는 방안은 제주도 및 일부 화산 분포지역의 기후 변화가 심하고 고온다습한 지방에서 특이하게 화산암재 돌을 이용하여 주택의 보온, 단열, 방음, 방습 재료로 사용하였다. 현재까지 규격 없이 마당이나 도로 담벽에 깔거나 쌓여 복사열 방지 또는 우천 시 흙탕물 방지 등 여과재로 사용하고 있는 점에서 착안된 것이다.

송이는 이산화규소, 산화알미늄, 철, 마그네슘, 칼슘, 인, 나트륨으로 구성되어 있으며, 현재 제주도 내 송이의 매장량은 200억 톤 이상으로 고부가가치의 자원으로 추정된다. 현재 공사 중인 지역에서도 지질 조사 결과 6~10m와 17~30m 지점에서 많은 양이 존재하고 있음이 밝혀져 재료의 이용가능성은 매우 높은 것으로 보인다.

쇄석기둥 소요량 및 유수지의 면적을 계산하기 위해 본 과업에서는 다음의 내용을 가정하였다. 첫째, 지층 분포와 각 지층별 투수계수는 평균값을 사용하였다. 지층은 상부에서 3m까지 붕적토층이고, 3~9m는 연암층(투수계수 2.086×10^{-3}cm/sec), 9~13.5m는 송이층(화산쇄설층, 투수계수 8.153×10^{-3}cm/sec), 13.5~21m는 경암층(투수계수 4.472×10cm/sec), 21~29.48m는 송이층(투수계수 2,704×10Å)이며, 29.48m 이하는 경암 및 화산쇄설층이다. 이 값들은 현장실험이 완료되지 않은 시점에서 대략적인 자료만을 이용한 값으로 실제 분석과는 일부 차이가 있다.

둘째, 최대우수유출량의 산정은 합리식을 사용하였고 강우강도는 서귀포시 하수도 정비 기본계획에서 사용한 물부 공식(1984.06.)을 사용하였으며, 서귀포지역의 최근 10년간 기상특성을 고려하여 최대치인 확률강우량(R24)은 역대 365.5mm/day를 사용하여 검토하였다.

셋째, 차후 포장 시공방법(일반포장이나 투수콘포장 등)이 결정되었을 때 총괄유출계수를 산정하여 각각의 용량을 효율적으로 산출하기 위하여 유출계수(C)는 1을 사용한다. 즉, 침투 및 저류는 없는 상태로 계산한 결과다. 따라서 계산 결과 값은 다소 과다산정된 값으로 제1.3.5절에서는 공종별 유출계수를 고려하여 우수유출량을 산정하였다.

넷째, 유수지 모양은 육면체로 가로와 세로의 길이는 동일하고 높이는 3m를 사용하였으며, 유수지 측면의 침투는 무시하였다.

다섯째, 쇄석기둥(집수정)에서 침투는 화산쇄설층(송이층)에서만 일어난다고 가정하였으며, 쇄석기둥의 직경은 450mm로 한다.

다음의 표 1.10와 1.11은 운동장과 임시사용부지(버스 및 순환버스용 주정차장) 및 월드컵기념광장 일부를 제외한 총유역면적 9.26(ha)을 대상으로 유수지와 쇄석기둥(집수정)의 크기 및 개수를 결정한 표다. 이 값들은 대안을 선정하기 위하여 계산한 값으로 계산절차에 대한 자세사항은 제1.3.6절에서 다룬다.

표 1.10 유수지 계산

유역면적(ha)	9.26
지속시간(hr)	23
유수지 크기(가로, 세로, 높이)(m)	84×84×3

표 1.11 쇄석기둥 계산

유역면적(ha)	9.26
지속시간(hr)	0.6
집수정 크기(가로, 세로, 높이)(m)	106, 106, 5
쇄석기둥 개수(개)	1600

(3) 각 개별 공법에 대한 요약

전면적인 투수 콘크리트의 사용 시 즉각적인 통행, 미적효과 등의 장점을 갖는 반면 정밀한 시공이 필요하고, 포장 재료의 선정이 까다로우며, 장기적으로 공극을 회복해야 하는 유지보수 작업이 필요하며 대형 교통 통행이 어려운 단점이 있다.

쇄석기둥 설치안의 경우에는 우수를 지반 아래의 송이층으로 유도하므로 운동장 내의 보우링 현상 억제 및 정화 효과를 기대할 수 있으나 시공이 복잡해지고 집수정의 소요 면적이나 쇄석기둥의 수가 매우 많아져 비경제적이라는 단점이 있다.

유수지 설치안의 경우 유수지를 주차장이나 보조경기장 등의 여러 가지 용도로 활용할 수 있고, 집수된 우수를 농업용수로 재활용할 수 있는 장점이 있으나 소요면적이 매우 크기 때문에 경제성이 떨어진다.

이러한 결과와 전문가, 현장 관계자들의 의견을 종합한 결과, 투수성이 탁월하다고 판단되는 전면투수콘과 더불어 개별 대안을 결합한 형태가 더욱 합리적이라고 사료되었다. 투수콘과 유수지 결합 방안, 투수콘과 쇄석기둥 결합 방안, 투수콘 유수지, 쇄석기둥 방안의 복합적인 방안 등 네 가지를 대안으로 제시하였다.

1.3.6 대안 선정

자연식 배수공법의 개별적인 검토 후 본 과업에서는 다음과 같은 복합적인 세 가지 대안과 더불어 전면적인 투수 콘크리트 포장의 경우, 배수능력이 양호하고 경제적이기 때문에 이에 대해서도 대안의 하나로 선정하였다.

① 투수 콘크리트 + 유수지
② 투수 콘크리트 + 돌기둥(쇄석기둥 + 집수정)
③ 투수콘 + 유수지 + 돌기둥(쇄석기둥 + 집수정)

대안에 따른 자세한 검토사항을 다음에 서술하였다. 한편 투수 콘크리트가 사용될 경우 경기장의 표고 차(약 13.5m)로 인한 보링 발생 가능성에 대한 검토를 수행한 결과 보링 가능성은 없는 것으로 판단되었다.

(1) 투수 콘크리트 + 유수지

투수 콘크리트는 제1.3.3절에서와 같이 강우 시 충분한 침투능력을 발휘하는 것으로 검토되었으나 전체 유역면적(9.18ha) 중 유출이 발생하는 데크 지역과 조경지역에 대한 우수처리 방안이 별도로 필요하므로 투수 콘크리트와 유수지를 조합하는 공법을 검토하였다.

① 가정 사항

본 과업에서 채택한 기본 입력 변수는 다음과 같다. 첫째, 지반의 침투량 계산을 위한 각 층의 분포 및 투수계수는 지표에서 30m까지의 값을 이용한다(쇄석기둥의 길이 30m). 현장 토질 조사 결과 지표로부터 30m까지 존재하는 층은 붕적토층, 화산쇄설층(송이층), 경암층으로 각 층의 분포와 비율은 평균값을 사용한다. 각 층의 투수계수는 각 층의 분포비율을 고려한 평균값을 사용하며, 이때 시추조사에서 나온 각층의 최대 투수계수는 안전을 고려하여 평균값 산출에서 제외시켰다.

표 1.12 각 지층의 분포 두께 및 투수계수

지층	붕적토층	회한쇄설층	경암층
평균분포두께(m)	3.8	13.7	12.5
평균투수계수	1.946×10^{-3}	2.879×10^{-3}	8.629×10^{-4}

둘째, 배수처리 유역은 투수콘 포장지역, 일반 포장지역(데크), 오름(수목)지역으로 구성되어 있으며, 각각 4.905ha, 1.880ha, 2.395ha다.

셋째, 최대우수유출량의 산정은 합리식을 사용하였다. 합리식이란 이미 선정한 확률강우강도 공식에 강우지속시간, 배수면적, 유출계수를 곱해서 최대우수유출량을 구하는 방법이다.

넷째, 강우강도는 서귀포시 하수도 정비 기본 계획에서 사용한 물부 공식을 사용하였다.

다섯째, 유출계수(C)는 투수콘 지역은 0, 일반포장지역은 0.85, 오름(수목)지역은 0.17의 값을 사용하며, $\sum C_i A_i$ 값은 2.005ha다. 본 절의 계산식에 나오는 유역면적(A)은 $\sum C_i A_i$를 의미한다.

② 유수지 계산

유수지는 육면체로 높이 3m, 가로와 세로는 동일한 길이로 가정하였다. 침투는 유수 바닥에서만 일어나고 측면은 불투수로 가정하였다. 투수계수는 지표에서 3~5m 깊이의 지층분포가 붕적토층, 화산쇄설층 및 경암층이기 때문에 이들 투수계수의 평균값인 1.90×10^{-3}cm/sec, 확률빈도는 역대 최댓값을 사용한다.

전체 유역의 총 우수유출량은 유수지 저류용량과 침투유량의 합과 같다. 이를 식으로 나타내면 다음과 같다.

$$Q_1 \times t = I \times A \times t = Q_2 \times t + V_1 \tag{1.22}$$

$$= \frac{R24}{24}\left(\frac{24}{t}\right)^{\frac{2}{3}} \times 10^{-3} \times t \times A = k \times 3{,}600 \times t \times L^2 + H \times L^2$$

여기서, Q_1 = 유입유량(m^2/hr)

t = 강우지속기간(hr)

I = 강우강도(mm/hr)

A = 유역면적(m^2)

Q_2 = 유수지 침투유량(m/hr)

V_1 = 유수지 용량(저류량, m^2)

$R24$ = 빈도별 24시간 확률강우량

k = 투수계수(m/sec)

H = 유수지 높이(m)

A는 2.007ha, H는 3m, $R24$는 365.5mm/day를 위의 식에 대입하고, 모든 지속시간에 대한 강우량이 유수지의 침투량과 저류량을 초과하지 않도록 하였다. 즉, 지속시간(t)에 대한 최대 유수지의 크기를 구하면 다음과 같다.

지속시간(t)이 22hr에서 유수지 크기는 40×40×3m이며, 저류용량은 4,800m^3다.

이와 같은 계산 결과를 바탕으로 유수지는 그림 1.23에 보인 것과 같이 배치하였다.

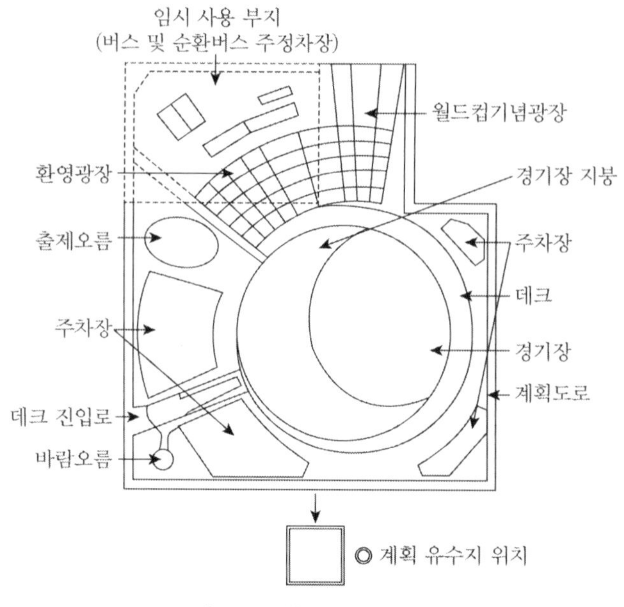

그림 1.23 계획 유수지 배치도

(2) 투수 콘크리트+돌기둥(쇄석기둥+집수정) 계산

본 공법은 투수콘과 돌기둥의 장단점을 모두 포함하는데, 장점은 별도의 부지 매입이 필요 없고, 쇄석기둥을 통해 우수를 유도하므로 운동장 내 보링을 억제시킬 수 있으며, 송이층 통과에 따른 자연정화 효과를 기대할 수 있다. 단점으로는 시공 후 시간이 지남에 따라 이물질에 의해 투수성이 떨어질 수 있고, 짧은 기간의 큰 강우강도에 대처하기 어렵다는 것이다. 쇄석기둥의 상부는 집수정과 연결되어 있고, 쇄석기둥의 직경은 450mm, 설치깊이는 30m, 쇄석기둥의 재료는 송이를 사용하는 것으로 가정한다(간극률 0.33). 쇄석기둥에서 침투는 송이층에서만 이루어지는 것으로 하며, 집수정은 직육면체로 계산하였고 구배를 0.3으로 할 때 전체 용량이 계산값과 같도록 설계한다. 집수정은 쇄석으로 채우며(간극률은 0.15), 집수정에서 침투는 바닥에서만 이루어지는 것으로 한다. 집수정 깊이는 5m로 집수정 바닥의 투수계수는 유수지와 동일하다. 이와 같은 가정하에 집수정 및 돌기둥의 개수를 추정하면 다음과 같다.

① 쇄석기둥 1개당 침투량

$$Q_3 = H_3 \times \pi D \times k_3 = 5.576 \times 10^{-4} (\mathrm{m}^3/\mathrm{sec})$$

여기서, H_3 = 송이층 두께

D = 쇄석기둥 지름

k_3 = 송이층 투수계수

② 쇄석기둥 1개당 저류량

$$V_3 = A \times H \times n \fallingdotseq 1.57(\mathrm{m}^3)$$

여기서, A = 쇄석기둥 단면적

H = 쇄석기둥 높이

n = 간극률

③ 전체 유역의 총 우수유출량

전체 유역의 총 우수유출량은 집수정 저류유량, 침투유량, 쇄석기둥 저류유량, 침투유량의 합과 같다. 식으로 나타내면 다음과 같다.

$$Q_1 xt = Q_2 \times t + V_2 + Q_3 \times S \times t + V_3 \times S \tag{1.23}$$

$$= \frac{R24}{24}\left(\frac{24}{t}\right)^{\frac{2}{3}} \times 10^{-3} t \times A$$

$$= k \times 3600 \times t \times L^2 + 3{,}600 \times Q_3 \times S \times t + V_3 \times S$$

여기서, Q_1 = 총 우수유출량(m^3/hr)

Q_2 = 집수정에서 지반으로의 침투유량(m^3/hr)

V_2 = 집수정 저류유량(m^3)

Q_3 = 쇄석기둥 1개당 송이층으로의 침투유량(m^3/sec)

S = 쇄석기둥 개수

V_3 = 쇄석기둥 1개의 저류량(m^3)

H = 집수정 높이(m)

이 식에서 모든 지속시간에 대한 강우량이 침투정과 쇄석기둥의 침투량과 저류량을 초과하지 않도록 한다. 즉, 지속시간(t)에 대한 최대 침투정의 크기와 쇄석기둥의 개수와 위치를 구하면 다음과 같다.

④ 집수정의 크기

가. 집수정의 크기: 50×50×5m

나. 용량: 1875m^3(간극률 포함)

다. 쇄석기둥 개수: 177개

라. 지속시간: 2.2(hr)

⑤ 쇄석기둥의 개수

4개로 분산하여 설치할 경우 집수정 1개의 크기는 25×25×5m 집수정 1개당 쇄석기둥 45개가 필요하다. 따라서 그림 1.24와 같은 기본 배치를 제시하였다. 그러나 집수정의 위치는 유동적일 수 있다.

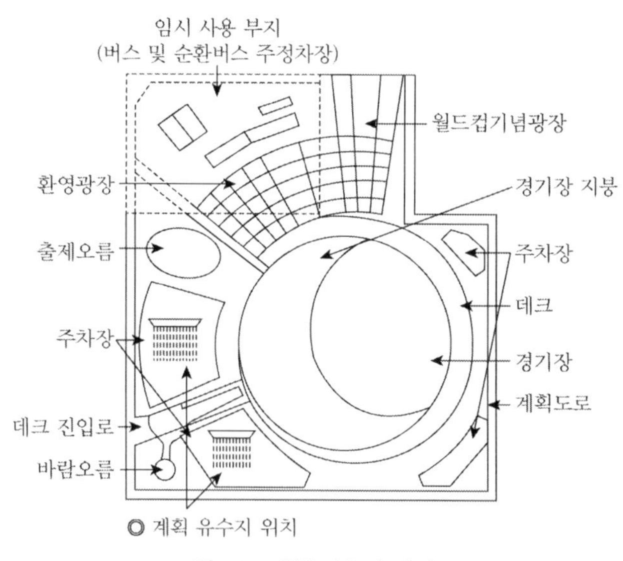

그림 1.24 계획 집수정 배치도

(3) 투수콘 + 유수지 + 돌기둥(쇄석기둥 + 집수정)

세 번째 대안은 투수콘과 유수지 그리고 돌기둥의 장점을 모두 총괄하는 것으로 쇄석기둥의 성능 저하 시 대처능력이 비교적 우수하고, 폭우 등의 집중호우 발생 시 안전장치 역할 등의 장점이 있는 대안이다. 이 대안의 분석 과정은 다음과 같다.

전체 유역의 총 우수유출량은 유수지 저류유량, 유수지 침투유량, 집수정 저류유량, 집수정 침투유량, 쇄석기둥 저류유량, 쇄석기둥 등에서 송이층으로의 침투유량의 합과 같다. 식으로 나타내면 다음과 같다.

$$\begin{aligned} Q_1 \times t &= Q_2 \times t + Q_3 \times t + V_3 + Q_4 \times S \times t + V_4 \times S \\ &= \frac{R24}{24}\left(\frac{24}{t}\right)^{\frac{2}{3}} \times 10^{-3} \times t \times A \\ &= k_2 \times 3600 \times t \times L_2^2 + H_2 \times L_2^2 + k_3 \times 3{,}600 \times t \times L_3^2 \\ &\quad + H_3 L_3^2 + 3{,}600 \times Q_4 \times S \times t + V_4 \times S \end{aligned} \tag{1.24}$$

여기서, Q_1 = 총 우수유출량(m^3/hr)

Q_2 = 유수지에서 지반으로의 침투유량(m^3/hr)

V_2 = 유수지 저류량(m^3)

Q_3 = 집수정에서 지반으로의 침투유량(m^3/sec)

V_3 = 집수정 저류량(m^3)

Q_4 = 쇄석기둥에서 송이층으로의 침투유량(m^3/sec)

S = 쇄석기둥 개수

V_4 = 쇄석기둥 1개의 저류량(m^3)

k_2, k_3 = 유수지, 집수정 바닥의 투수계수(m/sec)

H_2 = 유수지 높이(m)

H_3 = 집수정 높이(m)

위의 식에서 모든 지속시간에 대한 강우량이 저류유량과 침투유량을 초과하지 않도록 하였다. 즉, 지속시간(t)에 대한 최대 유수지 크기, 집투정 크기, 쇄석기둥의 개수를 구하면 다음과 같다.

① 유수지 크기: 30×30×3m, 용량 2,700m^2

② 집수정의 크기: 20×20×5m, 용량 300m^2(간극률 고려)

③ 쇄석기둥의 개수: 80개, 지속시간은 6.3(hr)

즉, 집수정을 분산하여 설치할 경우 10×10×5m 4개로 1개당 쇄석기둥 20개가 필요하다. 따라서 이들을 바탕으로 다음과 같은 그림 1.25에 기본 설계안을 제시하였다.

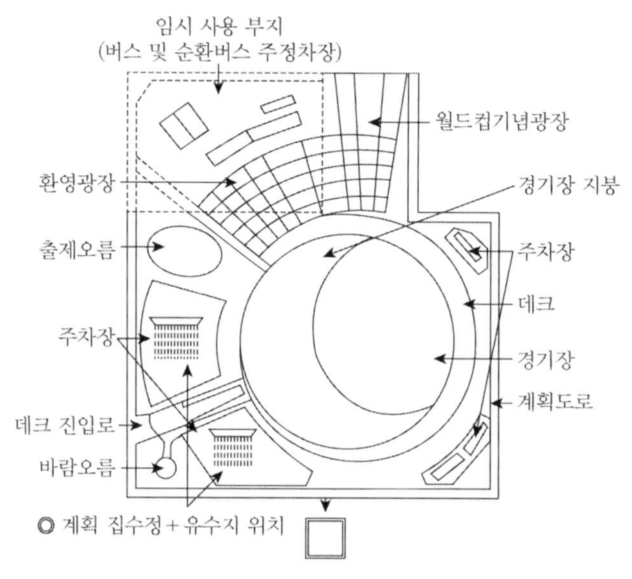

그림 1.25 계획 집수정과 유수지 배치도

1.4 결론

본 과업에서는 제주도 월드컵 경기장의 합리적인 배수처리 방안을 선정하기 위해 다양한 배수공법에 대해서 조사·분석하여 합리적인 자연식 배수방법을 제시하였다. 전면 투수층 포장을 포함한 네 가지 대안을 선정하였고 이에 대한 공학적 타당성 조사를 진행하였는데, 과업 내용을 요약하면 다음과 같다.

(1) 최근 40년 동안의 최대 일일 강우량인 365.5mm/day를 물부공식에 적용하여 계획 최대우수

량을 선정하였고 이를 타당성 조사에 사용하였다.

(2) 지반조사 결과 지층은 붕적토층, 화산쇄설층(송이층), 기반암층으로 나타났으며, 붕적토 및 화산쇄설층의 평균 투수계수는 각각 1.946×10^{-3}cm/sec와 2.879×10^{-3}cm/sec로 매우 양호한 것으로 나타났다.

(3) 다양한 중력식 배수공법을 검토한 결과 경기장 외곽 지역의 배수에 타당한 안으로는 투수 콘크리트를 전면적으로 실시하는 안과 유수지를 확보하는 안 그리고 쇄석 기둥을 이용하는 안이 1차 선정되어 설계 대안으로 선정되었다. 그러나 이들 기본안을 검토한 결과 유수지나 쇄석기둥만을 이용하는 경우 많은 면적과 수량이 필요한 것으로 조사되어 비경제적인 안으로 판단되었다. 투수 콘크리트를 전면적으로 시행하는 안의 경우 시공 경험 부족, 유지보수의 문제, 데크 지역의 물처리 문제 등이 단점으로 제기되었으나 탁월한 배수 능력으로 인해 대안의 하나로 선정되었다.

(4) 자연식 배수공법의 최종안은 전면적인 투수콘인 대안 I과 더불어 데크 지역과 수목지역의 물처리를 위한 혼합형태가 대안으로 제시되었는데, 투수콘과 유수지를 혼합하는 안과 투수콘과 쇄석기둥을 혼합하는 안 그리고 투수콘과 쇄석기둥 유수지를 모두 제시하는 IV안 등 네 가지 대안이 선정되었다.

(5) 각 대안의 평가 결과 전면 투수콘을 제외한 나머지 대안 모두가 경제성 측면이나 효과 측면에서 모두 타당한 것으로 판단되었다. 특히 투수콘과 유수지를 포함하는 대안 I이 다른 안에 비해 안전성 환경보호 그리고 미적인 면과 별도의 주차장 제공 가능성 등으로 인해 그 우선 순위가 높을 것으로 판단되었다.

• 참고문헌 •

(1) 선우중호(1996), 수문학, 동명사, pp.50-70; 97-113.

(2) 이원환(1996), 수리학, 운문당, pp.55-61.

(3) 양상현(1997), 상하수도공학, 동화기술, pp.35-40.

(4) 윤태훈(1997), 응용 수문학, 청문각, pp.162-163; 180-185.

(5) 서울시정개발연구원(1995), '우수유출률 저감대책', pp.84-137.

(6) (주)삼기건설산업주식회사(1998), 컬러콘 포장 시방서.

(7) 한국아스콘협동조합(1992), '투수성아스콘 제조 및 설계시공법', pp.1-107.

(8) 환경부(1997), '하수도 시설 기준', pp.1-21 ~ 1-33; 2-61 ~ 2-95.

(9) 홍원표 · 조윤호 · 윤중만(1999), '제주 월드컵 경기장 건설공사 중 배수처리 방안 연구보고서', 중앙대학교.

(10) Cernica, Jhon. N.(1995), "Geotechnical Engineering Techniques and Practice", Jhon Wiley & sons. INC, pp.121-123; 150-151.

(11) Evett, Heng Liu. Jack B.(1992), "Soils and Foundation", Prentechales Englewood, p.105; 123.

(12) Hausman, M.R.(1990), "Engineering Principles of Ground Modification", McGraw-Hill Publishing Co, pp.80-81.

(13) Lambe, T.W. & Whitman, R.V.(1978), "Soil Mecahnics SI Version", John Wiley & Sons, USA, pp.76-79; 439-442, p.458.

Chapter

02

안양시 석수2동 갈뫼지구 침수피해 원인 규명 및 대책방안

Chapter 02

안양시 석수2동 갈뫼지구 침수피해 원인 규명 및 대책방안

2.1 서론

2.1.1 연구 배경 및 목적

최근 들어 지구는 기후의 온난화와 함께 엘니뇨, 라니뇨 현상이 급속도록 확산되고, 전 세계는 홍수나 혹한에 의한 피해가 점점 증가하고 있다. 우리나라도 예외는 아니어서 20세기 후반에 들어 과거에는 볼 수 없었던 지형적 집중호우에 의한 피해 사례도 급증하여 심각해지고 있는 실정이다.

안양시의 경우 한강 하류의 한 지류인 안양천이 도심을 관통하고 있고, 뒤로는 관악산이 위치하고 있어 배산임수의 좋은 입지적 조건을 갖고 있는 도시임은 분명하다. 안양천은 의왕시 백운산 자락에서 발원하여 군포시를 경유, 안양시 도심을 중앙으로 관류하여 광명, 서울시를 거쳐 한강에 유입되는 하천이다. 하천의 유역면적은 286m^2, 하천연장이 32.5km의 하천으로 학의천, 삼성천, 수암천, 삼막천, 오전천, 산본천 등 대소 지천이 있다. 안양천 유역에는 경기도의 안양시, 군포시, 의왕시, 광명시, 시흥시, 과천시와 서울의 관악구, 구로구, 금천구, 동작구, 영등포구, 양천구 지역의 전부 또는 일부를 포함하고 있고 유역 내의 인구는 약 329만 명에 달한다. 또한 안양시 유역의 지질은 4기에 형성된 충적층과 선캄브리아기에 형성된 화강암질 편마암이 유역 대부분에 분포하며, 유역의 평균고도는 하구부에서 EL82m고 국가하천 시점부인 안양철교에서는 EL110m로 안양권 상류지역에 고도가 높은 관악산, 수리산, 모락산, 백운산, 청계산 등 산지가 많이 분포되어 있다.

한편 안양시를 관통하여 흐르는 안양천 유역의 연평균강우량은 1,203mm고, 연평균기온은 11.8℃의 우리나라 평균적인 기후 특성을 가지고 있다. 그러나 기상학적 위치를 보면 인천과 서울을 잇는 동서의 서남쪽에 위치하고, 관악산의 서남쪽에 위치하고 있어 중국에서 형성된 이동성 기압의 영향을 집중적으로 받는 위치에 있다. 따라서 여름철 장마전선이 중부에 걸쳐 있을 경우와 중국으로부터 유입되는 이동성 저기압과 만나는 경우에는 집중호우를 기록할 수 있는 가능성이 많은 위치라 할 수 있다.

이와 같이 지형적·기상학적 위치에 따라 안양시는 항상 많은 재해의 위험성을 내포하고 있을 뿐 아니라, 과거의 여름철 피해를 보면 상습 침수지역과 산림지의 소규모 산사태로 인한 토사의 유출이 많이 발생하고 있는 현실이다.

이러한 차제에 2001년 7월 14~15일 이틀 간 내린 집중호우, 엄밀히 말하면 7월 15일 00~03시에 기록된 3시간 누적강우량에 의해 안양시 석수2동 도로개설공사 중로1-55호선 터널 시점부에서 집중호우에 의한 우수유출 및 토사유출로 갈뫼지구와 우주타운지역의 침수피해가 발생하였다. 또한 삼성산에서 발원되는 안양천의 지류인 삼성천이 삼성7교에서 범람하여 여러 명의 인원이 사상하고, 안양2동 일부 지역이 침수되는 피해가 발생하였다.

따라서 본 연구에서는 2001년 7월 14~15일 기록된 집중호우에 의한 안양시 석수2동 도로개설공사 터널 시점부에서의 토사유출 및 호우에 의한 갈뫼지구와 우주타운지구, 특히 우주타운지구에서 발생한 침수피해에 대해서 그 원인을 조사·규명하고 그 대책을 수립하였다.

2.1.2 연구 내용 및 범위

2001년 7월 14~15일의 집중호우에 의해 발생한 안양시 내의 각종 피해 사례 중 침수피해에 대해서 안양시 석수2동 도로개설공사 터널 시점부에서 발생한 토사유출과 호우의 영향을 비교·분석해보고자 한다. 특히 침수피해지역인 갈뫼지구와 우주타운지구는 호우에 의한 침수피해뿐 아니라 터널 시점부로부터 유입되는 토사유입에 의한 피해 발생의 영향 및 원인에 대해서는 논란의 여지가 다소 있다.

따라서 침수피해지역(특히 우주타운지구)에 대한 터널 시점부로부터의 토사유입 가능성, 각 침수지역에서의 강우에 의한 우수유입과 우수배출용량을 산정하여 강우 시 우수에 의한 피해 가능성을 조사해보고자 한다. 이러한 결과를 도출하기 위하여 2001년 7월 14~15일에 발생한 집중호우의 원인 및 영향을 조사하고 이를 바탕으로 침수피해지역의 우수유입에 따른 우수배출

그리고 인접한 안양천의 상태를 고려하여 각 지역에 대한 가능 피해 범위를 산정할 수 있다.

한편 우수에 대한 피해 정도는 안양시에서 제공하는 하천 및 하수·오수에 관련한 각종 도서와 안양시 및 안양시의회에서 제공하는 각종 조사자료를 바탕으로 현장답사를 통한 실증을 통해 조사·분석하고, 그 결과를 이용하여 침수피해지역에서 채취되는 토사의 발생위치를 추적할 수 있을 뿐 아니라 이러한 피해를 유발하는 원인을 찾을 수 있다.

2.1.3 연구 진행 방법

갈뫼지구 및 우주타운지구에서 발생된 토사 및 호우에 의한 침수피해의 원인을 규명하기 위하여 다음과 같은 과정으로 본 연구를 수행하고자 한다.

(1) 배수구역 및 수해지역 측량

배수구역 내 수해 원인 조사를 위하여 주요 지점의 측량을 실시한다.

(2) 현지조사

① 기준 설정

2001년 7월 15일 피해 내역을 시에서 작성한 자료를 토대로 조사하고, 이때의 기상 특보상황을 입수하여 조사·분석하고 정리한다(일반 현황 및 기존 시설물 현황 조사).

가. 일반 현황 조사

1) 안양시 도시계획도로공사 현장배수구역에 대한 지형적 특성을 고려한 현황을 조사한다.
2) 도시계획도로공사 현장에 대한 추진실적을 조사한다.

나. 수해 상황 조사

1) 피해지역의 피해 상황일지를 입수하여 분석·정리한다.
2) 피해상황 현장답사, 지역주민 탐문 등의 방법을 통하여 피해 발생 원인 자료를 수집·분석한다.

다. 수리 및 수문 분석

기상특보 및 강우특성을 분석한다. 2001년 7월 14~15일 기간 중 호우의 기상 특성을 분석한다(시간강우량, 일강우량별 검토).

(3) 저지대 침수흔적 조사 및 주요 하수관 능력 검토

침수구역의 특성, 수해 원인, 문제점 등 현지 여건을 조사한다. 하수관 현황을 조사하고 수집하여 분석한다.

(4) 종합적 침수피해 원인 진단

① 침수지역과 현장의 토질조사 및 토성분석

가. 현장 및 침수지역의 토사 채취

나. 각 시료에 대한 물리적 성질 및 화학적 성질에 대한 분석을 통해 토사의 유출 가능성 확인

② 토공현장에서 유출되는 토사와 우수에 대한 토석류 해석

가. 현장으로부터의 토사유출 가능량 산정

나. 토석류 분석에 의한 우주타운 침수피해 가능성 조사·분석

③ 우주타운지역의 토석류 및 우수량 유입 가능성 분석

가. 갈뫼지구에 대한 우수배수능력을 산정하고 이를 이용한 우주타운지역으로의 우수 월류 가능성 분석

나. 수문자료, 자료분석 및 지리적 여건 등을 고려하여 수문특성에 따른 수해 발생의 원인을 분석

2.2 일반 현황 조사 및 관련 도서 검토

본 연구 대상 지역은 석수동 도시계획도로(중로 1-54호선, 55호선) 개설공사 구간 중 중로 1-55호선의 석수2동 측 터널 시점부 절토공사 지역으로 2001년 9월 28일부터 약 10여 일 동안

측량된 조사 결과에 바탕을 둔 침수 발생 지역 및 영향 지역의 범위를 나타내면 그림 2.1과 같다. 이 그림에서 보는 바와 같이 터널 시점부 공사지역과 갈뫼지구 및 우주타운지역이 이에 속한다. 따라서 본 지역에서 발생한 2001년 7월 14~15일 이틀 간 강우로 기인한 토사유출 및 침수피해에 따른 영향을 조사·분석하기 위한 것으로, 본 연구 대상 지역의 지형·지질학적 특성 및 기존의 설계도서에 의한 일반 현황을 본 장에서 먼저 조사·분석해본다.

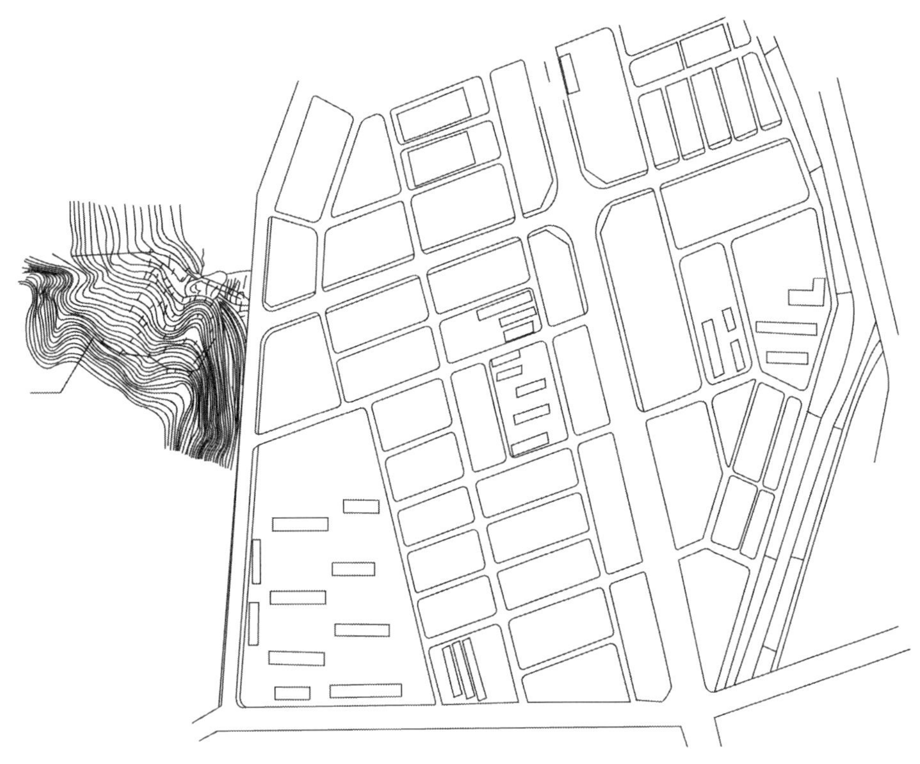

그림 2.1 석수2동 도로개설공사구간 및 침수피해지역 위치도

2.2.1 일반 현황 조사

본 연구 대상 지역은 석수동 도시계획도로(중로 1-54호선, 55호선) 개설공사 구간 중 중로 1-55호선의 석수2동 측 터널 시점부 절토 토공구간에서 절토 공사 중 2001년 7월 14~15일 최대시간강우강도 79mm, 3시간 강우량 145mm에 의해 당 현장에서의 토사 및 우수유출에 따른 갈뫼지구와 우주타운지역의 침수 피해 원인를 조사·분석한 것이다. 본 지역은 그림 2.1에서 보는 바와 같이 안양천의 안양대교와 충훈교 사이의 충훈부의 북동쪽에 위치하고 있으며, 본 연구

대상 지역의 지형 및 지질 현황과 당 지역의 오수 및 우수배수체계 및 도로의 우수배제체계의 일반 현황에 대해서 조사해보면 다음과 같다.

2.2.2 도로의 배수체계 현황

안양시 석수2동 갈뫼지구와 우주타운지역의 2001년 7월 14~15일 집중호우에 따른 강우의 영향과 그에 따른 지표유출우량의 산정을 위해 도로개설현장부터 침수지역에 이르는, 특히 우주타운지역에 영향을 미치는 지역과 갈뫼지역에서의 우수배출에 따른 배수체계는 현장 및 안양시 계획설계도서 등을 참고하였다.

본 조사를 통해 현장에서의 우수유출이 우주타운 지역에 영향을 미칠 수 있는가에 대한 기초조사로 삼고자 한다.

(1) 갈뫼지역 도로변의 우수배제체계 현황

갈뫼지구 침수지역, 즉 그림 2.2에서 보는 바와 같이 석수2동 터널 시점부에서부터 새마을금고 사거리를 지나 우주타운지역에 대한 우수 배수구를 조사하여 그 위치를 그림 2.2와 같이 나타내었다. 이 그림에서 보는 바와 같이 침수가 발생하지 않은 새마을금고 측(그림 2.2의 A지역) 도로변의 우수배제용 빗물받이는 총 14개의 300mm 배수관으로 설치되어 있다. 침수지역인 갈뫼지구(그림의 B지역) 총 16개의 빗물받이통에 배수관은 현장 쪽으로부터 11개는 지름이 150mm인 배수관으로 되어 있고(수해 피해 발생 후 현장 측으로부터 9개는 300mm로 확공되었다. 그림 2.3 참조), 새마을금고 쪽으로 5개의 배수관은 지름이 100mm이었다.

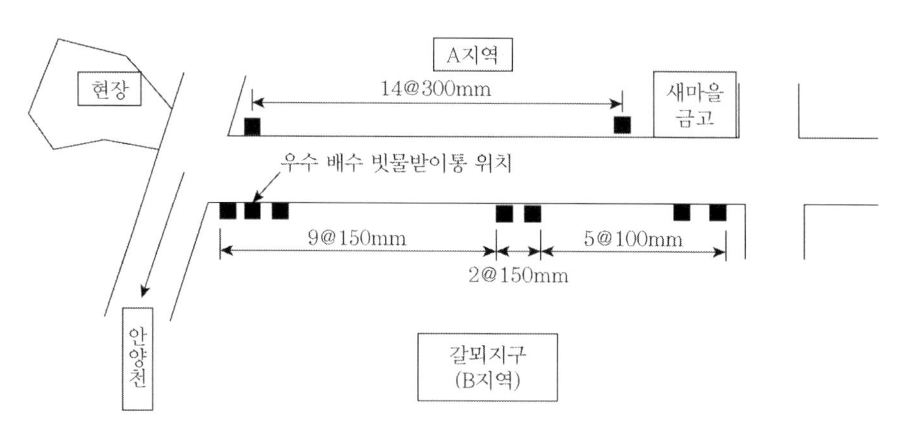

그림 2.2 갈뫼지구에서 우주타운(새마을금고 사거리) 쪽 도로변 우수배수망

(a) 수해 발생 전 상태

(b) 수해 발생 후 대책

그림 2.3 갈뫼지구 도로변 빗물받이통 배수구 확공

한편 침수지역인 갈뫼지구(B지역)의 빗물받이통 단면을 조사한 결과 그림 2.4에서 보는 바와 같이 넓이 50×40cm, 깊이 5cm로 빗물받이의 저수 역할은 기대하기 어려울 정도의 깊이를 유지하고 있어 토사 등에 의해 배수구 상층이 막히는 경우 그 효과를 기대하기 어렵다. 침수피해가 발생하지 않은 A지역의 경우 그림 2.5에서 보는 바와 같이 우수배수 빗물받이의 넓이는 50×40cm로 B지역과 동일하나 빗물받이의 깊이는 40cm고 배수관의 지름은 30cm이었다.

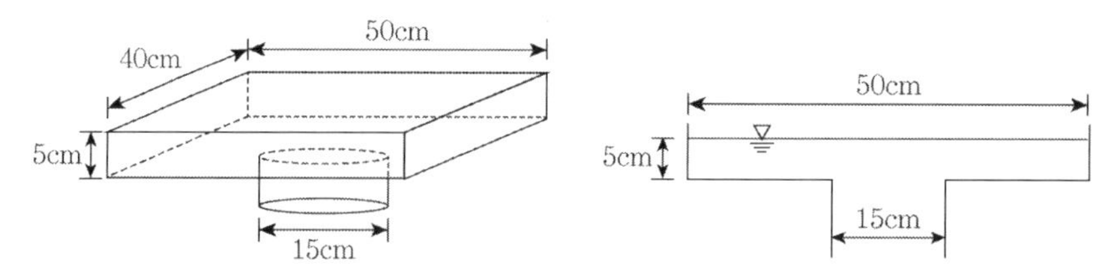

그림 2.4 도로변 우수배수 빗물받이통 현황 및 단면도(갈뫼지구 B지역)

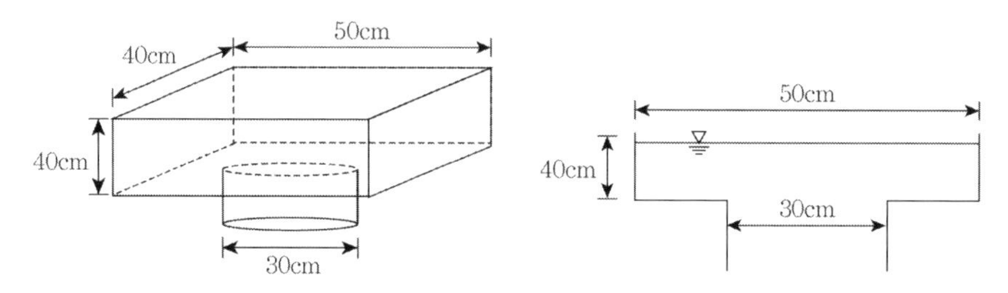

그림 2.5 도로변 우수배수 빗물받이통 현황 및 단면도(새마을금고 측 A지역)

현장조사 결과(그림 2.3~2.5)와 같이 A지역과 B지역의 도로상의 우수빗물받이와 배수관의 역할을 볼 때, B지역의 경우는 A지역에 비해 상당히 배수효과가 떨어질 것이 예상된다.

(2) 터널 시점부 현장에서의 우수배제를 위한 배수체계

석수2동 도로개설구간의 터널 시점부, 즉 공사장 입구에 설치되어 있는 우수배제용 배수관 및 당 현장 측의 우수배제체계를 조사한 결과는 다음과 같다.

그림 2.6에서 보는 바와 같이 당 현장에서는 그림 2.2 중 현장에서 발생하는 많은 강우량을 모두 그림 2.6의 1개소로 유출하는 것으로 계획되었으며, 배수관의 지름은 그림 2.7에서 보는 바와 같이 250mm로 실제 강우량의 배수능력은 그림 2.6에서의 침사지(30m^2)에 모인 표면배출수에 따른 유출속도에 영향을 받아야 하지만 당 현장의 경우 침사지는 절개지 사면 하부에 붙어 있어 집중호우 시 그 효과를 발휘할 수 없다. 특히 지표면의 지반이 유실되는 경우 침사지는 지반에 의해 일부 메워져 그 역할에 관계없이 지름 250mm의 배수관에 의한 우수배출량에만 영향을 받게 된다.

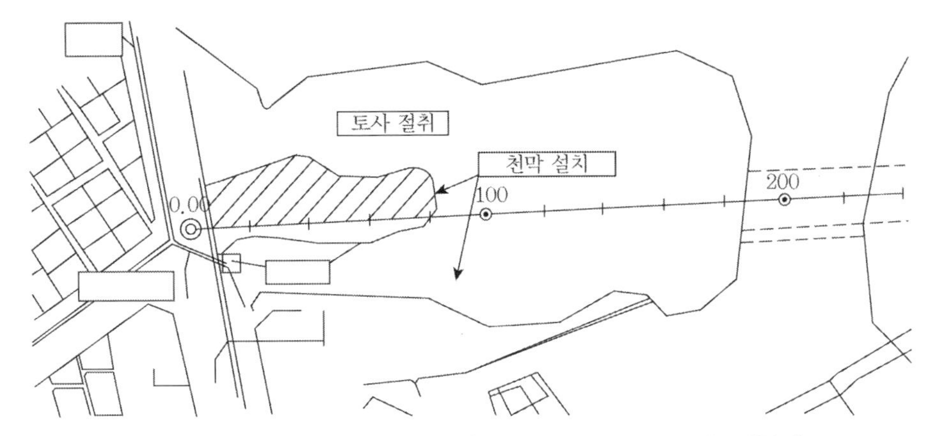

그림 2.6 터널 시점부 배수관 현황(중로 1-55호선 시점부 배수계획도)

그림 2.7 터널 시점부 배수용 관거(ϕ =250mm) 사진(시의회 조사자료)

2.2.3 오수 및 하수관망의 설계기준에 의한 배수체계(하수도정비계획, 2000, 안양시)

2001년 7월 15일 집중호우에 의한 침수피해지역인 갈뫼지구와 우주타운지구는 하수처리구역상 그림 2.8에서 보는 바와 같이 안양 제1배수구역 및 석수처리구역에 포함되며 1992년부터 2011년까지 하수도정비계획이 단계별로 진행되고 있다. 하수도정비계획은 장단기별 계획목표에 따라 하수도계획인구, 하수도배제방식, 계획배수구역 및 처리구역, 계획하수량 및 수질 그리고 우수 및 오수관거계획과 차집관거, 하수처리장 계획으로 진행된다.

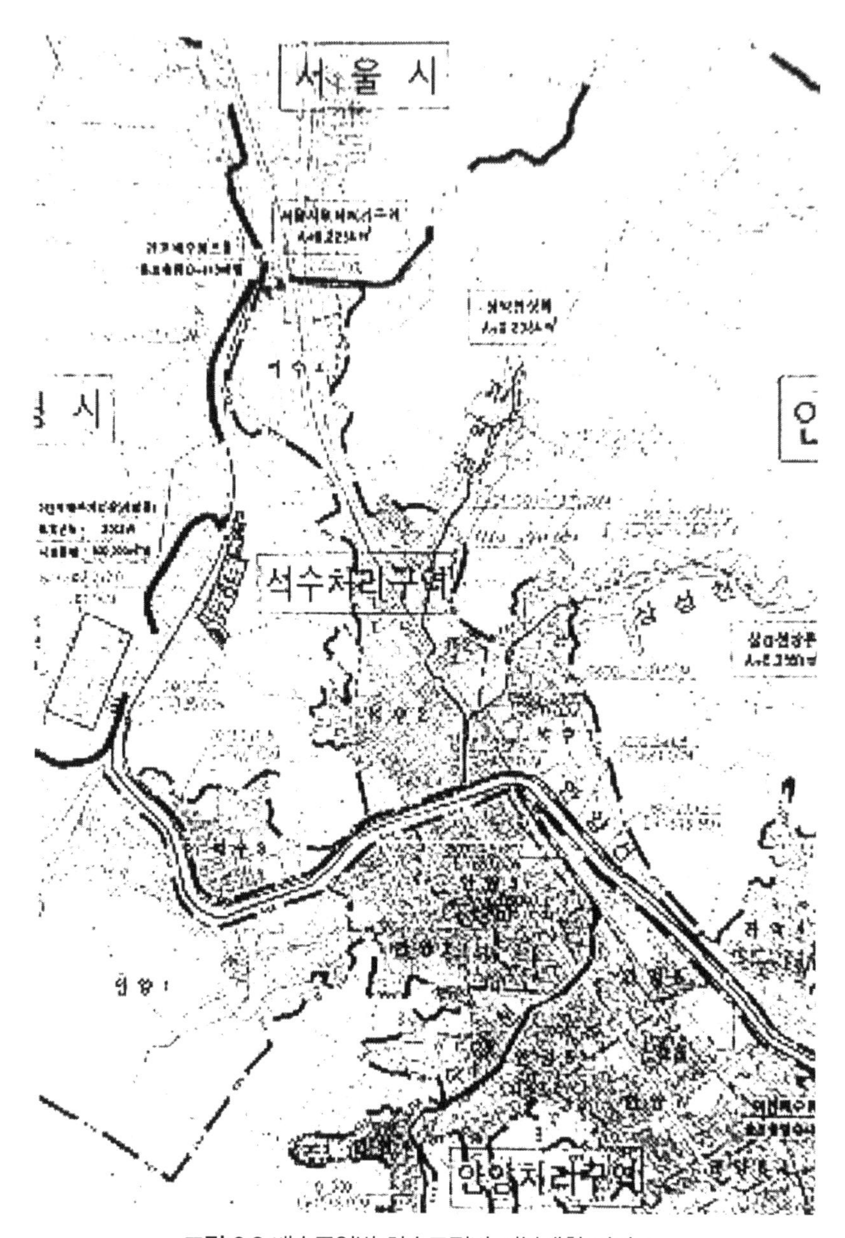

그림 2.8 배수구역별 하수도정비 기본계획 평면도

(1) 배수구역 구분

침수피해지역은 안양제1배수구역으로(표 2.1 참조) 그 유역면적인 12.079km^{2}이며 충훈공원, 석수동, 박달동 및 안양3동이 위치한 공단 및 주거지로 구성되어 있고 일부 서울시 처리구역분 (22.5ha)을 제외한 1,207ha가 처리 대상 구역이다.

표 2.1 우수배수계획 구역 면적(하수도정비계획, 2001, 안양시)

우수배수구역	면적(km^2)		비고
	유역	계획	
안양제1배수구역	12.079	5.291	
안양제2배수구역	12.174	9.255	
학의천 배수구역	11.609	6.711	
삼막천 배수구역	5.612	0.555	
삼성천 배수구역	7.894	0.696	
수암천 배수구역	8.034	1.352	
계	57.402	23.860	

(2) 하수처리구역

하수처리구역은 「하수도 정비 기본계획 수립지침」(1997, 환경부)에서 제시한 지역으로 구분되며, 안양시는 안양, 석수, 관악, 평촌 처리구역으로 계획되고 각 처리구역별 소분구로 나뉜다.

따라서 침수피해 발생 지역은 석수처리구역에 해당하며 안양천 북동 측의 석수동 및 안양2동 일대로 안양유원지가 있어 계절적 인구 변화가 심하다. 주거지역은 서울시와 경계로 접해 있어 장래 전 지역이 주거지역으로 설정되어 있다(표 2.2 참조).

표 2.2 하수처리구역 설정(2016년 기준)

처리구역	면적(km^2)	대상 행정구역
안양처리구역	8.249	안양1-9공, 박달동, 박달1-2동
석수처리구역	3.115	석수동, 석수1-3동, 안양2동
관악처리구역	3.426	비산동, 비산1-3동, 관양동, 관양1-2동
평촌처리구역	9.070	관양2동, 평촌동, 평안동, 호계1-3동, 귀인동, 부흥동, 달안동, 범계동, 신촌동, 갈산동, 부림동
비시가화 편입구역	△1.287	호현마을, 자연마을, 삼성천 안양유원지, 삼막천 상류, 자연마을, 내비산천 자연마을, 동편소하천 자연마을, 수암천 상류 자연마을 등 6개 지역
계	23.860	안양시 전 지역

또한 석수처리구역을 동별 구분으로 나누면 석수처리구역은 표 2.3과 같이 총 3.115m^2의 유역면적이 해당하며 각 동별 소분구 처리구역으로 구분된다.

표 2.3 처리분구별 동별 구분

구분	소분구명	편입동	면적(km²)	비고
석수처리구역	석수1	석수1동, 안양2동	0.987	
	석수2	석수1,2동	1.281	
	석수3	석수 3동	0.396	
	석수4	석수 1,2동	0.451	
	계		3.115	

(3) 관거 계획

관거 계획은 하수도의 침수 방지 및 생활환경 개선을 위한 기초적 역할뿐 아니라 생활기초시설로서 공공수역의 수질보전과 도시방재시설로 그 기능을 발휘해야 한다. 안양시 하수관거 시설현황은 합류관거 363,889m, 우수관거 122,123m, 오수관거 90,753m, 차집관거 52,411m 등 총 629,186m다.

한편 침수지역에 해당하는 얀양제1배수구역의 관거 현황 및 석수처리구역의 오수관거 현황은 각각 표 2.4, 2.5에서 보는 바와 같다.

표 2.4 배수구역별 관거 시설 현황(하수도정비계획, 2000, 안양시) (단위: m)

구분		계	원형관	구형거	소계	측구	맨홀(개소)		물받이 (개소)
							원형	구형	
안양 제1 배수 구역	계	107,132	84,149	17,179	101,328	5,804	383	1,360	3,863
	합류관거	77,741	65,910	6,162	72,072	5,669	163	1,194	3,478
	우수관거	8,645	7,294	1,216	8,510	135	103	27	385
	오수관거	6,371	6,371	-	6,371	-	117	9	-
	차집관거	14,375	4,574	9,801	14,375	-	-	131	-

표 2.5 오수관거 시설 현황(하수도정비계획, 2000, 안양시)

구분	관종	규격(mm)	연장(m)	비고
석수처리구역	원형관	D 300	5,277	
		D 400	382	
		D 450	22	
		D 500	410	
		D 600	280	

한편 안양시 하수배제 방식은 다음 표 2.6과 같이 기존 시가지, 신규개발지역, 비시가화 편입 지역으로 구분하여 배제 방식을 다르게 적용하고 있다.

하수배제 방식별 처리구역에 따라 침수피해지역을 산정하면 석수처리구역 내 4.7ha 범위에 속하며, 하수도시설은 지역 내 발생되는 우수, 오수의 신속한 배제처리와 생활환경 개선, 침수에 의한 재해 방지 기능을 갖도록 하여 환경부(1998) 제시, 하수도시설기준에 맞추어 인근 지역의 측후소 설치지역인 수원 측후소의 강우기록을 바탕으로 설계기준을 제시하고 있다.

표 2.6 안양시 하수배제 방식 결정

구분	배제방식	비고
기존 시가지	합류식 및 분류식	분류식화 가능지역 선정
신규개발지역	분류식(우수, 오수 별도관거신설)	대형 아파트 재건축지역 및 재개발지역
비시가화 편입지역	분류식(기존 우수배제시설 활용, 별도 오수관거 신설)	비시가화 지역에서 시가화로 편입되는 지역

2.2.4 적용된 설계기준의 문제점

안양시에 적용된 설계기준을 우수유출량 산정식, 강우강도, 설계빈도 등의 관점에서 보면 일반적으로 국내에서 사용되고 있는 권장된 설계기준을 적용하고 있으나, 유출량을 결정하는 가장 큰 영향요소라 할 수 있는 강우강도의 경우(강우강도는 계획강우량에 따라 홍수량과 우수량을 결정하고, 이에 적정한 시설물 계획을 수립하는 데 사용됨)에는 본 계획서에서는 대상 지역의 인근에 위치한 수원관측소의 강우자료를 바탕으로 확률강우량을 산정하여 「도시하천 및 하수도 개선계획상의 계획강우량 설정에 관한 추계학적 해석」(1980, 이원환)의 지역별 확률강우강도, 기존하수도 정비기본계획 변경(1992, 안양시)상의 확률강우강도 및 「안양천 하천정비 기본계획」(1991, 안양시)과 비교하도록 하고 있다.

또한 설계에 적용한 계획설계 빈도 결정 시 상기와 같이 비교된 네 가지 결과와는 무관하게 단지 상위법(하수도설계기준, 1998, 환경부)에 적용된 확률연도를 5년 빈도(간선하수관거), 10년 빈도(지선하수관거)로 채택하고 있다. 안양시의 과거 여름철 호우에 의한 침수피해에 대해서 상습적임에도 상기와 같은 적용은 비효율적이다. 상습적 침수피해 발생지역의 경우에는 50년 확률 강우빈도를 사용하도록 권장하고 있는 현실을 감안한다면 비교·대상이 단지 상위법에 의한 기준을 적용하고 있음은 설계기준 검증 시 비교·산정에 대해서 그 적용이 유명무실함을 말하는 것이다.

따라서 안양지역에 대한 강우강도 확률빈도는 오히려 관악측후소 또는 서울측후소의 강우강도 발생확률과 오히려 비슷하게 적용하는 것이 강우 패턴을 고려할 때 합리적이다. 여러 가지 강우강도 영향을 비교하는 경우 안전 측의 적용 기준을 지역적으로 합당하게 적용하는 것이 합리적인 선택이다.

2.3 침수피해지역의 침수피해 조사 및 하수관망

2.3.1 갈뫼지구의 우수 및 하수관망체계

갈뫼지구의 우수배제체계는 합류식으로 우수 및 오수를 동시에 배제하면서 일부는 하천으로, 일부는 처리장으로 배수된다. 또한 갈뫼지구의 배수망은 도로개설공사현장 입구 삼거리로부터 새마을금고 사거리를 거쳐 우주타운 중간지점까지 암거 3.0×2.5m의 배수관을 통해 배수하도록 되어 있다. 삼막천배수구역의 석수2처리분구의 오수 및 배수와 도로현장에서 새마을금고를 잇는 도로의 표면배수를 직접적으로 담당하도록 되어 있어 본 도로에서의 암거에 대한 배수능력이 주위 하천의 홍수위에도 월류되는 등의 영향을 받지는 않을 것으로 사료된다. 암거의 배수위치가 안양천의 홍수 시 홍수위에 영향을 받아 배수관망의 배수능력을 발휘할 수 없을 것으로 사료된다.

한편 도로를 제외한 갈뫼지구(침수지역)의 배수망은 대부분 안양천 방향으로 직접배수되는 체계를 하고 있다. 따라서 갈뫼지구에만 배수되는 배수체계는 배수관망 현황, 배수용량 및 배수방향으로 나타내면 다음 표 2.7과 같다.

표 2.7 갈뫼지구 배수관망체계 현황

배수관망 구분번호 (안양 제1배수 구역)	관망지름 (mm)	관내실유속 (m/sec)	배수용량 (m^3/sec)	배수방향
0413064	ϕ600	2.169	0.613	암거(3.0×2.5m)
0431063	ϕ900	1.733	1.102	상동
0413085	ϕ900	3.850	2.448	안양천
0513026	ϕ800	0.838	0.421	상동
미확인	ϕ800	0.838	0.421	상동(0513026 관망과 인접하여 동일 유속을 사용함)
합계			5.005	

* 배수용량 산정식

유량(Q) $= A$(단면적) $\cdot$ V(유속) $= \frac{\pi}{4} \cdot D$(지름)$^2 \cdot V$

* 관내유속은 「안양시 하수도정비계획 변경(안)」(2000, 안양시) 부록에서 발췌하였음

2.3.2 우주타운지구의 우수 및 하수관망체계

우주타운지구의 배수관망체계는 일부는 안양1배수구역의 석수2처리분구에 속하여 새마을금고 사거리 쪽과 새마을금고 쪽부터 (구)안양대교 도로변의 배수는 갈뫼지구로 통하는 암거(3.0×2.5m)로 배수된다. 우주타운의 나머지 지구는 모두 삼성천 배수구역의 석수2처리분구로, 삼막천과 삼성천이 만나는 지점의 하류인 안양천으로 배수되도록 되어 있다.

본 지역에 대한 배수관망 및 관망상태 그리고 관내실유량에 대한 배수용량을 산정하면 다음 표 2.8에서 보는 바와 같다.

표 2.8 우주타운지구 배수관망체계 현황

배수관망 구분번호	관망지름(mm)	관내실유속(m/sec)	배수용량(m^3/sec)	배수방향
0513030(안양제1배수구역)	ϕ600	1.131	0.320	암거(3.0×2.5m)
0513031(안양제1배수구역)	ϕ600	2.252	0.636	상동
0553071(삼성천 배수구역)	ϕ600	1.264	0.357	안양천
0553087(삼성천 배수구역)	ϕ600	1.921	0.543	상동
0553088(삼성천 배수구역)	ϕ600	2.703	0.764	상동
합계			2.62	

* 배수용량 산정식

유량(Q) $= A$(단면적) $\cdot$ V(유속) $= \frac{\pi}{4} \cdot D$(지름)$^2 \cdot V$

* 관내유속은 「안양시 하수도정비계획 변경(안)」(2000, 안양시) 부록에서 발췌하였음

2.4 도로개설공사 터널 시점부 재해예방대책에 대한 문제점

2.4.1 수해 발생 전 현장상태 및 수방대책 조치상황

(1) 안양시 조치사항

① 안양시 지시사항(6월 18일)

석수동 도시계획도로 터널 시점부의 2001년 재해 및 안전관리대책 보완통보(안양시) 시 대책강화 조치에 따른 지시사항은 다음과 같다.

가. 시점부 우수 처리를 위한 기존 우수관로 내부상태 정밀조사 후 배수계획도에 따라 배수 가능 여부 재검토

나. 전면 기존도로의 하수관망과 산마루 측구의 배수관로와 연계상태 적정성 파악 및 조치

다. 작업차량 진출입 동선 내 설치된 횡단보도 폐쇄 후 이전

라. 세륜시설과 침전지 등의 설치는 우기 전(6월) 설치 완료

② 안양시 지시사항(6월 28일)

시점부 갱구부는 집중호우 시 굴착사면부 토사가 도로변으로 흘러내릴 위험이 많으므로 사면부 보호막 설치 및 STA0+120~140(우측) 지점에 기존 U형 측구 쪽으로 우수방향을 전환시킬 수 있도록 별도의 유도배수로를 시공하여 호우 시 우수가 분산되어 배수처리될 수 있도록 조치 바람

(2) 당 현장의 조치사항

① 가) ① 내용 재검토

② 가) ② 하수관망과 산마루 측구 배수관로 연계상태 적절성 파악 조치

③ 가) ③④항에 대해서 각각 이전 및 설치 완료

2.4.2 수방대책에 대한 문제점

(1) 당 현장의 조치사항검토

당 현장에서의 재해예방계획서(2001, 05, 감리단) 점검 결과 및 배수 계획에 따르면 점검 결과 터널 시점부(STA. 0+000~0+100)의 배수시설은 당 현장의 절토상태와 벌개제근상태를 고려하여 우천 시 우수누출 발생 우려가 있다. 이에 대한 대책방안으로 가배수로 설치(토사 측구 및 비닐 덮기), 마대 쌓기(도로부 우수누출 방지)가 계획되어 있고, 배수 계획은 우기등급별 유출량 산정 시 그림 2.9(충훈터널 시점수 배수계획도)에서 보는 바와 같이 강우영향유역을 산정하여 첨두유량을 계산하였다. 또한 우기 시 우수배출은 재해등급에 따라 기존 맨홀(4급지)과 절개지 덮개 설치에 의한 노면배수(1~3급지)로 계획되었고, 노면배수 시에는 우수처리 배수로에 비닐덮개를 처리하고 마대를 쌓아 토사유출을 방지하도록 하였다.

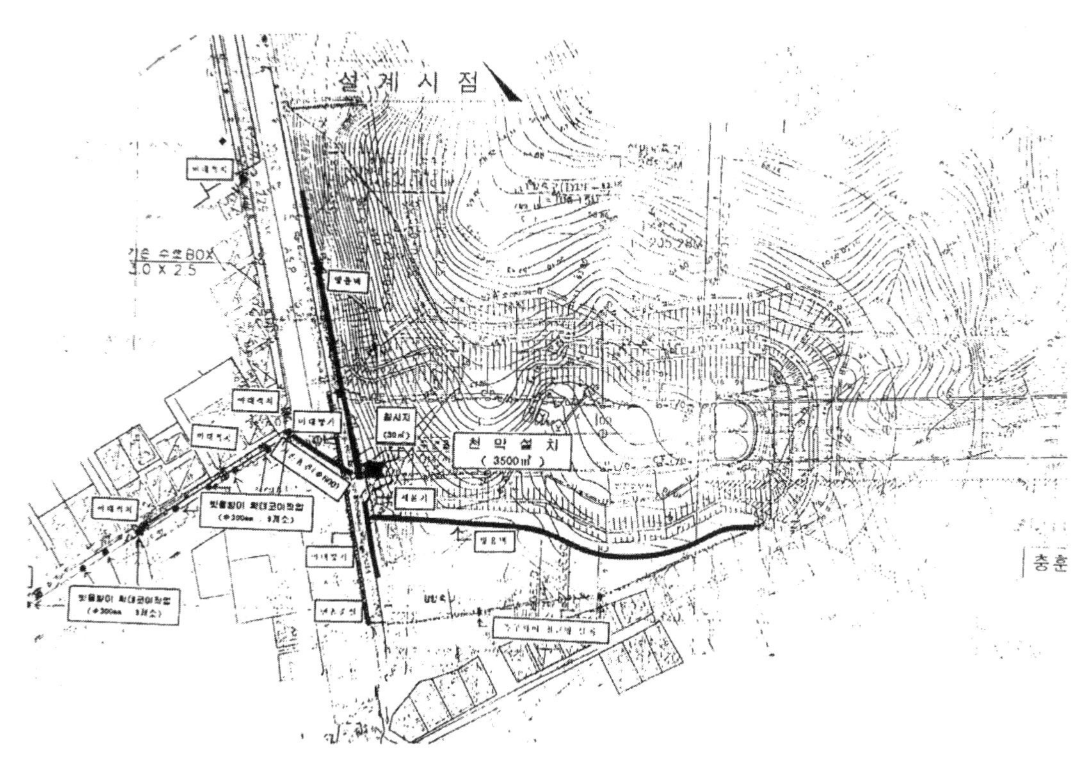

그림 2.9 충훈터널 시점부 배수계획도

① 기존도로 배수능력 검토

$$Q = AV = D^2/4.\ \mathrm{Vave} = \mathrm{r} \cdot 0.82/4 \cdot 1.5 = 0.75\mathrm{m}^3/\mathrm{sec}$$

여기서, 배수관 직경은 0.8mm, 배수관 내 평균유속(1.5m/sec)으로 하였다.

한편 유입유량은 합리식인 $Q = \frac{1}{3.6} C \cdot I \cdot A$을 사용하였으며 유출계수 $C = 0.5$, $A = 1.2\mathrm{m}^2$로 하여 다음 표 2.9와 같이 산정하였다.

표 2.9 강우량에 따른 비상경계 기준(현장 적용 기준과 문제점)

등급	조건	예상유출량(m^3/sec)	문제점
1급(비상체제)	시간당 50mm 이상 1일 150mm 이상 최대풍속 21m/sec 태풍, 폭풍, 집중호우경보 발령 시	8.3	• 유출계수 산정 시 현장조건 미고려 • 유역면적의 과소평가 • 최대시간강우강도 및 1일 강우량 등 과거 안양시 통계치 고려 안 함
2급(경계체제)	시간당 30mm 이상 1일 80mm 이상 최대풍속 14m/sec 태풍, 폭풍, 집중호우주의보 발령 시	5	
3급(준비체제)	시간당 20mm 이상 1일 50mm 이상	3.3	
4급	비 오는 날	-	

(2) 강우에 따른 영향 범위 산정에 대한 문제점

당 현장의 경우 강우 시 강우에 의한 유출량 범위 산정이 그림 2.10과 같이 절토면적(2,000m^2)에만 국한시켰다. 면적은 도로진입로의 경사면에 해당하는 면적으로, 실제 절토된 면적은 본 과업을 위하여 측량된 결과(표 2.10)에서 보는 바와 같이 3,141m^2다.

당 현장에서 제시하는 면적계산 결과와는 1,141m^2(=3,141m^2-2,000m^2)로 차이가 있을 뿐만 아니라, 강우 시 영향을 미치는 범위는 벌개지역까지 고려하는 것이 타당하다. 수해 발생 후 가장 최근 측량된 절토부, 벌목지역에 대한 면적의 경계값(경계부분)를 조사하기 위하여 측량을 실시하였으며, 그 결과를 수치지도상에 그림 2.10과 같이 도시하여 현장의 절토면적, 벌개제근 면적 등을 구하면 표 2.10과 같다.

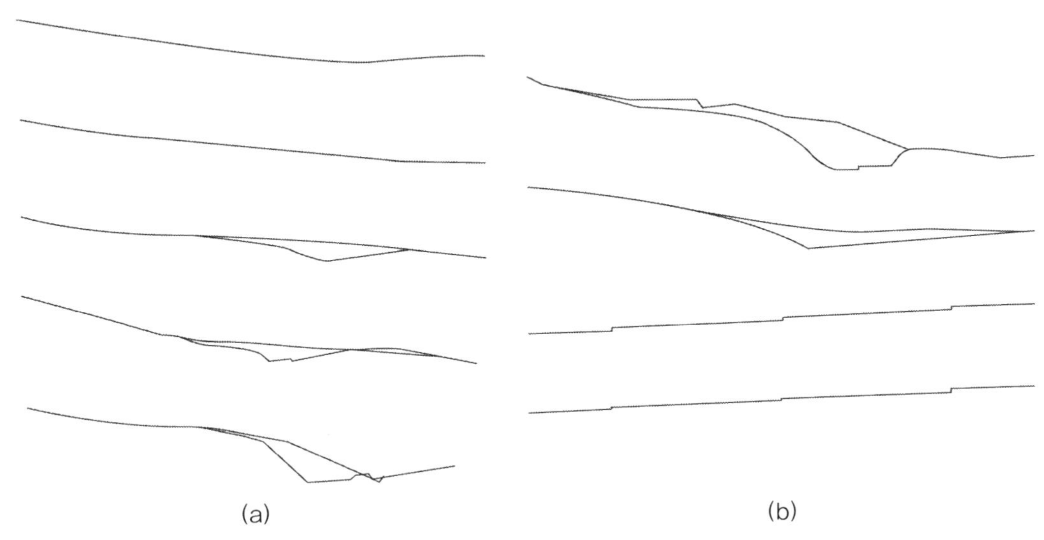

그림 2.10 본 연구 대상인 도로개설공사 터널 시점부의 횡단면도

표 2.10 당 현장의 절토 범위 산정 비교 (단위: m^2)

구분	벌개면적	절토면적	토사반출량	비고
두산 측 주장	15,000	2,000	7,548	
측량 결과	12,645	3,141	7,645.67	

(3) 강우량 추정에 따른 조치의 미비점

본 연구 대상 지역은 안양시 석수2동에 위치하고 있으며 표 2.11에서와 같이 최근 10년간 안양시 여름철 강우기록을 보면 70% 이상이 최대시간 강우강도 50mm 이상, 1일 누적강우량 150mm 이상 지역에 해당한다. 따라서 우기 1급 비상경계 대상 지역으로 예상되는바, 1급 비상체제~3급 준비체제의 강우 시 유출량은 8.3~3.3m^2/sec로 엄청난 차이가 있음에도 불구하고 표 2.11과 같은 상태로 재해 비상체계를 모호하게 구분하여 공사가 진행된 것은 금번 강우과 같이 1급 비상체제 이상인 최대시간강우강도 79mm, 1일 누적강우량 207mm(3시간 누적강우량 145mm)에 대해서 사전에 대처하지 못한 재해방지대책으로 사료된다.

표 2.11 안양시 최근 10년간 강우량 비교표 (단위: mm)

연도	연강우량	1일 최대강우량	시간최대강우량
1990	2,080	206	55
1991	1,224	130	34
1992	1,346	201	30
1993	1,181	123	60
1994	890	77	29
1995	1,539	190	39
1996	995	118	51
1997	1,190	204	68
1998	1,703	199	66
1999	1,373	189	30
2000	1,083	128	37

한편 당 현장의 2001년 재해예방 계획서((주)두산, (주)삼안기술공사)에 따르면 터널 시점부에 대한 점검 결과(제2.4.1절)에서 가배수로 설치는 절토부와 벌개지역에서 발생하는 강우 시 유출량을 일시에 도로진입로를 배수로로 활용하도록 하여 비닐덮개로 대처하고 있다. 따라서 이러한 대책은 상기에서 언급한 바와 같이 최대시간 강우강도 79mm, 3시간 강우량 145mm의 집중호우뿐 아니라 1급 비상체제(최대시간 강우강도 50mm 이상, 1일 강우량 150mm 이상)의 강우 시 발생할 수 있는 급격한 표면유출량의 배수체계가 본 연구 대상의 침수지역으로 일시에 유출되도록 수방대책이 실시되어 있어 갈뫼지구로의 우수량 유출은 불가피할 수밖에 없는 상황이라고 할 수 있다. 지표면에 대한 우수유출의 영향을 배제하기 위한 비닐덮개가 불완전한 경우에는 일시에 많은 토사가 본 침수지역으로 유출될 수밖에 없는 상황이다.

또한 당 현장에서 수립한 재해예방대책은 절토지역과 벌개지역에 적용된 강우량 산정 시 첨두유출량 평균치 중 유출계수 산정 시 과소평가되어 있다. 그러나 현재와 같이 터널 입구의 절토공사 시 우기철 지반절토에 따른 별개의 유출계수 등을 고려해야 함에도(왜냐하면 산지라 할지라도 지반절토 시 지반은 도로포장면과 같이 유출률이 최대가 될 수 있고, 급경사지를 이루는 경우도 마찬가지임) 이러한 문제점을 사전에 고려하지 않고 일반적인 재해대책이 마련된 것은 당 지역의 특징과 공사 특성을 무시한 대처방안이라 할 수 있다.

(4) 배수체계의 문제점

당 현장의 경우 배수체계는 그림 2.9에서와 같이 터널 입구까지의 시공이 완료되는 시점에서 터널 입구 좌우로 배수로가 설치되도록 되어 있으나 터널 시점부로부터 터널 입구까지의 토공 공사기간에 대한 배수대책이 미비하다. 특히 우기 중 배수대책에 대해서는 앞에서 언급된 바와 같이 당 현장에서 제시된 우기 비상재해 예방대책(표 2.9 참조)으로 시행된 상태다.

그러나 그림 2.9에서 보는 바와 같이 충훈터널 시점부로부터 터널 입구까지의 약 130m 절토공에 의한 공사는 공사기간이 길고 절토량이 많으며, 특히 주변의 벌개지역이 광범위하게 분포함에도 불구하고 절토지역 내의 우수량 및 벌개지역의 우수량을 지름 250mm의 수직배수관을 통해 도로 하부의 암거로 유출되도록 하였다. 이 경우 우수배출량은 단지 250mm 지름의 관을 통과하는 우수량만 산정되므로 일시에 많은 우수량이 유입되는 경우는 그 기능조차 발휘하기 어렵다.

한편 그림 2.9에서 절토지역과 벌개지역의 경계면에서의 우수량은 좌우 측의 추가 배수로를 확보하여 당초 터널 갱구부 완성 시 사전에 배수체계와 동일한 시스템을 갖추어야 하며, 벌개지역과 산림지역에서도 마찬가지 조치를 취했어야 할 것으로 사료된다.

2.5 침수피해지역 내 토사유출량의 산정

침수피해가 발생한 갈뫼지구와 우주타운지구에 대한 토사유입 영향을 평가하기 위하여 도로개설공사 터널 시점부로부터 2001년 7월 14일까지 반출된 토사랑과 원지반에 대한 현재 지반상태의 측량 결과를 이용하여 침수지역으로 유입된 토사의 토사랑을 신정하였다.

도로개설공사 터널 시점부의 절토공사 구간에서 공사기간 중의 토사반출량을 사토장의 토사반입대장과 공사장(두산 측의 터널 시점부)으로부터의 토사반출량 대장을 바탕으로 두산 측이 주장하는 토사반출량(표 2.14)과 원지반(공사 전)과 현재의 지반상태 및 지반변화상태를 고려한 실제반출 토사량을 구하면 다음 표 2.15와 같다. 이때 산정된 토량변화율계수는 보통흙의 돌덩이·호박돌 섞인 흙으로 구분하였으며, 이때 사용된 토량변화율에 대한 상수값들은 표 2.12, 2.13과 같다.

표 2.12 토량변화율(도로공사, 토목시공학)

명칭		L	C
암석 또는 돌	굳은 망석	1.60~2.00	1.30~1.50
	중성도의 굳은 암석	1.50~1.70	1.20~1.40
	연한암석	1.30~1.70	1.00~1.30
	돌덩이·호박돌	1.10~1.20	1.95~1.05
막돌 섞인 흙	막돌	1.10~1.20	0.85~1.05
	막돌 섞인 흙	1.10~1.30	0.85~1.00
	고결된 막돌 섞인 흙	1.25~1.45	1.10~1.30
모래	모래	1.10~1.20	0.85~0.95
	돌덩이·호박돌 섞인 모래	1.15~1.20	0.90~1.00
보통흙	사질토	1.20~1.35	0.85~0.95
	돌덩이·호박돌 섞인 흙	1.40~1.45	0.90~1.00
점성토 등	점성토	1.20~1.45	0.85~0.95
	막돌 섞인 점성토	1.30~1.40	0.90~1.00
	돌덩이·호박돌 섞인 점성토	1.40~1.45	1.90~1.00

표 2.13 토량 환산계수

구하는 토량 / 기준이 되는 토량	자연상태의 토량	흐트러진 토량	다져진 토량
자연상태의 토량	1	L	C
흐트러진 상태의 토량	1/L	1	C/L
다져진 상태의 토량	1/C	L/C	1

2.5.1 측량 결과에 의한 토사반출량 산정

터널 시점부 구간의 측량 결과인 종단면도와 횡단면도 그림 2.10(a) 및 (b)를 이용하여 절토량을 산정하면 원지반에서의 현재 상태 절토량은 5,379m^{2}이었다. 따라서 표 2.14와 2.15를 이용하여 원지반의 절토량에 따른 토사반출량은 느슨해진 상태의 흐트러진 시료에 의해 반출량을 산정할 수 있다. 그러므로 현장조사 결과 표 2.12의 보통흙 상태의 돌덩이나 호박돌이 섞인 모래에 대한 토량변화율을 적용하면 토량환산계수 L은 중간 값인 1.425를 적용할 수 있으므로 다음과 같다.

흐트러진 시료 = L×자연상태의 토량 = 1.425×5,379m^3 = 7,665.07m^3

표 2.14 두산 측 주장 토사반출량 조사 결과 (단위: m^3)

구분	두산측 산정값				
	현장반출대장 근거	사토대장 근거			채택 값
		1차 보고 자료	2차 보고 자료	3차 보고 자료	
토사반출량	7,650	7,858	7,548	7,715	7,548
합계	7,650	7,858	7,548	7,715	7,548
비고		사토대장 근거를 3차에 걸쳐 제시하였는바, 모두 일치하지 않음			가장 현실적

* 두산 측에서 주장하는 토사반출량의 경우 현장반출대장 및 사토대장의 결과가 일치하지 않고, 주장이 달라 실제 현장에서 덤프트럭에 의해 반출되는 양을 증명하는 송장에 근거한 주장을 두산 측이 제시하고, 이 결과를 안양시 의회 측에서 검증한 송장에 근거한 토사반출량을 실제 토사반출향으로 선정함

표 2.15 침수피해지역으로 유입된 토사유입량 산정 (단위: m^3)

구분	측량 결과에 의한 선정값 ①	두산 측 주장 ②	침수피해지역 유입량 ③=①-②	수해 복구 중 반출된 도로상의 반출량 ④	침수지로 유입된 실제 토사량 ⑤=③-④
토사반출량	7,738,594	7,548	190,594	20	170,594

* 단, ⑤는 우수관을 통해 배제된 토사유출량을 포함한 토사량임

본 현장을 답사한 결과, 즉 그림 2.10의 횡단면도에서 차량 진입을 위한 성토한 지역은 (길이 71.8m×폭 5m×깊이 0.55m로 측정되었음) 외부에서 반입된 토사반입량이 없다는 두산 측 주장에 따라 절토지역 내부에서 2001년 7월 14~15일 강우 시 토사유출에 따른 진입로 재형성을 위하여 다져진 상태로 간주할 수 있다. 따라서 진입로 재형성에 필요한 자연상태의 토사량과 다져진 후(현 상태)에 필요한 토사량을 각각 구하면 다음과 같다.

자연상태의 토량 = 다져진 후의 토량/C = $197.45m^3/0.95 = 207.842m^3$

흐트러진 상태의 토량 = 다져진 상태 토량×토량환산계수 = $197.45m^3 \times 1.425 = 281.366m^3$

2.5.2 실제 토사반출량 산정

현 상태의 현장에서 측량을 통해 계측된 단면을 형성하기 위해 필요한 자연상태의 토량 $207.842m^3$과 제2.5.1절에서 구한 흐트러진 상태의 토량 및 측량 결과에 의한 토사반출량을 고려하여 실제 토사반출량을 다음과 같이 산정할 수 있다.

실제 토사반출량 = 측량 결과에 의한 절토량(흐트러진 시료의 토량)

+ 재성토에 필요한 흐트러진 시료의 토량자연상태

− 재성토된 다진 시료의 토공량

$= 7665.07\text{m}^3 + 281.366\text{m}^3 - 207.842\text{m}^3 = 7738.594\text{m}^3$

2.5.3 측량 결과의 토사유출량

제2.5.1 ~ 2.5.2절에서 산정된 토사반출량을 정리하면 표 2.14에서 보는 바와 같다. 두산 측 주장은 7,548m^{3}로 조사되었고, 현 상태의 현장조건을 대상으로 측량된 토사반출량을 산정한 결과는 7,738.594m^{3}로 산정되었다. 따라서 현장에서 강우 시 침수피해지역으로 유출될 수 있는 토사량은 다음과 같다(단, 산정된 토사유출량은 우수관거를 통해 유실된 토량을 포함한 양임).

침수피해지역으로 유실된 토사유실량

= 측량 결과에 의한 토사반출량 − 두산 측 주장에 의한 토사반출량

$= 7738.594\text{m}^3 - 7{,}548\text{m}^3 = 190.594\text{m}^3$

표 2.14, 2.15에서 보는 바와 같이 도로개설공사 중로 1-55호선 터널 시점부 절토공사 중 2001년 7월 14 ~ 15일 이틀 간의 집중호우에 의해 공사지역에서 유출된 토사량은 산정된 토사반출량과 실제 두산 측이 반출한 토공량의 차가 유출되었다고 할 수 있으므로 그 토사유출량은 190.594m^{3}으로 산정할 수 있다. 여기서 산정된 토사유출량은 현장에서의 토사반출 송장을 근거로 하여 토사반출량을 산정한 것이며, 이를 근거로 침수피해지역(갈뫼지구 및 우주타운지구)으로 유입된 토사유입량이 산정된 것이다.

또한 수해 발생 후 복구 중 갈뫼지구에서 새마을금고 방면의 도로에서 반출된 토사량은 수해복구 현황에 기록된 값 20m^{3}를 대상으로 하여 실제 침수피해지역으로 유입된 토사량은 표 2.15와 같이 우수배제관을 통해 배제된 토사량을 포함하여도 170.594m^{3}가 되는 것을 알 수 있다.

2.6 우주타운지구로의 토석류 월류 가능성 분석

2.6.1 속도에 비례하여 저항이 발생하는 낙하물체의 운동

토석류의 유동에 따른 속도 및 이동거리 등의 영향 범위를 계산하는 경우 유동상태를 속도에 비례하여 저항이 발생하는 낙하물체의 운동과 점소성체의 운동의 두 가지 경우로 계산할 수 있다. 먼저 속도에 비례하는 저항이 발생하는 낙하물체의 운동에 대해서 살펴보면 다음과 같다.

이 경우 그림 2.11에 표시된 바와 같은 상태의 토석류의 유동에 대한 운동방정식은 다음과 같다.

$$m \cdot \frac{d^2x}{dt^2} = mg(\sin g\theta - \mu\cos\theta) - k \cdot \frac{dx}{dt} \tag{2.1}$$

이를 정리하면 다음과 같다.

$$\frac{d^2x}{dt^2} = g(\sin\theta - \mu\cos\theta) - \frac{k}{m} \cdot \frac{dx}{dt} \tag{2.2}$$

$$\frac{dv}{d} + \frac{1}{\lambda} \cdot v = g(\tan\theta - \tan\phi) \cdot \cos\theta \tag{2.3}$$

$$v = \lambda g(\tan\theta - \tan\phi) \cdot \cos\theta + \lambda g(\tan\theta - \tan\phi)\cos\theta e^{-\frac{t}{\lambda}} \tag{2.4}$$

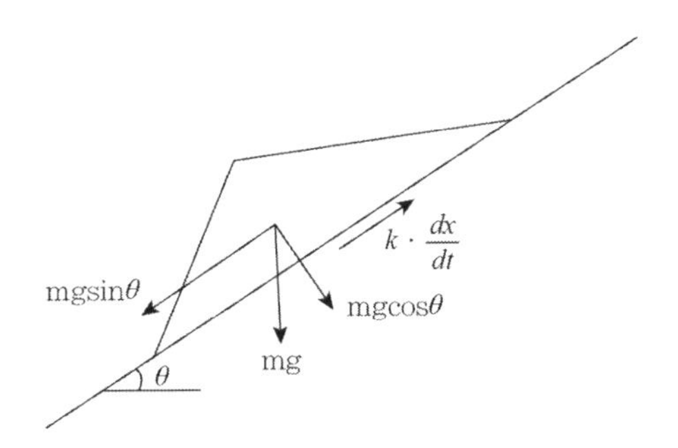

그림 2.11 사면상의 토괴의 운동(1)

여기서 붕락토사의 초기 낙하속도(v_0)를 v_0 = 15.1m/sec로 하여 토속류의 초속으로 본다. 또한 토석류 물질의 내부마찰각을 $\phi=6$도를 채용하여 $\tan\phi=0.1$로 한다.

θ는 STA. No.0+80에서의 현지반고를 기준으로 $\theta=10.04$로 계산한다. 또한 $v_0-\lambda g(\tan\theta-\tan\phi)\cos\theta>0$ 등으로 추정하여 $\lambda=10$을 사용한다. 이를 식 (2.4)에 대입하면 낙하물체의 운동 속도는 6.95m/sec에 수렴하게 된다.

2.6.2 점소성체의 유동에 의한 속도

토석류는 다량의 물을 포함한 토사가 빠른 속도로 유동하기 때문에 토석류 물질은 레오로지적으로는 점소성체로 볼 수 있으며, 일반적으로 토석류의 속도는 5~10m/sec의 속도를 갖는다(일본 지반공학회 지반용어사전). 먼저 토석류의 흐름을 Bingham 점소성유동으로 보면 이 거동은 다음과 같다.

$$\eta\cdot\frac{dv}{dy}=(\tau_x-\tau_0) \tag{2.5}$$

한계응력 τ_0는 Coulomb의 식 $\tau_0=c+\sigma_y\tan\phi$로 되므로, 토석류를 가정하여 그 내부의 응력을 산정하고, 식 (2.5)를 풀면 Bingham 점소성체의 토석류의 유하속도를 구하는 것이 가능하다. 그림 2.12에서 보는 바와 같은 상태에서 토석류 내부에서의 힘을 평형을 고려하면 다음과 같다.

$$\frac{\partial\sigma_x}{\partial y}+\frac{\partial\tau_x}{\partial x}=-\gamma_x\cos\theta \tag{2.6}$$

$$\frac{\partial(-\tau_x)}{\partial y}+\frac{\partial\sigma_x}{\partial x}=\gamma_x\sin\theta \tag{2.7}$$

이 식을 통해 다음 식이 유도된다.

$$\frac{dv}{dy}=\frac{\gamma_t}{\eta}\cdot(\tan\theta-\tan\phi)\cos\theta(h-y)-\frac{c}{\eta} \tag{2.8}$$

여기서, η = 점성계수

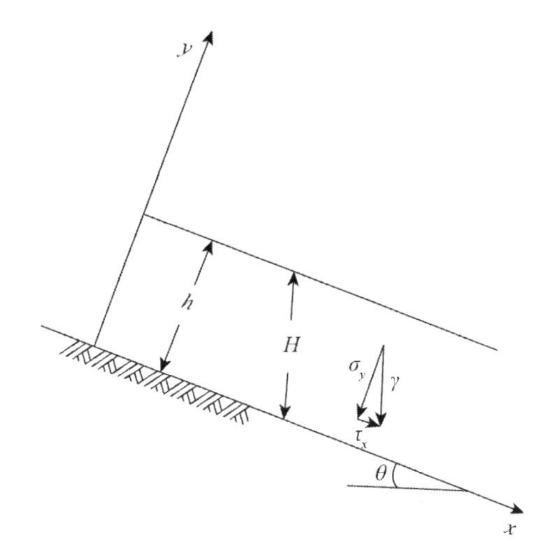

그림 2.12 사면상의 토괴의 운동(2)

계곡마루에 접하여 있으므로(y = 0) 토석류의 이동속도를 v_b로 가정하여 식 (2.8)을 풀면 그 유속은 다음과 같다.

$$v = \frac{\gamma_S}{\eta}(\tan\theta - \tan\phi)(2hy - y^2) - \frac{c}{\eta} \cdot y + v_b \tag{2.9}$$

이 식은 유속의 분포를 드러내는 것이므로, 토석류와 같은 집합운동에서는 속도의 분포보다 오히려 평균유속의 편이 문제가 되는 경우가 대부분이다. 여기서 전 식으로부터 평균유속 $\tilde{v}$를 구하면 다음과 같다.

$$\tilde{v} = \frac{1}{h}\int_0^h v dy = \frac{\gamma_s}{3\eta}\cos\theta \cdot (\tan\theta - \tan\phi) - \frac{ch}{2\eta} + \frac{1}{h}\int_0^h v_b \cdot dy \tag{2.10}$$

따라서 석수지구의 토석류의 경우에는 θ = 10.04, ϕ = 6이 되고, 이 깊이는 약 0.55m로 추정된다. 여기서 토석류의 단위체적중량은 통상 1,500~2,000kg/m^{3}가 되나 현장시료의 단위체적중량을 고려하여 여기서는 평균적으로 1,700kg/m^{2}를 사용하였다.

점성계수에 대해서는 정확한 값은 알 수 없지만, 토석류는 물과 흙과 돌이 혼합되어 굴러 떨어지는 상태에 있기 때문에 여기에는 기타 물질, 예를 들어 용암류, 점성계수와 비교하여 추정하는 것이 가능하다. 용암류의 점성계수는 거의 5×10^{-3}kg·sec/cm^{2}이 사용되고 있으나 아주 점성이 좋은 상태의 값이므로 본 연구에서는 이 값의 10%을 고려하여 5×10^{-2}kg . sec/cm^{2}을 사용하였다.

또한 토석류의 저부에서 속도를 실제에 추정하는 것은 상당히 어렵지만, 먼저 이를 마찰속도 $v_b = \sqrt{gh\tan\theta}$ 와 같게 가정하면, v_b = 2.28m/sec가 된다. 이상과 같이 가정된 수치를 사용하여 점소성유동에서의 토석류의 속도를 계산하면 v = 4.71m/sec가 된다.

운동에너지와 위치에너지에 의해서 속도에 비례하여 저항이 발생하는 낙하물체의 U운동과 같은 경우에는 $h = v^2/2g$가 되므로 h = 242cm가 되고, 점소성유동의 경우는 h = 113cm가 된다.

따라서 석수2동 도로개설공사 터널 시점부에서 발생한 강우 시 토사유출 영향 범위를 토석류 해석방법, 즉 낙하물체의 운동해석방법 및 점소성유동 해석방법으로 산정하면 모두 새마을금고 사거리와 도로개설공사 터널 시점부 삼거리의 표고 상대 차이인 h = 91cm보다 높아 도로개설공사에서 우주타운 쪽으로 토사유출이 발생할 수 있는 가능성이 있는 것으로 산정된다.

2.7 강우량에 의한 침수피해 분석

2001년 7월 14~15일 중부지역에 내린 집중호우의 영향으로 안양시 석수2동에서 발생한 침수피해(갈뫼지구 및 우주타운지역)의 원인을 강우측면으로 규명하고, 이에 따른 침수피해 범위를 산정해보고자 한다.

2.7.1 기상 개황

중국 화남지방에서 발생된 저기압이 장마전선과 함께 북동진하여 7월 14일 우리나라 남부지방을 시작으로 점차 북상하여 중북부지방에 많은 비가 내렸다. 중부지방 주요지점의 누적강수량은(7월 14~15일 13시 현재까지) 서울 309.1mm, 인천 219.5mm, 춘천 214.8mm, 동두천 170.4mm, 문산 112.9mm, 철원 134.7mm, 홍천 164.0mm를 기록하였다.

한편 서울의 1시간당 강수량 99.5mm(15일 02:10~03:10 중 기록)는 서울관측소(종로구 송월동 소재) 관측 이래 3위를 기록하였으며 7월 중 1시간 최다강수량으로는 1위를 기록하였다.

이러한 집중호우의 원인으로는 북상하던 장미전선이 14일 밤 우리나라 북쪽에 위치한 차가운 성질의 고기압에 막혀 서울 경기도 및 강원 영서지방에서 정체하였다. 하층 제트기류에 의하여 매우 강한 남서류가 장마전선상으로 유입되면서 폭이 좁고 강한 수렴대가 중부지방에 형성된 가운데, 지역에 따라 시간당 100mm에 가까운 집중호우가 발생한 것이다.

2.7.2 침수지역에 영향을 미치는 강우량 기록 분석

침수피해가 발생한 안양시에는 중앙기상대에서 인증하는 측후소가 설치되어 있지 않다. 따라서 본 연구를 위하여 당 현장에 영향을 미칠 수 있는 강우를 결정하기 위하여 인접한 지역에서의 강우기록을 수집·분석하여 본 연구를 위한 기초자료로 활용하고자 하였다.

안양시 석수2동 지역은 서울의 남서쪽에 위치하고 있어 강우의 영향을 고려하는 경우 일반적으로 인접 관측소인 수원관측소(「하천 및 하수도정비계획」(2000, 안양시))의 기록강우량을 바탕으로 수행하고 있다. 그러나 표 2.16에서 보는 바와 같이 2001년 7월 14~15일 기록된 강우기록에 의하면 수원관측소에서 기록된 시간당 최대강우량은 10.2mm로 실제 안양시 기록 강우량 79mm에 훨씬 못 미친다. 2일간 누적강우량도 44.3mm로 안양시 기록 3시간 누적강우량 145mm에 미치지 못하고 있어 본 연구를 위해서는 수원관측소의 강우기록은 제외할 필요가 있다.

따라서 인접측후소 및 관측소(AWS, 자동강우기록 시스템)와 건설교통부(수자원공사의 우량관측점, 수위관측소 위치에 같이 설치되어 있음)의 강우량 기록 분포를 분석하였으며, 표 2.16에는 관측소 위치를 중심으로 기록된 강우량을 나타내었다.

한편 중앙기상대 기록에 의하면 2001년 7월 강우기록 등치선도에서 보는 바와 같이 기존에 안양시 강우량을 선정하여 각종 도서 및 설계에 적용하고 있는 수원지역의 강우량은 오히려 안양시 발생 강우량과는 무관하게 작용하였다. 서울지역, 특히 관악산의 남서쪽에 위치하고 있어 관악 및 서울관측소의 영향을 많이 받는 것을 알 수 있다.

안양시에서 관측된 강우량의 경우 표 2.16에서 보는 바와 같이 인천과 서울관측소위치에서의 관측된 강우량의 중간 정도를 보이고 있고, 앞에서 설명한 바와 같이 인접관측소의 수원의 결과와는 아주 다르게 나타나고 있다. 따라서 관측소는 서울, 수원, 인천지역의 강우량 관측치를, AWS의 자료는 관악(서울대), 안산, 과천의 자료를 정리하여 그중 안양시에 가장 영향을 미칠 수 있는 강우자료만 정리하였다.

표 2.16 2001년 7월 14~15일 관측지점별 강우기록

날짜	시간	관측소위치				
		서울	수원	인천	안양	관악(AWS)
2001.07.14.	14~15	0.1	0.0	0.3	0.0	0.0
	15~16	1.2	0.0	1.2	1.0	0.5
	16~17	0.6	0.7	4.1	0.0	1.0
	17~18	1.2	0.1	3.7	4.0	1.5
	18~19	3.8	10.2	9.8	8.0	6.0
	19~20	12.8	6.1	21.0	0.0	16.5
	20~21	0.5	0.0	2.0	0.0	0.0
	21~22	1.0	0.0	6.0	0.0	0.5
	22~23	0.5	0.0	18.5	2.0	0.0
	23~24	15.0	0.0	47.0	1.0	5.0
2001.07.15.	00~01	58.9	0.1	71.3	24.0	6.0
	01~02	52.5	0.0	22.0	42.0	68.5
	02~03	90.0	0.3	1.5	79.0	83.0
	03~04	33.0	8.5	0.5	8.0	57.0
	04~05	10.5	4.5	0.0	7.0	0.0
	05~06	2.5	2.8	0.0	0.0	0.0
	06~07	0.5	0.5	0.0	2.0	0.0
	07~08	0.5	3.5	0.0	0.0	0.0
	08~09	0.5	1.0	0.0	0.0	0.0
	09~10	1.0	0.0	0.0	1.0	0.0
	10~11	0.0	0.0	0.0		0.0
	11~12	3.0	3.0	0.0		0.0
	12~13	19.5	0.0	0.0		0.0
	13~14	1.0	0.0	0.0		0.0
2일 누적강우량		310.3	44.3	208.9		245.5
2시간 누적강우량		201.4	16.3	140.3	145.0	208.5
최대시간 강우강도		90.0	10.2	71.3	79	83

표 2.16에서 보는 바와 같이 2001년 7월 14일 23시부터 발생한 강우는 7월 15일 00~04시까지 경기 일원에 집중호우로 발생하였다. 특히 안양시에서 강우는 7월 15일 00시부터 03시까지 3시간에 걸쳐 3시간 강우 145mm의 집중호우가 발생하였고, 시간당 최대강우량은 79mm로 1급 비상체제로 구분할 수 있다. 또한 24시간 강우량은 179.09mm이었다.

한편 삼성천 유역의 집중호우는 안양시 강우량과 관악(AWS)에서 관측된 우량, 최대시간 강

우강도 83mm, 3시간(7월 15일 01~04시) 강우량 208.5mm, 24시간 누적강우량 245.5mm의 집중호우에 의해 영향을 받을 것이다. 따라서 안양2동에서 발생한 침수피해의 경우는 삼성천 유역의 하류에 위치하고 있어 삼성천 하류에 위치한 삼성7교 전면에서의 주택지 월류에 의한 큰 영향을 미쳤을 것으로 판단되나 본 연구에서는 그 영향을 제외하였다.

2.7.3 설계 기준에 의한 우수량 권장 산정 방법

2001년 7월 14~15일 집중호우에 의해 침수된 지역, 즉 갈뫼지구와 우주타운지구에 대한 강우의 영향 및 도로개설공사 터널 시정부 철도구간에서 유출된 토사 및 우수량의 영향을 검토하기 위하여 다음과 같이 3개의 지역으로 구분하여 그 영향을 검토하였다.

① 도로개설현장에서 유출되는 우수량
② 갈뫼지구만의 강우에 의한 영향과 이에 대한 침수피해 발생 가능성
③ 우주타운지구에 발생한 강우에 의한 침수피해 발생 가능성 분석

단, 도로개설공사 터널 시점부의 토공에 의한 토사유출량에 대해서는 제2.5절의 피해지역에 유입된 토사산출량 분석에서 이미 검토하였으므로 본 절에서는 강우에 의한 우수량만을 검토대상으로 하였다.

(1) 설계기준 우수량 산정법

① 우수유출량 산정

우수유출량의 산정에는 합리식과 경험식이 주로 사용되고 있다. 합리식은 유량관측이 잘 되어 있는 지역 및 안정성에 중점을 둔 반면, 경험식은 경제성을 고려한 공식이라 할 수 있다. 국내에서는 합리식을 이용하여 우수량을 산정하고 있다. 또한 홍수도달시간이 짧은 단기간 호우에 의한 소유역·홍수량 산정에 가장 많이 쓰이고 있다. 이 공식은 유역면적이 5km^2 이내인 지점에서 적용 가능하며, 도시계획 시의 우수로, 농경지 정리에서의 배수로 단면 결정, 비행장의 배수로 설계, 도로설계 시의 횡단암거 등의 단면 결정에 많이 사용되고 있다. 일부에서는 강우지역의 유역표층 조건과 강우조건이 같은 경우에는 유역면적 약 50km^2 이상까지도 이용이 가능하지만

국내에서는 적용하지 않고 있다.

$$Q = 1/3.6\,C \cdot I \cdot A$$

여기서, Q = 첨두우수유출량(m^2/sec)

C = 유출계수

I = 유역 내의 강우강도(mm/hr)

A = 유역면적(km^2)

② 강우강도 공식

단위시간당 내리는 강우량은 시간의 경과와 관거의 길이에 따라 다르다. 그러므로 과거의 강우기록에 의하여 확률연별로 강우강도의 변화를 정확히 나타낼 수 있도록 유도한 공식으로 합리식에 가장 많이 이용하고 있는 강우강도 공식의 형태는 다음과 같다.

가. Talbot형: $I = a/(t+b)$

나. Sherman형: $1 + c/tn$

다. Japanese형: $I = \dfrac{e}{\sqrt{t}+d}$

여기서, I = 강우강도(mm/hr)

t = 강우지속시간(min)

a, b, c, d, e, n = 지역에 따른 상수

지역별 강우분포를 살펴보면, 유역면적이 적고 홍수도달시간이 짧은 경우(보통 2시간 이하)에는 강우강도 공식으로 계산하고 있다. 유역면적이 크고 홍수도달시간이 긴 경우에는 장시간 강우강도 공식 또는 일강우량을 이용하여 적절한 배분을 실시하고 있다.

③ 설계강우강도 곡선

강우강도의 산정은 암거, 배수시설, 비행장, 도시유역의 하수관거 등의 설계에 필요하다. 확률강우량을 이용하여 강우강도-지속시간-재현빈도 곡선을 얻으면 그 지역에 대한 유량의 확률강우량을 얻을 수 있다. 일반적으로 호우(보통 일강우량 100mm 이상)를 분석하여 작성하며, 우리나라 각 지방의 1-D-F 곡선을 건설부에서 분석·제시된 그림 2.13을 사용하고 있다.

따라서 설계 시에는 각 지역별 강우강도를 I-D-F 곡선에서 설계재현빈도를 통해 산정하여 적용한다. 그러므로 설계 시 적용된 강우강도와 실제 발생한 강우강도 산정값을 비교하여 설계재현빈도에 대한 적절성을 나타낼 수 있다.

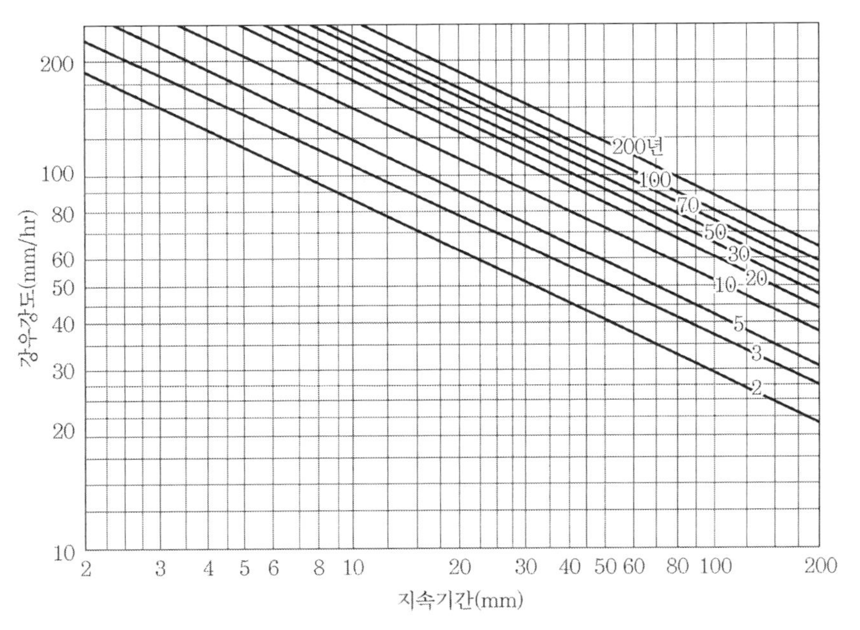

그림 2.13 확률연별 강우강도 곡선

④ 유달시간

유달시간(time of concentration)은 유역에서 가장 먼 곳에서부터 유입구까지 흐름의 유입시간과 배수흐름에서의 유하시간으로 구분할 수 있다. 강우가 지상에 유달하면 손실을 제외한 유출강우는 지표로 흐르게 된다. 지표면 흐름이 지속되면서 자연히 수로가 형성되므로 이러한 현상에 따라 유달시간은 지표면 유출에서의 소요시간과 배수흐름에서의 소요시간을 합한 것이 된다.

유역의 유달시간을 결정하기 위해서는 유역의 최원격 지점으로부터 출구까지의 흐름 과정을 분석해야 한다. 유달시간의 구성은 배수흐름의 유하시간과 지표면 흐름에서의 유입시간으로 구분할 수 있지만 유역의 특성에 따라 배수흐름이 주된 경우, 지표면 흐름이 주된 경우, 배수 및 지표면 흐름이 복합된 경우로 분류할 수 있다. 이를 공식으로 표현하면 다음과 같다.

$$T = t_1 + t_2 = t_1 + L/60V$$

여기서, T = 유달시간(min)

t_1 = 초기유입시간(min)

t_2 = 유하시간(min)

L = 배수관거의 길이(m)

V = 배수관거 내의 유속(m/sec)

유입시간은 표준치로서 사용되는 것이 일반적이지만 유입시간은 최소 단위배수구의 유입거리, 지표의 경사, 조도계수를 고려한 W.S. Kerby(1959)의 산정식을 이용하면, 본 과업에서는 배수거리 100m를 기준으로 할 경우 n값이 0.02에 해당하므로 초기유입시간은 10분으로 결정이 가능하다.

우리나라에서 통상적으로 사용되고 있는 일본, 미국에서의 경험 표준치는 다음 표 2.17과 같다.

표 2.17 유입시간(하수도 시설기준, 환경부)

우리나라(일반적인 유입시간)		외국(미국 토목학회)	
인구밀도가 큰 지역 인구밀도가 적은 지역	5분 10분	완전포장 및 하수도가 완비된 밀집지구	5분
간선하수관거 지선하수관거	5분 7~10분	비교적 경사도가 적은 발전지구	10~15분
평균	7분	평지의 주택지구	20~30분

한편 시가화 지역의 표면수는 대부분 지선하수관거로 유입되므로 유입시간을 10분으로 산정한 것에 대해서는 이론적 산정식인 다음과 같은 Kerby식을 사용한다.

$$t = \left(2/3 \times 3.28 \times \frac{l \cdot n}{\sqrt{s}}\right)^{0.467}$$

여기서, t = 유입시간(min)

l = 지표면거리(m)

n = 조도계수에 유사한 지체계수

s = 지표면의 경사(%)

이때 지체계수는 표 2.18과 같다.

표 2.18 Kerby의 지체계수(n)

지표의 상태	n	지표의 상태	n
불투수면	0.02	삼림지(낙엽수)	0.6
침투 용이한 나지(평탄지)	0.1	삼림지(낙엽 등이 쌓인 곳)	0.8
나지(보통 조면)	0.2	삼림지(침엽수)	0.8
조초지 및 경작지	0.2	밀초지	0.8
방초지 및 보통초	0.4		

⑤ 유출계수

합리식에 의한 우수유출량의 산정에는 적합한 유출계수 C값의 적용이 매우 중요하다고 할 수 있다. 「하수도 시설기준」(1998, 환경부)에서 제시된 토지이용도별 기초유출계수의 표준치와 토지이용도별 총괄유출계수의 표준치는 각각 표 2.19, 2.20과 같다.

표 2.19 토지이용도별 기초 유출계수 표준치(환경부, 1998; 하수도정비계획, 2000, 안양시)

공종별	유출계수	공종별	유출계수
지붕	0.85~0.95	공지	0.10~0.30
도로	0.80~0.90	잔디, 수목이 많은 공원	0.05~0.25
기타 불투수면	0.75~0.85	경사 완만한 산지	0.20~0.40
수면	1.00	경사 급한 산지	0.40~0.60

표 2.20 토지이용도별 총괄유출계수 표준치(환경부, 1998; 하수도정비계획, 2000, 안양시)

구분	유출계수
부지 내에 공지가 아주 적은 상업지역 또는 유사한 택지지역	0.80
침수면이 야외작업장, 공지를 약간 가지고 있는 공장지역 또는 정원이 약간 있는 주거지역	0.65
주택, 공업단지 등의 중급 주택지 또는 독립주택이 많은 지역	0.50
정원이 많은 고급 주택이나 밭 등이 일부 남아 있는 교외지역	0.35

(2) 강우확률 빈도에 따른 강우강도

본 연구의 수행을 위해 2001년 7월 14~15일 기록된 강우량(표 2.16의 안양시 강우기록)을 바탕으로 강우강도를 산정하고자 한다.

먼저 안양시 계획강우를 결정하기 위하여 안양시 하수도정비계획(2000)에서는 수원관측소의 강우자료를 이용하였다. 그러나 과거 강우기록으로 볼 때 안양시의 강우 패턴은 이미 언급한 바와 같이 오히려 서울의 강우와 비슷한 경향을 보이고 있어 계획상에 문제를 갖고 있다.

한편 우수배제 시설계획에서 선정된 우수유출량 산정을 위한 확률연수는 「하수도시설기준」(1998, 환경부)에서는 간선하수관거에 대해서 10년 확률빈도, 지선하수관거에 대해서 5년 확률빈도를 적용하였다. 또한 확률강우의 빈도는 침수가 자주 발생하는 지역에서는 50년 이상의 재현기간을 고려하여 설계하도록 하고 있다.

한편 금년의 집중호우는 강우강도를 다음 식으로 구하여 지속시간 3시간 강우에 대해서 I-D-F 곡선을 통해 구하면 30년 확률강우 빈도에 해당한다. 또한 인접관측소를 서울관측소로 택하여 표 2.21에서와 같이 이원환(1992)이 제시한 지역별 재현기간을 적용하여 강우강도는 30년 재현기간의 경우와 50년 재현기간의 경우 각각 다음과 같이 구할 수 있다.

5년 재현기간: $I = \dfrac{420}{\sqrt{t} + 0.19}$

10년 재현기간: $I = \dfrac{497}{\sqrt{t} + 0.15}$

30년 재현기간: $I = \dfrac{610}{\sqrt{t} + 0.09}$

50년 재현기간: $I = \dfrac{660}{\sqrt{t} + 0.05}$

① 유달시간

$$t = t_1 + t_2 = \text{유입시간} + \text{유하시간} = 10 + 102.0417/(60 \times 3) = 10.57(\text{min})$$

② 강우강도

여기서는 2001년도 발생된 강우에 대한 확률 빈도만을 고려하여 30년 재현기간까지만 적용하기로 한다.

30년 재현기간: $I = \dfrac{420}{\sqrt{t} + 0.19} = \dfrac{420}{\sqrt{10.57} + 0.19} = 122.05\text{mm/hr}$

10년 재현기간: $I = \dfrac{497}{\sqrt{t} + 0.15} = \dfrac{497}{\sqrt{10.57} + 0.15} = 146.13\text{mm/hr}$

30년 재현기간: $I = \dfrac{610}{\sqrt{t} + 0.09} = \dfrac{610}{\sqrt{10.57} + 0.09} = 182.57\text{mm/hr}$

또한 배수구 입구에서의 사면경사각 25.85°(사면구배 48.4%)에 대해서 Kerby의 의산지로부터 유입시간은 4.55초이고, 다음과 같은 식을 얻을 수 있으므로 재현기간별 강우강도는 평균값을 그대로 사용한다.

$$t = \left(2/3 \times 3.28 \times \frac{l \cdot n}{\sqrt{s}}\right)^{0.467} = \left(2/3 \times 3.28 \times \frac{102.042 \times 0.8}{\sqrt{48.4}}\right)^{0.487} = 4.55\text{min}$$

③ 유출계수

$C = 0.3$

④ 우수유출량

5년 재현기간: $Q = 1/3.6 \times 0.3 \times 122.05 \times 0.1135 = 1.154\text{m}^3/\text{sec}$

30년 재현기간: $Q = 1/3.6 \times 0.3 \times 182.57 \times 0.1135 = 1.727\text{m}^3/\text{sec}$

표 2.21 안양시 주변의 주요 지점의 재현기간별 강우강도 공식(이원환)

관측소	재현기간								
	2	3	5	10	20	30	50	70	100
인천	$\frac{289}{\sqrt{t}+0.58}$	$\frac{343}{\sqrt{t}+0.5}$	$\frac{400}{\sqrt{t}+0.39}$	$\frac{474}{\sqrt{t}+0.34}$	$\frac{529}{\sqrt{t}+0.15}$	$\frac{9,826}{\sqrt{t}+60}$	$\frac{10,504}{\sqrt{t}+58}$	$\frac{10,930}{\sqrt{t}+57}$	$\frac{11,371}{\sqrt{t}+56}$
서울	$\frac{300}{\sqrt{t}+0.22}$	$\frac{357}{\sqrt{t}+0.21}$	$\frac{420}{\sqrt{t}+0.19}$	$\frac{497}{\sqrt{t}+0.15}$	$\frac{569}{\sqrt{t}+0.11}$	$\frac{610}{\sqrt{t}+0.09}$	$\frac{660}{\sqrt{t}+0.05}$	$\frac{693}{\sqrt{t}+0.04}$	$\frac{727}{\sqrt{t}+0.02}$

2.7.4 침수피해지역 영향 범위 내 우수량 산정

침수피해지역 및 영향 범위 내의 유역면적을 수치지도를 이용하여 구하고, 유역면적을 구분하여 구하면 표 2.22와 같다(수치지도, 국립지리원).

표 2.22 수치지도를 이용한 침수지역의 영향 범위에 대한 유역면적산정

구분	도로 개설 공사 구간	A구역 (새마을금고 측)	B구역 (우주타운에 영향을 미치는 구역)	C구역 (갈뫼지구)	D구역 (우주타운지구)
면적(m^2)	11,3.50	80,244	129,033	111,949	78,624

(1) 두산 측에서 고려한 강우 시 우수유출 범위에 따른 우수량 (2001년 재해예방계획서, (주)삼안 외, 2001)

안양시 석수2동 도로개설현장 터널(중로 1-55호선)시점부의 절토부 및 벌목지로부터 갈뫼지구로 유입되는 우수량을 그림 2.17과 같이 절토지역(2,000m^3)에 대해서만 고려하는 것으로 하였다. 『수방대책』(2001)에 의하면 유출유량은 시간당 강우량 50mm에서 20mm까지 재해대책 1급에서 3급까지의 수방대책체제로, 예상유출량이 8.3m^3/sec에서 3.3m^3/sec로 산정하였다. 이때 유출계수가 0.5, 유역면적이 1.2km^2/sec로 산정하였고, 도로의 배수능력은 배수관 직경 0.8m, 배수관 내 평균유속 1.5m/sec를 선정하여 0.75m^3/sec로 산정하였다. 하지만 전체에 대한 배수능력에 대해서는 언급이 없어 근본적으로 강우에 대한 수방대책은 마련되지 못한 것으로 사료된다.

(2) 도로개설 현장에서의 우수유출량 산정

안양시 석수2동 도로개설현장 터널(중로 1-55호선) 시점부의 절토부 및 벌목지로부터 갈뫼

지구로 유입되는 우수량을 산정하기 위하여 직접영향을 미치는 강우에 의한 우수량 영향 범위를 다시 선정하였으며, 강우영향 범위는 그림 2.17과 같이 현장지역, A, B, C 및 D구역으로 구분하여 산정하고자 한다.

당 현장에서 발생한 유출량 산정 시 사용되는 강우강도는 실제 피해가 발생한 경우에 대해서 영향을 고려하므로 안양시에서 기록된 강우기록과 강우지속을 고려한 강우강도를 다음과 같이 구하여 적용하기로 한다.

평균강우강도: $I = r \times 60/t60 = 145\text{mm} \times 60/180 = 48.33\text{mm}$

① 측량 결과를 이용한 우수유출량

가. 도로개설현장으로부터 유출되는 우수량

침수피해가 발생한 당일 강우강도는 평균강우강도를 사용한다. 따라서 강우강도 48.33mm/hr에 대해서 우수유출량을 구하면 다음과 같다.

1) 벌개지역

$Q_1 = 1/3.6C \cdot I \cdot A = 1/3.6 \times 0.3 \times 48.33 \times 0.09504 = 0.383\text{m}^3/\text{sec}$

2) 절토지역

$Q_2 = 1/3.6C \cdot I \cdot A = 1/3.6 \times 0.7 \times 48.33 \times 0.03141 = 0.295\text{m}^3/\text{sec}$

(단, 절토지역의 유출계수는 완만한 경사지 및 구릉지인 경우 $C=0.7$을 사용)

3) 기타 배수영향권 지역

도로개설현장에 영향을 미치는 우수유출 총면적은 43,7173m^3(그림 2.7 참조)이므로 벌개지역과 절토지역을 제외한 우수발생 가능지역은 31,068m^3가 되므로 이 지역에서 발생하는 우수량은 유출계수 0.2를 적용하는 경우 다음과 같다.

$Q_3 = 1/3.6C \cdot I \cdot A = 1/3.6 \times 0.2 \times 48.33 \times 0.311 = 0.835\text{m}^3/\text{sec}$

도로개설공사 터널 시점부로부터 갈뫼지구로 유출되는 총유량 Q를 구하면 다음과 같다.

$$Q = Q_1 + Q_2 + Q_3 = 0.383 + 0.295 + 0.835 = 1.513\text{m}^3/\text{sec}$$

나. 배수능력에 의한 우수배출량

도로개설현장 터널 시점부에 설치되어 있는 상기의 우수유출량을 배제할 수 있는 능력은 그림 2.14와 같이 1곳에 설치된 지름 250mm의 배수구만이 작용하므로 이에 대한 우수배출량을 구하면 $0.074\text{m}^3/\text{sec}$가 된다.

$$Q = A \cdot V = \frac{\pi D^2}{4} \times 1.5\text{m/sec} = 0.074\text{m}^3/\text{sec}$$

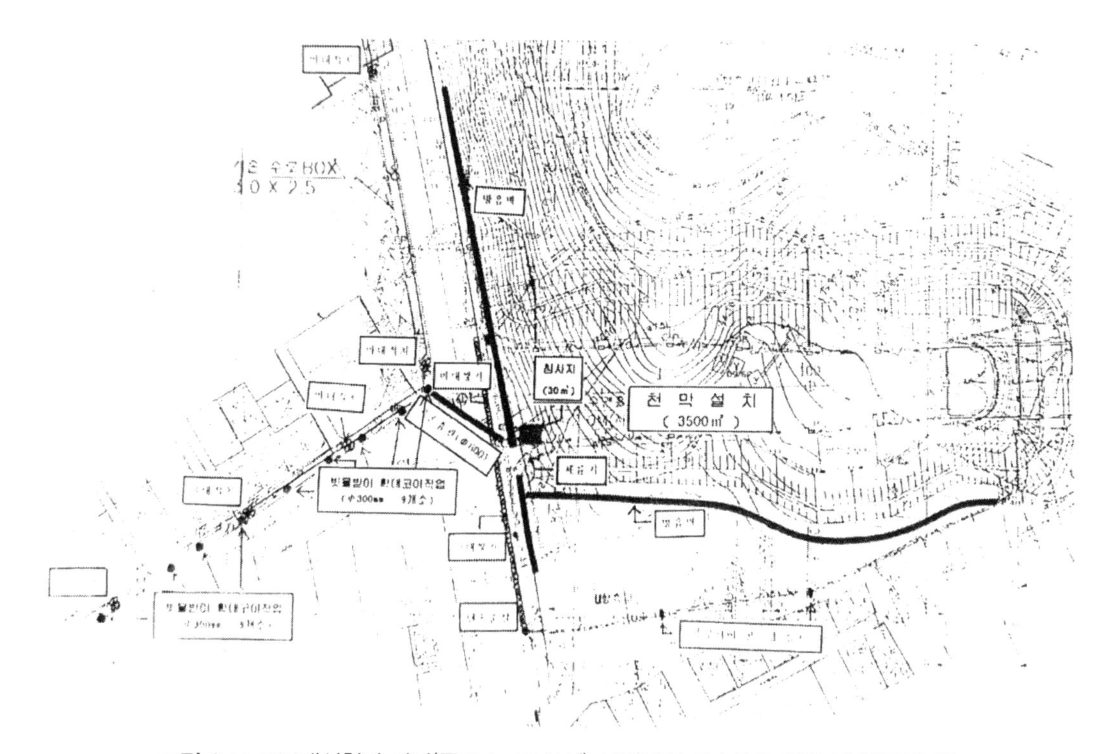

그림 2.14 도로개설현장 터널(중로 1~55호선) 시점부의 우수유출 영향 범위(두산 측)

다. 도로개설구간 터널 시점부로부터 갈뫼지구로 유입될 수 있는 우수량

앞의 '가'와 '나'에서 계산된 우수발생량과 우수배출량으로부터 배수구로 유출되고 남은 우수량은 갈뫼지구로 유출될 수 있다. 우수유출량은 다음과 같이 계산된다.

우수유출량 = 강우 시 발생우수량 - 배수관의 우수 가능량

$$Q = 1.503\mathrm{m}^3/\mathrm{sec} - 0.074\mathrm{mm}^3/\mathrm{sec} = 1.439\mathrm{m}^3/\mathrm{sec}$$

또한 위의 우수유출량은 지름 250mm의 배수구에 철망이 쳐져있어 집중호우에 의해 낙엽 및 나뭇가지들이 동시에 유하하는 경우에는 그 기능이 상실될 수 있다. 따라서 완전히 배수구가 그 기능을 발휘하지 못할 정도로 막혀 있는 경우배수구를 통해 유출되는 유량은 $1.439\mathrm{m}^3/\mathrm{sec}$에서 $1.503\mathrm{m}^3/\mathrm{sec}$로 추정될 수 있다.

한편 당 현장의 우수배출능력은 배수구의 배수능력과 관련이 있으므로 배수구의 최대배출속도를 고려하는 경우 $V = \sqrt{2 \times 9.8} = 4.43\mathrm{m/sec}$를 적용할 수 있으므로 배출유량은 $Q = A \cdot V = \frac{\pi \times 0.25^2}{4} \times 4.43 = 0.217\mathrm{m}^3/\mathrm{sec}$가 된다. 이 경우 갈뫼지구로 유입 가능한 우수량은 $Q = 1.503\mathrm{m}^3/\mathrm{sec} - 0.217\mathrm{m}^3/\mathrm{sec} = 1.286\mathrm{m}^3/\mathrm{sec}$가 된다.

2.8 결론 및 제언

2001년 7월 14~15일 경기 일원에 기록된 집중호우 시 안양시 석수2동 도로개설공사 중로 1-55호선 충훈터널 시점부 절토공사구간에서 발생한 토사유출 및 우수에 대한 현장인접지역의 침수피해, 즉 갈뫼지구와 우주타운지구서 발생한 침수피해 원인을 규명하고자 하였다. 이를 위해 먼저 각 지역에 대한 현장에서의 토사유입 가능성을 조사·분석하였다.

또한 우주타운지구에서 발생한 침수피해는 토사유출의 원인이 되는 현장으로부터 원거리에 떨어져 있고, 중간지점에는 상향의 구배를 갖고 있어 평상시 갈뫼지구로부터의 우수월류에 대한 피해가 발생할 수 없음에도 불구하고 토사 및 우수피해가 발생하였다. 따라서 우주타운지구에서 발생된 토사유입에 의한 피해를 중점으로 분석해보았다. 이에 분석 결과를 요약해보면 다음과 같다.

(1) 우주타운지구에서 2개소, 터널 시점부 현장에서 13개소에서 토질시료를 채취하여 물리학적 시험과 화학적 시험을 각각 수행하였다. 실험 결과 두 지역에서 채취된 시료는 지질 및 토양 분포와 실험에 의한 결과와 거의 유사한 물리적 성질을 나타냈다. 또한 채취된 시료 중 현장 시료 2개의 샘플과 침수피해지역의 시료 2개를 한국지질자원연구소에 토성 분석을 의뢰한 결과 각 시료의 화학적 특성도 아주 유사한 결과를 갖는 것으로 분석되었다. 따라서 우주타운지역에서 채취된 시료와 당 현장(도로개설 터널 시점부 절토공사구간)에서 채취된 시료는 거의 유사한 동질성을 갖고 있음을 알 수 있었다.

(2) (1)의 결과는 본 침수피해가 발생한 갈뫼지구와 우주타운지역의 표고차에 의해 당 현장으로부터 발생한 우수량이 우주타운지구로 월류될 수 있는 상황이 평소 발생할 수 없음에 근거하였다. 갈뫼지구에서 수행된 현장의 재해대책과 강우기간 중 발생될 수 있는 우수의 배제 가능 용량을 분석하여 우주타운으로의 우수월류 가능성을 분석하였다.

당 현장으로부터 새마을금고 사거리를 이르는 도로의 배수능력은 현장조사 결과 빗물받이통이 거의 없어 배수능력이 당초 예상된 설계값보다 많이 저하된다. 특히 금번의 집중호우 시 현장의 절토지역과 벌개제근지역의 나뭇가지나 낙엽이 우수와 함께 유출되어 배수구가 막히고, 갈뫼지역으로 통하는 도로에는 마대를 이용하여 월류를 방지하고 있어 도로가 당 현장으로부터 유출되는 우수량을 새마을금고 방향으로 일시에 흘러내린 것으로 분석된다.

따라서 당 현장의 절토경사면에서 쏟아지는 우수와 토사의 혼합물, 즉 토석류의 유하속도를 산정하여 토석류가 350m 이격된 새마을금고 사거리를 월류할 수 있는 가능성을 조사한 결과 당 현장과의 표고차는 0.91km이었고, 토석류에 의한 월류 가능 높이, 즉 월류 가능 표고는 낙하물체의 저항을 고려하는 경우 2.42m, 점소성유동을 고려하는 경우 1.13m로 산정되었다.

(3) 우주타운지구에 대한 금번 강우에 의한 침수피해 범위 발생은 집중호우 발생 시작부터 3시간 누적강우량에 대해서 안양천 수위를 고려하여 본 지역의 배수능력를 고려한 상태에서 우수에 의한 침수피해는 최소 0.53~0.76m, 최대 0.85~1.32m로 추정될 수 있었다. 당 현장으로부터 월류 가능한 우수량에 대해서는 0.08~0.22mm의 추가적인 침수피해를 유발시키는 원인이 되는 것으로 산정되었다.

또한 현장답사 결과 및 안양시와 안양시의회의 조사 결과에 의거한 현장의 침수시기를 고려해볼 때 우주타운지구에 영향을 미치는 침수시간별 침수피해 범위를 고려하면 2~3시간 동안의 총 유량산정값에 의한 피해 범위와 실제 침수피해 범위는 거의 일치하는 것으로 나타났다. 한편 본 구역에 적용된 각종 설계도서와 현장상태를 조사·분석한 결과 문제점은 다음과 같이 요약할 수 있다.

(4) 안양시의 강우에 대한 영향평가는 지난 자료를 바탕으로 하여 우기 시 1급 비상체제의 방재대책을 필요로 하는 지역으로 나타났다. 설계기준 적용 시 강우량 관측정의 적용 시 수원관측소보다는 오히려 관악 및 서울관측소의 강우량을 산정하는 것이 타당하였다. 또한 지난 10여 년간 측정된 안양시의 강우량 측정 결과도 같은 결과를 보이고 있다. 안양시 전체는 우기에 상습적인 침수지역이 많이 있음에도 불구하고 간선 및 지선배수체계(5년, 10년 강우빈도)를 채택하고 있어 우기에 항상 피해가 우려되고 있다.

(5) 당 현장의 우기철 재해대책 지시 및 실천사항은 안양시의 우기의 강우 패턴을 전혀 고려하지 못하고 있고(예를 들면, 1급 비상체계와 3급 비상체계를 구별하지 않은 상태의 대책을 마련하고 있음), 절토구간의 경우 우기 시 많은 우수량과 토사량이 유출될 수 있음에도 우수유출에 따른 절토구간과 벌개제근구간의 유역에 대한 유량산출이 미흡하였다. 또한 강우 시 두 지역에서의 우수량은 절토지역으로 유입되지 않고 배면에 임시 배수구를 설치하여 배제하는 등의 노력이 없어 우수와 토사가 절토지역으로 일시에 유출되는 것을 제어할 수 없는 상태였다. 한편 당 현장의 절토구간에서 유출되는 우수배제관의 경우 지름 250mm의 단일 배수구에 의해 배제되도록 한 조치는 1급 비상체제 시 그 기능을 발휘할 수 없고, 침사지의 경우도 토사유출에 따라 기능을 발휘할 수 없는 상태로 바뀌게 된다.

(6) 당 현장과 갈뫼지구 및 새마을금고 사거리를 잇는 도로의 경우 새마을금고 측과 갈뫼지구 측의 배수체계는 서로 상이하다. 갈뫼지구 측은 암거로 직접 배수되는 좋은 통수능에도 불구하고 빗물받이통이 그 기능을 발휘할 수 없는 단면으로 형성되어 도로를 통한 당 현장의 우수가 우주타운 측으로 빠른 속도로 진행하도록 돕는 형태로 작용한 것으로 추정된다. 또한 당 현장으로부터 유출되는 나뭇가지와 같은 부유물들이 배수구를 덮을 경우 그러한 현상은 더욱 커질 것으로 사료된다.

• 참고문헌 •

(1) 홍원표 · 조원철 · 장경호(2001), '석수2동 갈뫼지구 침수피해 원인규명 및 대책방안 연구보고서', 중앙대학교.

Chapter

03

광해로 인한 지반침하

Chapter 03 광해로 인한 지반침하

3.1 서론

3.1.1 연구 목표

광해로 인한 지반침하의 최적 보강설계방안을 제시한다.

3.1.2 연구 배경 및 목적

(1) 연구 배경

석탄수요의 감소로 수익성 없는 탄광을 합리화 정책으로 정리함에 따라 1989년 이후 300여 개의 탄광이 폐지되기 시작하여 현재에는 7개의 탄광만이 남은 상태다(그림 3.1 참조). 이러한 과정에서 폐광 후 방치된 폐탄광으로 인한 환경오염 및 안전사고 등의 광해문제는 심각한 사회문제로 대두되었다. 특히 폐탄광의 지하갱도 및 채굴적으로 인한 지반침하는 지상구조물의 안정성에 악영향을 끼치고 대형 안전사고를 불러올 수 있는 원인이 되고 있다.

정부는 석탄산업합리화사업단(현 광해방지사업단)[1-3]을 신설하여 석탄광에 의한 광해복구 전담부서를 통해 1995년부터 체계적으로 훼손된 산림, 갱내수의 유출, 폐석의 방지 및 폐공사 시설물에 대한 정비사업을 실시하고 있다. 그러나 전국에 산재해 있는 휴·폐탄광의 지하 채굴적에 대한 보다 종합적인 관리가 요구되는 실정이다. 더욱이 석탄광산 이외의 1,650여 개의 일반 금속/비금속 광산에 대해서도 체계적인 광해 대책 관리가 시급하다.

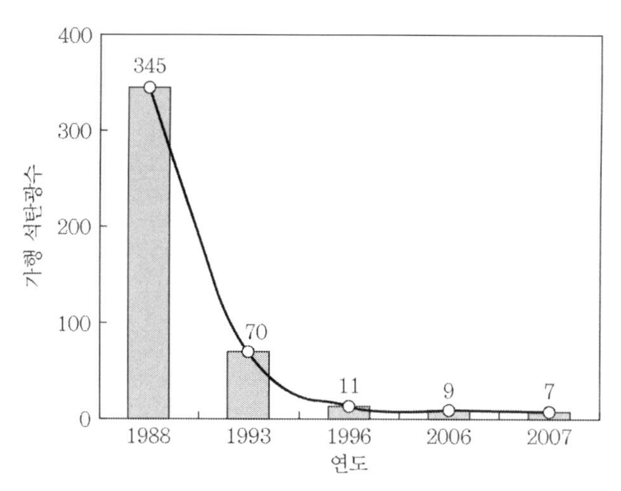

그림 3.1 가행 석탄광 현황(정영욱과 민정식, 2001; 광해방지사업단 홈페이지 발췌 정리)

표 3.1 국내 가행 및 휴·폐광산 현황(2006년도 기준) (단위: 개)

구분			가행광산			휴·폐광산			합계
			석탄광산	일반광산	계	석탄광산	일반광산	계	
합계			9	721	730	340	936	1,276	2,006
석탄광산	계		9		9	340		340	349
일반광산	계			721	721		936	936	1,657
	금속광산	소계		52	52		936	936	988
		금·은·동		38	38		758	758	796
		연아연		2	2		48	48	50
		중석		0	0		31	31	31
		철광		8	8		88	88	96
		티탄철		1	1		2	2	3
		기타		3	3		9	9	12
	비금속광산	소계		669	669				669
		고령토		233	233				233
		석회석		162	162				162
		규석		66	66				66
		장석		40	40				40
		납석		41	41				41
		규사		57	57				57
		기타		70	70				70

* 출처: 광해방지사업단 홈페이지

석탄광산을 포함한 국내 가행 및 휴·폐광산 현황을 정리하면 표 3.1과 같으며, 이를 지역별로 분류하면 표 3.2와 같다.

표 3.2 국내 가행 및 휴·폐광산 지역별 현황(2006년도 기준) (단위: 개)

지역본부	가행광산			휴·폐광산			합계	등록광구
	석탄광산	일반광산	계	석탄광산	일반광산	계		
합계	9	721	730	340	936	1,276	2,006	5,355
경인	2	42	44		86	86	130	355
서울		1	1		3	3	4	1
인천		9	9		12	12	21	50
경기	2	32	34		71	71	105	304
강원	5	120	125	171	119	290	415	1,544
충원	1	171	172	95	325	420	592	1,151
대전								4
충북	1	111	112	21	151	172	284	669
충남		60	60	74	174	248	308	478
호남	1	130	131	18	151	169	300	910
광주		1	1		4	4	5	12
전북		49	49	1	80	81	130	356
전남	1	80	81	17	67	84	165	542
영남		258	258	56	255	311	569	1,395
부산		2	2		6	6	8	4
대구					6	6	6	1
울산		13	13		2	2	15	52
경북		158	158	56	135	191	349	899
경남		85	85		106	106	191	439

일반적으로 광해(mining hazard)란 광산개발로 인하여 발생하는 피해를 말하며, 광산보안법 제2조 제5호에서 다음과 같이 정의를 내리고 있다.

"'광해'라 함은 광산에서의 토지의 굴착, 광물의 채굴, 선광 및 제련 과정에서 생기는 폐석·광물찌꺼기의 유실, 갱수·폐수의 방류 및 유출, 광연의 배출, 먼지의 날림, 소음·진동의 발생으로 광산 및 그 주변의 환경에 미치는 피해를 말한다."

국내 폐광지역에서 발생하고 있는 지반침하는 영국과 미국 지역에서 많이 나타나고 있는 트러프(trough)형 침하뿐만 아니라 함몰침하(sink hole)의 특성을 보이고 있음에도 불구하고 이에 대한 이론적 배경이 아직 정립되지 못한 실정이다. 침하제어 및 방지대책에 대한 연구도 미비한 실정이다. 이러한 문제를 해결하기 위해서는 지반을 보강하거나 지반강도를 증가시킬 필요가 있다.

따라서 폐탄광지역 등 지질학적 결함이 있는 지반에서 광해에 의한 지반침하를 방지하기 위해서는 체계적인 분석과 이론적 정립 및 전산 모델링 기법에 대한 연구가 이루어져야 하고, 지반침하를 효과적으로 방지할 수 있는 설계·시공방안의 마련이 시급한 실정이다.

(2) 연구 목적

광해로 인한 지반침하 발생 시 현재 적용되고 있는 보강공법으로는 주로 채굴적 공동을 모래나 자갈 등으로 채움(filling)하거나 마이크로파일(micro pile) 등으로 보강하는 공법을 주로 사용하고 있다. 그러나 이들 보강공법에 대한 개량효과와 개량체의 강도특성 및 지지력특성에 대해서는 명확히 규명되지 못한 실정이다.

따라서 본 연구에서는 폐탄광 등의 광해로 인한 지반침하의 특성을 규명하고 지반침하의 발생영향인자를 평가·분석하여 국내 상황에 적합한 침하방지대책을 연구하여, 대형 안전사고를 미연에 방지하고 최적 설계방안을 마련하고자 한다.[48-50]

3.2 광해에 의한 지반침하 특성

3.2.1 국내외 연구 동향

광산 채굴적에 의한 지반침하에 대한 연구는 주로 유럽과 미국 등지에서 수행되었는데, 과거의 연구 동향은 침하이론을 바탕으로 한 이론적 연구와 이를 응용한 수치해석적 연구, 지표침하 징후를 측정하여 주로 지하구조물에의 영향 및 침하한계를 규정하는 것이다. 19세기 말부터 시작된 지반침하 연구는 영국, 프랑스, 네덜란드 등지에서의 자료수집 및 측정을 통해 개념 정립이 이루어지기 시작하였다.[34-39]

영국에서는 NCB(National Coal Board, 현재의 British Coal)를 중심으로 연구가 진행되었다.[42,43] NCB에서는 지반침하 사례에 대한 자료수집을 바탕으로 침하이론을 수립하였다. 미국에서의 침하 연구는 1977년도에 발표된 “Surface Mining Control and Reclamation Act”에서 활발히 논의되었으며, 1982년도에 개최된 침하 워크숍에서는 침하예측 부문, 침하계측 부문, 침하특성을 고려한 계측 및 예측 부문, 지반구조물에 미치는 영향평가 및 대책수립 부문 등으로 나누어 다각적인 연구 결과를 발표하였다.

국내에서는 초기 김동기(1966), 김재근 등(1969)에 의하여 지반침하에 대한 연구가 시도되었으며, 이후 이희근 등(1983), 권광수 등(1994)이 사례 중심의 연구를 수행하였다.(4-6) 그리고 1990년대 이후 석탄산업합리화사업단(1995, 1997)에 의하여 광해 방지 및 지반침하에 대한 체계적인 연구가 이루어진 바 있으며, 그 외에도 개별적인 연구가 진행되고 있다.(7,8,40,41)

3.2.2 채굴에 의한 지반침하

지반침하란 지표면 한 지점의 수직변위의 발생을 의미하며 수직변위로 인한 인접지점의 수평변위까지 포함된다. 지반침하에는 토양층의 다짐작용에 의한 침하, 지하수위 하강에 의한 침하, 지하 석회공동 등의 용식에 의한 침하, 지진이나 화산 등의 지각변동에 의한 침하 그리고 터널, 광산, 지하비축기지 등의 인위적인 지하공동에 의한 침하 등이 있다.(9-12)

폐광산 지대에서 발생하는 지반침하의 가장 큰 요인 중의 하나인 폐갱도는 그 크기와 모양에 따라 침하에 미치는 영향이 달라지고, 채굴공동 상반의 상태에 따라서도 침하에 미치는 영향이 달라진다. 채굴공동의 크기와 모양은 채굴법과 채굴 정도에 따라 달라지는데, 이들과 채굴적 주위 지질조건과의 상호작용이 침하에 큰 영향을 미치게 된다. 일반적으로 주방식 채굴법과 같이 낮은 채광률의 부분 채굴법을 사용한 경우에는 광주(pillar)의 파괴나 천반의 붕괴 등 여러 가지 요인에 의하여 침하가 발생하기까지는 오랜 시일이 걸리지만, 채광률이 높은 채굴법을 사용할 경우에는 짧은 기간 안에 침하가 발생할 가능성이 크다.(28-33)

지반침하가 우려되는 폐광산 지역에 대한 합리적인 보강공법의 설계 및 효과적이며 경제적인 시공을 위해서는 폐광산의 채굴적 분포에 대한 정보 못지않게 중요한 것이 과거 폐광산에서 적용되었던 채굴법에 대한 조사다. 폐갱도의 역학적 특성에 부합하는 보강공법 적용을 위해서는 적용된 채굴법의 특성 파악이 중요하다.(10-27)

(1) 장벽식 채굴법

장벽식 채굴법(longwall mining method)은 비교적 탄층이 크고 평탄하며 두께가 일정한 경우에 적용되는데, 장벽식 채굴법이 적용될 수 있는 탄층의 조건은 탄층의 폭이 0.6~2.5m, 경사가 30° 이하의 완경사탄층으로서 채굴심도에는 제한이 없다. 따라서 우리나라와 같이 탄층의 폭과 연장성이 불규칙하거나 경사가 급한 곳에서는 적용이 어렵다. 이 채굴법의 특징은 작업면이 직선이거나 또는 계단식으로 연속되어 있다는 것과 채굴적의 상반이 균형적으로 고르게 낙하한

다는 점이다.(44-47)

일반적으로 탄층이 지표로부터 적당한 깊이에 있으며, 상반이 강하고 강성이 클 때 석탄을 채굴하면 상반이 서서히 균일하게 침하하게 된다. 장벽식 채굴법이 적용되는 경우에는 침하가 발생할 경우의 규모와 기간 등을 비교적 정확하게 예측할 수 있으므로 방지대책을 수립하여 지상구조물에 대한 피해를 줄일 수 있다. 본 채굴법이 적용되는 경우는 그림 3.2에 예시되어 있듯이 주로 채굴적 상반의 휨작용에 의한 인장균열이 발생하여 트러프형 침하가 발생한다.

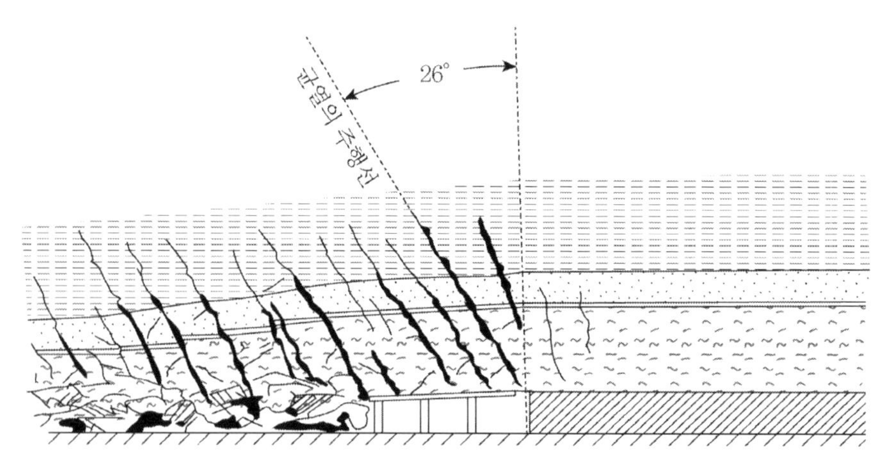

그림 3.2 장병식 채굴법의 개념도(Whittaker & Reddish, 1989)(48)

(2) 톱슬라이싱 채굴법

톱슬라이싱 채굴법은 다양한 형태의 탄층에서 적용이 가능하고 석탄을 효과적으로 채탄할 수 있는 방법이다. 이 채굴법은 상하부 갱도를 하반 암석 중에서 암석승(rock raise)으로 관통하여 3~5개 정도의 중단 크로스 갱도와 중단 연충갱도를 개발한 후 탄층을 50m 이상 간격으로 굴착하여 분층·채굴하는 방법이다.

채광이 끝난 후에 발생하는 침하의 형태는 국부적으로 변형이 집중됨으로써 상반 쪽의 지표에 인장균열이 발생하여 지표에서부터 상반이 점진적으로 함몰된다. 두꺼운 탄층을 대상으로 채굴이 이루어진 경우 지표함몰로 생긴 웅덩이가 인공호수를 형성하기도 하고 하부층 개발에 피해를 줄 수도 있다(그림 3.3 참조).

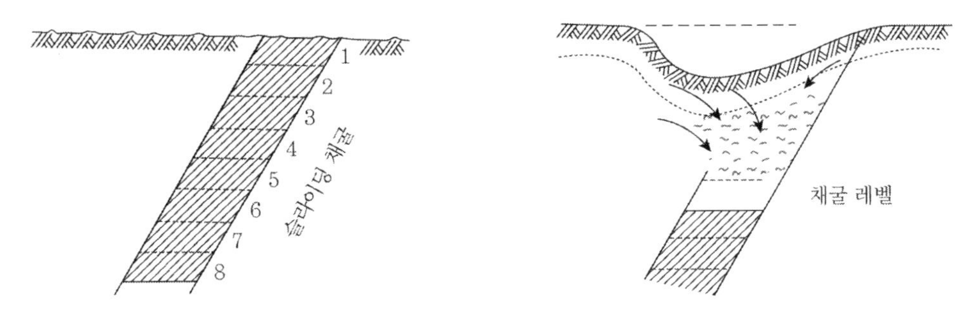

그림 3.3 톱슬라이싱 채굴법의 개념도(Whittaker & Reddish, 1989)

(3) 중단붕락식 채굴법

중단붕락식 채굴법(sub-level caving method)은 상하부 갱도를 하반 암석 중에서 암석승으로 관통하여 3~5개 정도의 중단 크로스 정도와 중단 연층갱도를 개발한 후 막장에서부터 후퇴하면서 채굴하는 방법이다(그림 3.4 참조).

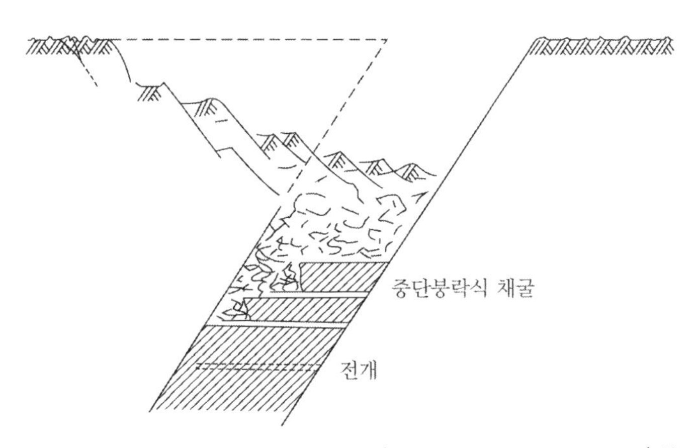

그림 3.4 중단붕락식 채굴법의 개념도(Whittaker & Reddish, 1989)(48)

붕괴를 유발하여 채굴하는 방법으로 인하여 암반에도 영향을 미치기 때문에 채굴적 상반의 붕괴를 가져오게 되며, 상반의 강도가 클 경우에는 지표에 계단식의 함몰이 발생한다. 또한 보안탄주를 남겼다 하더라도 트러프형 침하가 발생하거나 보안탄주의 붕괴 및 지하수 및 지표수의 유입으로 인하여 함몰형 침하가 발생할 수 있다.

(4) 블록케이빙 채굴법

블록케이빙 채굴법(block caving method)이란 연약한 광체를 발파와 같은 방식을 통하여 붕락시키는 방법으로, 연약 광체가 형성하게 될 블록의 붕락을 조절함으로써 붕락의 범위를 조절한다.

지표함몰은 광체와 상반의 강도, 단층과 같은 중요한 지질구조에 의해 영향을 받는데, 채광심도와 붕락 지역의 채광 후 뒤채움 및 지표의 지형에도 영향을 받는다. 블록케이빙 채굴법을 적용한 경우에는 일반적으로 함몰형 침하가 발생한다(그림 3.5 참조).

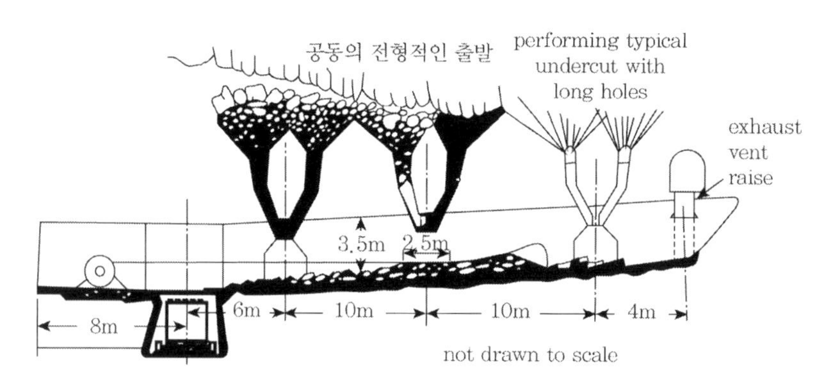

그림 3.5 블록케이빙 채굴법의 개념도(Brady & Brown, 1985)(34)

(5) 주방식 채굴법

주방식 채굴법(room and pilar mining method)은 가장 오래된 채굴법으로서 국내에서 일부 적용되는 채굴법이다. 잔주식 채굴법이라고도 하며, 탄층의 두께가 1m 이상만 되면 어떠한 탄층에도 적용이 가능하다(그림 3.6 참조). 장벽식 채굴법에 비해 지주재가 많이 필요하고 통기가 불완전하며 일인당 작업량이 적고, 일반적으로 지표침하를 방지하는 경우와 충전물을 구하기 곤란한 경우에 주로 적용된다. 또한 주방식 채굴법은 적용 범위가 넓어 탄층의 두께나 경사의 완급, 상하반의 형태에 관계없이 적용할 수 있다.

이 채굴법으로 유발되는 침하는 붕괴의 원인에 따라서 트러프형 침하와 함몰형 침하가 나타날 수 있다. 광주가 붕괴되지 않고 방과 방 사이의 십자형 교차지점에서 붕괴가 발생하여 지표에까지 진전되면 함몰형 침하가 발생하고, 광주가 약화되어 전부 또는 일부분 파괴가 일어나거나 광주와 직접 접하고 있는 천장부나 바닥부에서 파괴가 발생하면 지표의 넓은 지역에 완만한 형

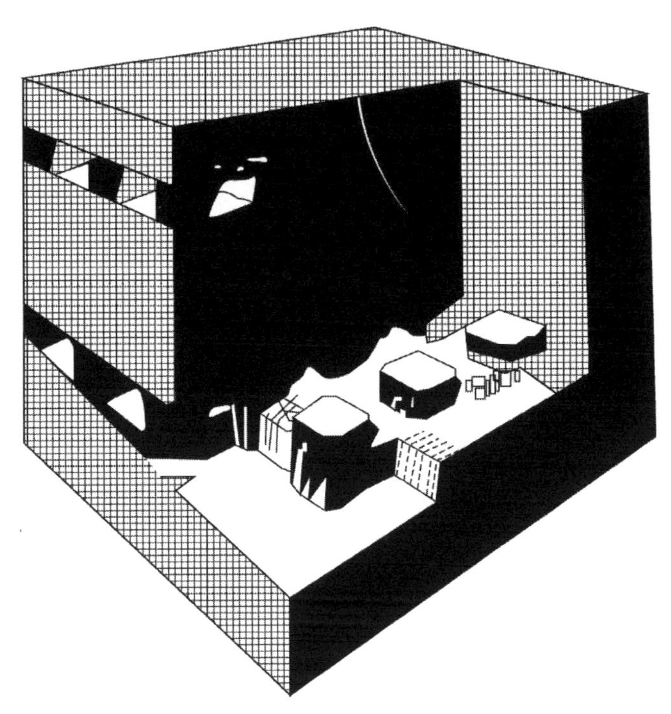

그림 3.6 주방식 채굴법의 개념도(Brady & Brown, 1985)[34]

태의 트러프형 침하가 발생한다.

(6) 위경사승 붕락식 채굴법

국내 탄층은 석탄의 부존상태가 매우 불규칙하여 탄전별, 탄광별은 물론 동일 탄광 내에서도 위치에 따라 여러 가지 많은 변화가 있다. 이런 이유로 30년 이상 블록케이빙 방법과 유사한 위경사승 붕락식 채굴법(slant chute block caving method)이 많은 탄광에 적용되었다. 이 채굴법의 장점은 채굴작업장의 개설에 특별한 준비가 소요되지 않고 작업이 용이하다. 또한 막장의 석탄운반이 중력으로 가능하고 채굴에 필요한 시설장비에 대한 추가비가 거의 없기 때문에 신규 개발 탄광에서 유리하게 적용할 수 있다는 점이다(그림 3.7 참조).

그러나 이 채굴법을 적용할 경우 탄승 갱도의 연장이 길고, 탄층 상하반의 굴곡 및 탄복의 변화로 탄승의 직선화가 곤란하다. 또한 후퇴 채굴 시 탄의 강도 또는 파쇄된 암석의 영향으로 채굴작업을 할 수 없어 탄을 남기게 되어 채취율이 저하되고, 채수율이 현저히 낮은 경우에는 재채굴이 불가피하여 비능률의 주요 요인이 되고 있다. 이 채굴법에서는 채탄으로 생긴 채굴적이 매우 불규칙하고, 급경사 탄층의 경우 보안탄주나 천반 등이 장기간에 걸쳐 풍화 또는 크리프 (creep) 현상 등에 의해 강도가 저하·파괴되면서 함몰형 침하가 발생한다.

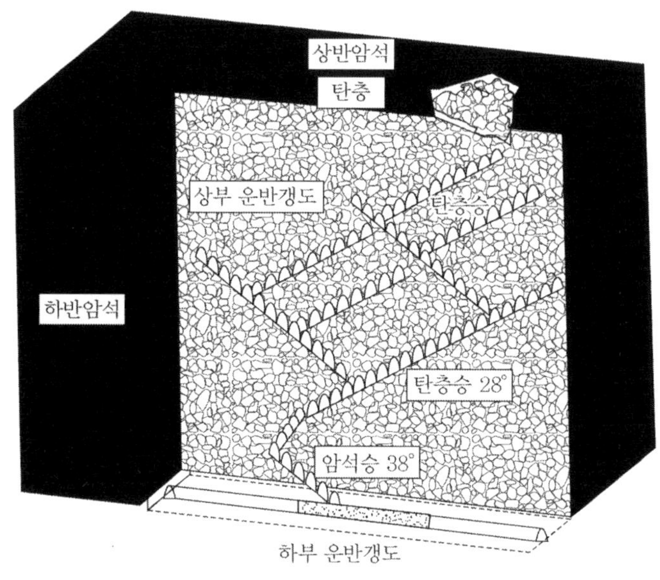

그림 3.7 위경사승 붕락식 채굴법의 개념도

3.2.3 지반침하 유형 및 원인

지반침하의 유형은 시간에 따라 크게 활동성 침하(active subsidence)와 잔류성 침하(residual subsidence)로 구분할 수 있고, 형태에 따라서는 연속형 침하(continuous subsidence)와 불연속형 침하(discontinuous subsidence)로 분류할 수 있다(표 3.3 참조). 국내에서 발생하는 침하는 거의 대부분 잔류성 침하다.

지반침하는 지하의 광물이나 석유, 가스 같은 천연자원의 채굴과 연관이 있으며 국부적 또는 지역적으로 발생한다. 침하의 형태는 채굴조건, 광물의 매장심도, 상반의 전반적인 강도와 같은 지하 채굴공동 주위의 지질조건에 따라 달라진다. 지하채굴에 따른 지반침하는 크게 연속 침하와 불연속 침하의 형태로 분류할 수 있다. 연속 침하는 트러프형 침하가 대표적인 형태고 불연속 침하는 함몰침하가 대표적인 형태다. 트러프형 침하는 넓은 지역에 걸쳐 연속적으로 완만한 지표침하곡선을 발생시키며 오랜 시간에 걸쳐 잘 인식되지 못할 만큼의 침하량을 보이기도 한다.

표 3.3 지반침하의 분류(박남서, 1999)[7]

분류방식	침하유형	침하의 성격	비고
발생 시기에 따른 분류	활동성 침하	채굴작업과 거의 동시에 침하 현상이 발생하는 유형	채수율이 높은 채굴법으로 비교적 얕은 심도에서 채굴 시 발생함
	잔류성 침하	채굴작업 종료 후 일정 시간 경과 후 침하현상이 발생함. 부분적인 채굴에서는 몇십 년이 지연되기도 함	채수율이 높은 채굴법에서는 일부분 활동성 침하의 발생에도 불구하고 여전히 잔류성 침하의 발생 가능성이 존재함
침하형태에 따른 분류	연속형 침하 (트러프형 침하)	대체로 넓은 지역에 걸쳐 완만한 경사로, 지표가 전반적으로 기울어지거나 타원형으로 침하하는 현상	침하과정의 초기 혹은 오랜 시간에 걸쳐 조금씩 잘 인식되지 않을 만큼의 침하량을 보이는 형태
	불연속형 침하 (함몰형 침하)	국부적으로 급경사를 이루며, 지표가 함몰하는 형태로 침하가 발생하는 유형	인명이나 지표시설물에 심각한 손상을 초래할 수 있고, 발생 시기에 대한 예측도 어려운 침하 형태

트러프형 침하는 상반을 지지하던 광주의 파괴 혹은 펀칭 현상에 기인하는 것으로 침하량은 적으나 넓은 구역에 걸쳐 장기적으로 서서히 대체로 완만한 경사로 발생하는 특성을 가지고 있고 상부 시설물에 대한 위험성도 미미한 수준이다. 그에 반해 함몰침하는 지표가 함몰하는 형태로 침하가 발생하기 때문에 침하량이 크고 예측하기가 어렵다. 또한 침하의 형태는 급경사를 이루는 원통형 혹은 원추형의 형태로서 침하량이 수 미터에서 수십 미터에 달하기도 한다. 채굴공동의 직상부 천반의 붕락에 의한 암석의 벌킹(bulking) 및 지하수 유입에 의한 강도 저하에 의해 전이되는 형태로 이루어지기 때문에 그 규모는 작으나 인명이나 지표시설물에 심각한 타격을 줄 수 있는 침하의 유형이다. 함몰침하의 발생장소에 대한 예측을 위해서는 어떤 일정한 장소에서의 채굴규모, 채굴심도, 채굴폭과 높이, 채굴방법, 채굴경사, 지질구조, 지하수의 영향 등이 종합적으로 고려되어야 한다.

국내의 경우에는 대부분 급경사의 불규칙적인 탄층을 대상으로 위경사승 붕락법과 중단채굴법 등의 채탄법을 사용함으로써 지표에서의 침하 범위는 비교적 좁은 지역에 국한되는 특성을 보인다. 그러나 일단 침하가 발생하면 침하량이 매우 크고 침하 곡선도 불연속한 함몰침하의 형태를 보인다. 또한 폐광지역에서 발생하는 침하현상은 채광이 끝난 후 지지력을 상실했을 때 발생하므로 점진적이고도 복잡한 진행 과정을 거쳐 일어난다. 그러므로 발생시간에 따라 분류하면 폐광지역에서 발생하는 침하는 그 발생 위치와 시기를 예측하기 어려운 잔류성 침하로 분류된다. 표 3.4는 미국 Pittsburg 탄광지역의 침하 사례 조사 결과를 중심으로 하여 트러프형 침하와 함몰형 침하를 비교한 것이다.

표 3.4 침하유형별 특성(Bruhn et al., 1978)

구분	트러프형 침하	함몰형 침하
경사	대체로 완만	급경사
범위(규모)	대체로 넓은 구역(10m 이상)	대체로 작은 규모(3m 내외)
침하량	최대 침하량 1m 정도	수 미터~수십 미터
발생 속도	서서히 발생	갑자기 발생
형태	타원형, 경사형 접시 형태	원통형 혹은 원추형
발생 시기	• 얕은 심도, 완전채굴→채굴 초기에 발생 • 깊은 심도, 불규칙 채굴→장기간에 걸쳐 발생	예측 곤란(대체로 채굴 후 10년 이내~100년 경과 후에도 발생)
발생 원인	잔주파괴에 잔주펀칭 등에 의함	채굴적 천장부의 파괴(채굴폭, 채굴 심도, 벌킹과 전이작용에 의해 발생)
채굴심도	다양한 심도에서 발생	대체로 50m 미만에서 발생
피해(위험성)	지상구조물에 피해 가능	인명 및 시설물에 심각한 타격을 줌

(1) 트러프형 침하

일반적으로 파괴 및 붕괴는 광물이 채굴된 채굴공동 주위의 응력상태가 공동의 천장, 바닥, 광주나 파쇄대의 강도를 초과하므로 발생한다. 즉, 상부에서 작용하는 응력이 천반 또는 광주의 지반강도보다 크지 않을 경우에는 파괴가 일어나지 않으나 굴착 후 시간의 경과에 따라 지반강도 감소, 지반의 크리프 변형, 침투수압에 의한 이동, 지하수에 의한 지반강도 감소 등 여러 가지 요인에 의하여 파괴에 이르게 된다.

① 광주의 파괴

시간의 경과에 따라 광주의 강도가 작아지거나 지표 구조물의 하중이 광주에 부과되어 광주의 파괴가 일어난다(그림 3.8 참조). 광주의 파괴를 일으키는 원인에 관계없이 하나의 광주가 붕괴됨으로써 주위 광주에 하중이 집중하게 되고 이로 인해 연속적인 붕괴현상이 생기게 된다. 연속적인 광주의 붕괴와 응력 재분배 현상은 채굴공동의 상반이 전단파괴나 휨변형에 의한 붕괴가 발생될 때까지 계속된다. 대규모로 광주가 붕괴되면 넓은 지역에 매우 심각한 영향을 준다.

광주의 파괴는 광주의 폭과 밀접한 관계가 있다. 폭이 좁은 광주는 응력집중이나 풍화작용으로 인해서 장기간에 걸쳐 쪼개짐이 발생하고 결국 붕괴된다. 풍화작용은 상대습도의 변화, 지하수의 유입과 건조작용 등에 의해 발생한다. 또한 석탄의 지중변형률은 함수율에 따라 매우 높아지고 완전히 포화된 상태에서는 60%나 증가한다. 지하수가 유입된 폐광에서는 이와 같은 현상이 더욱 가속화되어 광주의 파괴를 유발시킨다. 천부의 폐광에서 장기간 방치된 광주가 붕괴되면 마치 크라운홀(crown hole)의 형태와 유사한 지표침하 양상을 보인다.

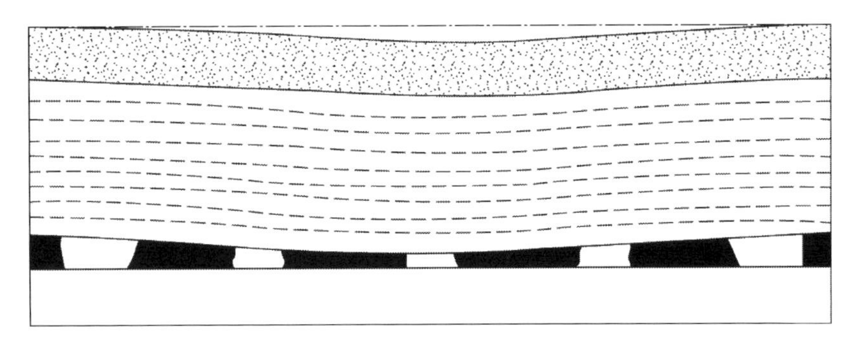

그림 3.8 광주 파괴 모식도(Whittaker & Reddish, 1989)

② 광주의 펀칭

광주의 펀칭(punching) 현상이란 채굴적 바닥의 지지력이 상실되어 채굴적 바닥이 광주의 하부로부터 채굴적 내부로 밀려올라오는 현상을 말한다(그림 3.9 참조). 일반적으로 채굴적 바닥이 점토암이나 이암 등으로 구성되고 광주의 큰 응력이 바닥에 작용할 때 발생한다.

지하수의 유입은 암반 내의 지하수위와 암반 내 공극수압을 변화시켜 유효응력의 변화를 가져온다. 이러한 지하수의 유입은 암반의 상대적인 강도를 현저하게 저하시켜 펀칭현상의 원인이 되기도 한다.

광주의 펀칭 현상은 광주의 붕괴로 발생하는 침하면적에 비해 상당히 넓은 지역에 걸쳐 침하를 발생시키고 바닥의 연약 정도에 따라서 그 범위가 확장된다.

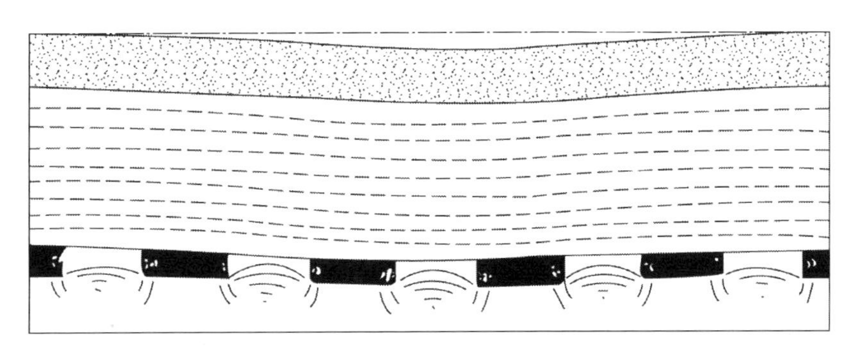

그림 3.9 광주 펀칭현상 모식도(Whittaker & Reddish, 1989)

③ 천반의 파괴

광주의 파괴나 펀칭현상이 일어나지 않더라도 채굴적의 천반의 파괴(roof failure)나 상반이 파괴됨으로써 침하가 발생할 수 있다(그림 3.10 참조). 채굴적의 천반이나 상반에서 파괴가 발생하면 자체지지력을 가지는 아치효과가 나타날 때까지 지표면을 향해서 점진적으로 파괴가 진행된다. 또는 파쇄된 암석들이 체적팽창을 일으켜 채굴적을 모두 채워 상부의 암석들을 지지할 때까지 붕괴가 계속된다. 채굴적 천반이 층상암반으로 구성된 경우 휨변형에 의한 파괴와 전단파괴에 의해 붕괴가 발생한다.

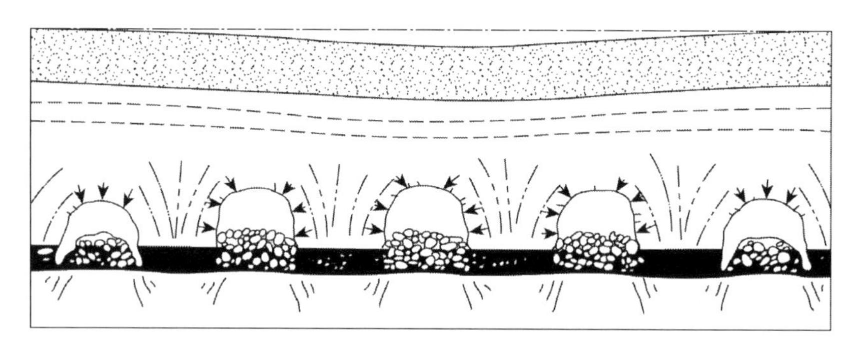

그림 3.10 천반파괴의 전이에 의한 지반침하(Whittaker & Reddish, 1989)

천반이 연속된 빔(방긋)과 같은 거동을 한다면 휨에 의한 파괴가 발생할 것이다. 휨변형에 의한 파괴를 일으키는 원인은 다음과 같다.

가. 수직한 면으로 가해지는 하중

나. 수직응력에 비해 낮은 수평응력의 비

다. 분리현상이 발생

라. 암석의 강도보다 큰 혁 현상에 의한 인장응력

연속된 빔에 큰 수평응력과 수직응력이 작용하고 광주의 강성이 채굴공동 바닥의 강성보다 크거나 천반의 암층이 연약한 경우와 광주 측면의 교대(abutments)에 발생한 전단응력이 천반의 전단강도를 초과하는 경우에 전단파괴가 발생한다.

④ 지질구조

전단강도가 작은 급경사의 지질구조면(fault or dyke)을 따라서 암석의 자중에 의해 붕괴가 발생할 수 있다. 침하가 매우 돌발적으로 발생할 가능성이 커 지표시설물에 큰 영향을 미칠 변에서 생긴 수직변위는 지표면에서 비슷한 크기의 수직변위로 나타난다.

⑤ 지하수 유입

지하공동에서의 습기는 단시간 혹은 장기간에 걸쳐 암석의 강도와 변형특성을 변화시키며, 지질 구조적 취약부인 단층 파쇄대에서의 지하수의 역할은 지반의 강도 저하를 일으키기 쉬운 요인으로 작용한다.

갱도 내에서의 습기는 지하수로부터 혹은 지표수 침투작용에 의해 유입되는 것으로 파악되고 있다. 광산이 가행 시에는 배수나 통기(환기)에 의하여 어느 정도 통제가 가능하나 폐광 이후에는 습도의 증가로 장기적으로 지표의 변형으로 유도된다. 주요시설물의 안정성을 저해한다. 지반이 석회암이나 증발 잔류암 종류인 경우는 용식에 의해 생성된 공동으로 인해 상부의 암반이 파괴됨으로 함몰침하가 발생한다. 이런 경우 침하의 정도는 지하수의 경로와 그로 인한 용식공동의 크기에 따라 달라진다. 카르스트 지형 상부의 비압밀된 지반에서 지하수위 저하는 지하수의 배수 경로를 변화시켜 함몰침하를 발생시킨다.

(2) 함몰형 침하

불연속 침하는 함몰형 침하가 대표적인 형태로서 지표가 함몰하는 형태로 침하가 발생하기 때문에 침하량이 크고 예측하기가 어렵다. 또한 침하의 형태는 급경사를 이루는 원통형 혹은 원추형의 형태로서 침하량이 수 미터에서 수십 미터에 달하기도 한다. 지하공동의 직상부 천반의 붕락에 의한 암석의 벌킹 및 지하수의 유입에 의한 강도 저하에 의해 전이되는 형태로 이루어지기 때문에 그 규모는 작으나 인명이나 지표 시설물에 심각한 타격을 줄 수 있는 침하의 유형이다.

그림 3.11에 도시된 함몰형 침하는 주로 천단부의 안정성에 연관되어 있으며 파괴의 진행과정을 살펴보면 최초의 천장부 파괴가 일어난 후 붕괴, 점점 상부로 진행되다가 자립이 가능한 견고한 지층을 만나 중단될 수 있다. 또한 파쇄된 암편들의 체적팽창에 의해 중단되기도 하나 지하수의 유동 등에 의한 암편의 다짐작용이나 지하공동이 경사져 있는 경우에는 공동을 따른

암편의 이동으로 공간이 확대되면 붕괴는 점진적으로 지표로 연결되기도 한다.

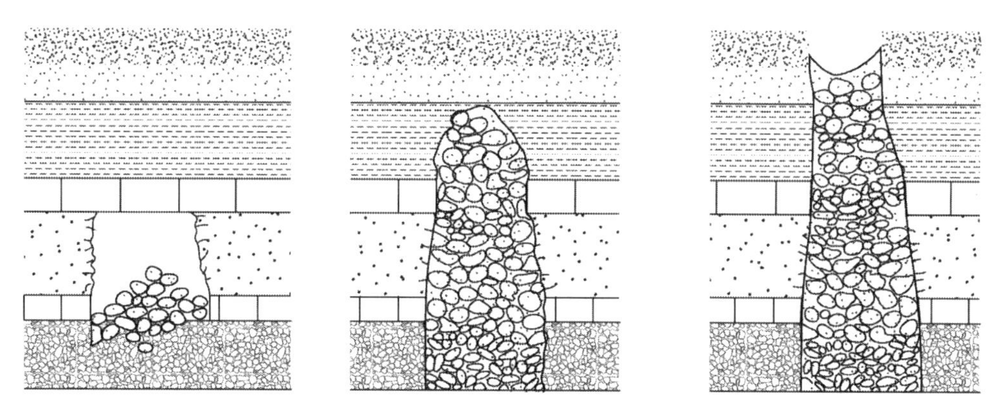

그림 3.11 함몰형 침하 발생 모식도(Karfakis, 1993)

① 함몰형 침하의 유형

지표에서의 침하는 지하채굴에 의한 응력분배나 지하수유동, 지반의 강도 저하 등에 의해서 발생한다. 지표 침하 중 불연속형 침하(함몰침하)는 응력 재분배, 강우의 유입, 지반의 강도 저하 등 여러 가지 요인들이 복합적으로 작용하여 발생한다. 대표적 유형을 나타내면 그림 3.12와 같다.

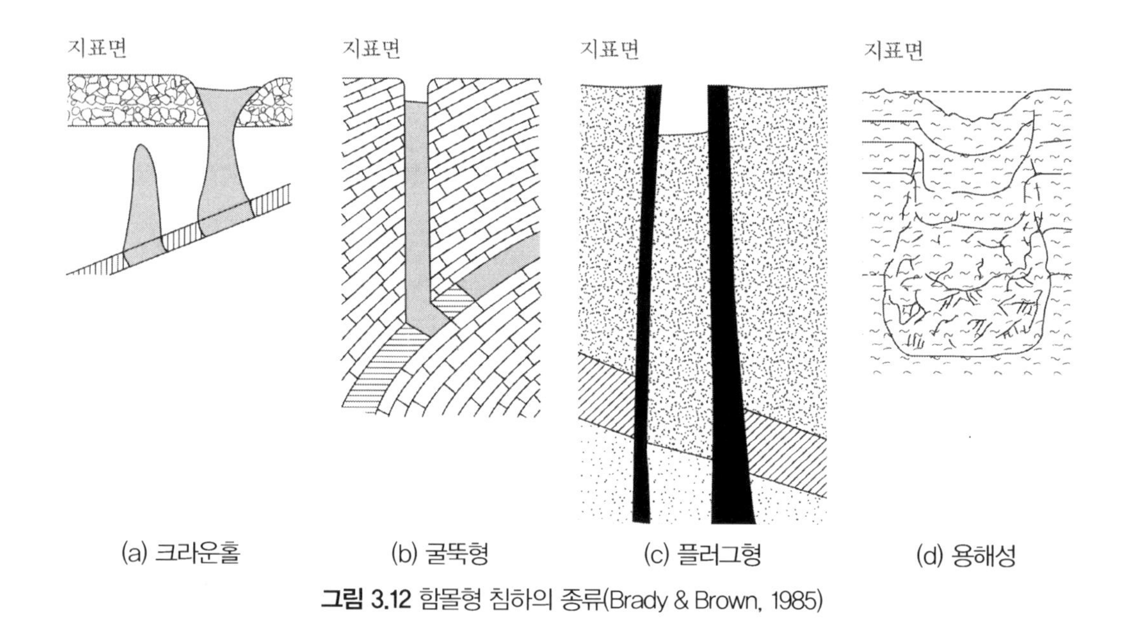

그림 3.12 함몰형 침하의 종류(Brady & Brown, 1985)

가. 크라운홀

크라운홀은 얕은 심도(심도 50m 이내)에서 광산의 천반이 붕괴됨으로 발생하는 굴뚝형 공동의 특별한 경우에 해당하며, 일반적으로 채굴적 상반의 두께에 의해서 제한을 받는다(그림 3.12(a) 참조). 영국 미들랜드의 석회암 광산에서는 전체 침하 발생의 2/3가 30m 내의 심도에서 크라운홀형 침하가 발생하였다. 한편 미국에서는 15m보다 낮은 심도에서 대부분의 크라운홀형 침하가 발생하였다.

나. 굴뚝형 공동

굴뚝형 공동(chimney caving)은 파이핑(piping) 또는 굴뚝형이라고 하기도 한다. 절리가 발달한 상반 또는 연약한 상반이 점진적으로 이완되면서 형성된 공동이 지표까지 전이되면서 나타나는 침하의 형태로 지표에 발생된 침하의 면적은 매우 작다(그림 3.12(b) 참조). 상반이 연약하거나 절리가 연속적으로 상부와 연결될 경우 심도가 수백 미터에 이르더라도 그림 3.12(b)와 같이 전이될 수 있다.

다. 플러그 침하

암맥(dyke)이나 단층과 같이 거의 수직으로 서 있는 지질구조에 의해 발생하며, 함몰현상이 매우 갑작스럽게 나타난다(그림 3.12(c) 참조). 전단강도가 작은 면을 따라 자중의 영향으로 미끄러짐이 발생한다. 플러그 침하(plug subsidence)의 발생 메커니즘은 다른 함몰침하의 발생 메커니즘과 다르고, 침하에 따른 암석의 체적팽창이 없이 발생하여 붕락고가 매우 크다. 채굴적에서의 침하량과 지표에서 침하량은 비슷하고 파단각은 거의 90°에 가깝다. 기존에 침하가 발생하여 파괴면이 생긴 지역에서 다시 발생하기도 한다.

라. 용식공동

석회암 지대와 같은 지역에서 지하수의 용식 작용에 의하여 공동이 형성되는 경우에 발생한다(그림 3.12(d) 참조).

② 석회암 지역에서의 카르스트

지하에 자연적 또는 인공적 공동이 존재하지 않는다면 지표에서 침하는 발생하지 않을 것이므로 지하에 공동의 존재는 침하의 가장 큰 원인이라 할 수 있다. 자연적으로 생성된 천연공동은 지하수나 강우에 의한 용식작용으로 형성된 석회암 공동과 화산작용으로 형성된 용암동굴이 있고, 인공공동에는 채광으로 남은 공동과 교통터널, 상하수도 같은 공익설비 등을 들 수 있다. 이러한 공동의 규모와 형태에 따라 지표침하의 양상은 달라진다. 일반적으로 큰 규모의 공동이 천부에 존재한다면 지표에서 침하가 일어날 가능성은 높다.

또한 채굴공동 상반을 형성하는 암석의 종류도 침하작용에 큰 영향을 미친다. 예를 들어, 사암이나 다른 종류의 강한 암석이 상반을 이루고 있다면 풍화작용이나 지하수의 유입 등에 의해 상반의 강도가 약해지지 않기 때문에 함몰침하가 일어날 가능성은 적다. 일반적으로 광물이 채굴된 지하 채굴적의 상부에서 작용하는 응력이 천반 또는 광주의 강도보다 클 경우 파괴가 발생하고 파괴가 점진적으로 상반으로 전이되어 침하가 발생한다. 천반이나 광주의 강도보다 응력이 크지 않을 경우에도 시간의 경과에 따라 강도의 저하, 강우나 하천에 의한 침투수압, 지하수에 의한 강도 저하 등 여러 가지 요인에 의하여 지반의 강도가 약해지게 되고 결국 파괴에 이르게 된다.

석회암지대는 장구한 시간 동안 지표수나 지하수의 계속적인 화학적 풍화작용을 받게 되어 석회석이나 돌로마이트를 용해·제거시킴으로써 암반은 공동을 포함한 벌집 모양의 독특한 지형을 이루게 된다. 방해석이 탄산수와 반응해서 화학적 풍화를 일으키는 반응은 식 (3.1)과 같다.

$$CaCO_3 + HCO_3 \leftrightarrow Ca_2 + 2HCO_3^- \tag{3.1}$$

(방해석) (탄산수) (칼슘이온)(중탄산이온)

이러한 석회암 지대의 지형을 카르스트라 하며, 카르스트 지형은 그림 3.13과 같이 성장기, 성숙기, 노년기의 단계로 발전한다.

카르스트 지형의 성장기에는 정상적인 지표면을 유지하는 데 비해 성숙기 초기의 단계에서는 암석 중에 발달된 수직절리들이 용해작용으로 확대되면서 첨단석들과 수직공동을 형성시킨다. 이러한 석회암지대의 공동분포를 정확히 파악하는 것은 거의 불가능한 것으로 판단되며, 다른 암석지대에 비해서 예측 불가능한 요소가 늘 잠재적으로 존재하므로 시공 전의 지반조사뿐 아니라 시공 중의 지반조사에 상당한 비중을 두어야 한다.

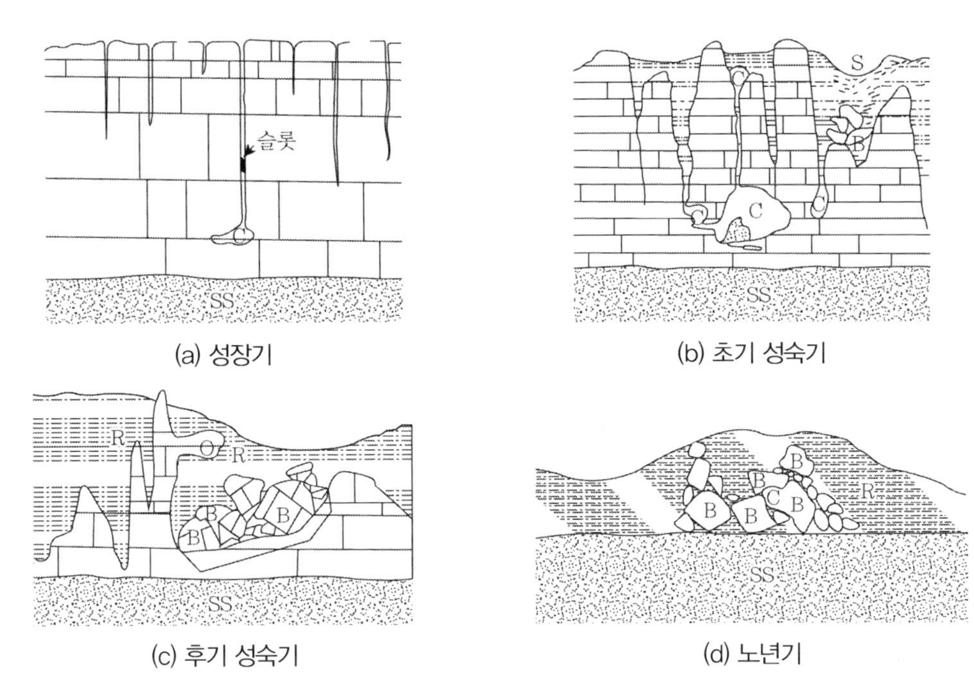

(a) 성장기 (b) 초기 성숙기

(c) 후기 성숙기 (d) 노년기

여기서, S: 싱크홀(sinkhole), B: 암괴(block), C: 공동(cavity), R: 잔류토(residual soil), P: 첨단석(pinnacle), O: 걸침 첨단석(over hanging pinnacle)이다.

그림 3.13 용식공동과 카르스트 형태의 발달 과정(Goodman, 1993)

3.3 지반침하 해석

3.3.1 지반침하 메커니즘

일반적으로 침하이론은 트러프형 침하에 대해서 많이 연구되었기 때문에 탄폭의 변화가 심하고 탄층과 지표의 지층이 불규칙한 우리나라에서 발생된 함몰침하 현상에 적용하기에는 부적절하다. 따라서 함몰침하 현상에 적합한 이론적 방법을 통하여 침하의 메커니즘을 이해하는 것이 바람직하다. Karfakis는 체적팽창률을 이용하여 채굴고와 붕락고의 관계를 분석하였고, Brady와 Brown은 풍화암이나 연약암에서 발생한 함몰침하의 메커니즘에 착안하여 경사진 지층에 공동이 굴착되었을 때의 침하해석에 한계평형법을 적용하였다. 그리고 Tang과 Peng은 다층 암반에서의 층 간 분리현상을 해석하기 위하여 보-기둥 이론을 이용하였다.

채굴공동의 상반이 파쇄될 때 파쇄암의 체적팽창률은 함몰침하의 전이와 중단 그리고 붕괴로 인한 지표에의 영향을 결정하는 중요한 요소다. 채굴적의 천장부가 붕락된다면 파쇄암은 채굴적의 빈 공간을 메울 때까지 붕락이 진행될 것이다. 파쇄암은 파쇄암의 체적팽창에 의해 상호 연결된 공극을 포함한 채로 채굴적 빈 공간을 메워 붕락이 중단될 것이다.

Karfakis는 아치이론(pressure arch theory)과 파쇄암의 체적팽창을 이용하여 함몰이 발생할 크기와 침하가 발생했을 때 지표에 나타나는 침하량과 침하의 범위를 제시하였다. 파쇄된 암석들이 함몰되면서 파쇄암들이 공동을 채워서 자체의 지지력이 생길 때까지 붕괴가 진행된다. 체적팽창이 적더라도 부분적 붕괴 후에 아치효과에 의해 상부를 지지할 수 있어 지표침하의 가능성은 적을 수도 있다. 체적팽창률을 이용하여 침하메커니즘을 분석할 때는 상반이 파쇄암들이 채굴적으로 떨어지면서 발생될 체적팽창률과 상반에 형성될 것으로 예상되는 아치의 안정된 높이를 판단하는 것이 중요하다. 아치효과를 배제하고 체적팽창에 의해서만 침하를 분석하고자 하면 체적팽창률로부터 간단하게 채굴고와 붕락고의 관계를 유도할 수 있다.

이암과 같은 연암의 경우 균열의 발달이 쉽게 발생하여 체적팽창률이 작아 채굴공동 상부에서 발생한 붕괴가 지표까지 진전된다면 붕괴된 암석이 채굴적을 다 채우지 못하므로 지표에서 침하가 발생할 것이다. 이에 반해 사암과 같은 경암은 체적팽창률이 커 붕괴된 암석이 채굴적을 채우게 되므로 지표에서 나타나는 침하량은 미미하고 침하의 위험은 적다고 할 수 있다.

체적팽창률에 대한 측정방법이 규정된 것은 아직 국내외에서 알려진 바가 없으나 현장에서의 측정된 측정치를 근거로 체적팽창률을 적용하고 있다. 현장에서 품셈을 계산할 때 사용하는 토공변화량으로 체적팽창률의 값으로 사용될 수 있을 것이다. 국내에서 사용되고 있는 체적팽창률은 화약발파에 의해 붕락된 암반의 체적증가율로서, 채굴적의 폭과 경사 등의 채굴적의 상황을 고려한다면 그 값은 달라질 것이다. 따라서 실내실험과 현장측정을 통해 폐광지역에 적합한 체적팽창률 값이 선정되어야 한다.

한계평형법은 Brady와 Brown(1985)이 제시하였는데, 풍화암이나 연암에서 발생되는 함몰침하의 궁극적인 해석방법으로서 한계평형법이 적합할 것이라고 했다. 함몰침하의 유형 중에서 플러그 침하의 해석에서도 미끄럼 파괴면에서 팽창이 없다는 가정하에서는 유용할 것이라고 했다. 일반적으로 채굴공동의 상반 블록거동에서 블록의 자중에 의해서 작용되는 연직전단응력이 블록 표면에 작용하는 전단저항력을 초과했을 때 블록의 미끄러짐이 발생하며, 미끄러진 블록은 채굴공동으로 함몰된다. 이와 같이 강체 거동을 하는 블록 모델을 분석하기 위해서는 몇 가지 가정이 필요하다. 블록의 수직면에 작용하는 전단저항력보다 블록의 자중에 의한 작용력이 크면 중력에 의해서 수직적으로 미끄러짐이 발생하고 유효수직응력은 심도에 따른 자중으로 계산한다. 그리고 모든 수평응력은 같다고 가정한다.

일반적으로 채탄 시 채굴적의 상반을 지지하고 채탄된 채굴공동의 안정성을 유지하도록 지표에서 일정 심도까지의 탄층을 보안탄주로서 남겨두게 된다. 이와 같이 남겨진 보안탄주는 경사진 탄층의 경우 상반과 하반의 암반층에서 수평응력을 받게 된다. 이 수평응력이 임계심도보다 작은 심도에서는 탄주의 자중을 견디지 못하여 탄층과 암반층과의 경계면에서 전단파괴가 발생하고, 이로 인하여 보안탄주가 채굴공동으로 미끄러져 내려오게 된다. 이와 같이 수평응력이 탄주의 자중을 지탱하지 못하는 최소심도를 임의의 경사를 가진 탄층에 대해서 한계평형법을 적용하여 도출하였다. 전단저항력은 경계요소에 작용하는 유효 수직응력을 Coulomb의 전단강도 법칙에 적용한다.

3.3.2 지반침하 이론해석법

지하광체를 채굴한 후 공동이 형성되면 일정 기간이 경과한 후에 천반이 붕락되고 이 붕락이 상부로 발달하면서 지표까지 연결되어 지반침하 및 지표함몰이 발생한다. 침하나 함몰은 그 특성상 구별되어야 하나 일반적으로 지반침하는 지표함몰을 포함하는 의미로 사용된다. 침하이론은 탄폭이 일정하고 채굴이 규칙적으로 이루어지는 영국, 미국의 수평탄전지대에서 흔히 볼 수 있는 트러프형 침하에 대해서 개발되었기 때문에 탄폭의 변화가 심하고 탄층의 발달이 불규칙한 우리나라에는 적용하기가 매우 어렵다. 최근에는 수치해석법의 발달로 인하여 사실상 침하이론의 유용성은 매우 감소하였으나 침하현상을 이해하는 데는 많은 도움이 된다. 따라서 여러 가지 침하이론들은 경험식, 침하단면함수, 영향함수, 수치 모델, 모델 시험 등으로 나눌 수 있으며 간략히 알아보면 다음과 같다.

(1) 경험식

지반침하의 거동을 관찰한 결과로부터 얻어낸 경험식으로, 일반적으로 특정한 지역의 침하 예측에 이용하고 있다. 경험식은 정확한 침하를 예측하기 위하여 수많은 관찰 및 충분한 사례 연구에 근거를 두고 있는데, 가장 널리 알려진 식으로는 NCB의 경험 모델(SEH법)이다. 이는 영국의 탄전지대의 침하자료를 이용하여 경험적으로 얻어낸 결과로 식 (3.2)와 같이 표현된다.

$$S/M = f(w/h),\ E = f(S/h),\ G = f(S/h) \tag{3.2}$$

여기서, S = 최대침하량

M = 채굴높이

w = 채굴폭

h = 지표면 하부심도

E = 지표면의 최대변형량

G = 최대기울기

러시아에서 사용하고 있는 경험식은 러시아 탄전지대에서 관찰되는 자료를 근거로 유도된 경험식으로 식 (3.3)과 같다.

$$S = 2Mw(w + we) \tag{3.3}$$

여기서, S = 최대침하량

M = 채굴높이

w = 채굴폭

we = 임계폭

(2) 단면함수법

채굴면에 대한 침하예측단면을 이용하는 방법으로 채굴면의 형태에 대해서 단면을 정의하는 ① 단면식을 이용하는 방법, ② 표와 모노그램을 이용하는 방법으로 구분된다. 이 방법은 새로운 상황에 상대적으로 쉽게 적용할 수 있기 때문에 매우 널리 사용되고 있는 방법이다.

침하를 예측하기 위해서는 가장 널리 적용되고 있는 침하단면함수 $S = f(x)$의 기본적 형태인 $S/2$인 지점에 변곡점을 가지고 있는 함수다. 변곡점의 위치는 관찰에 의해 정할 필요가 있다. 그 크기(d)는 지표면 하부 심도와 관계된다. 단면함수는 단순히 곡선의 모양을 정의하는데, 침하단면을 계산하기 위해 최대침하량과 많은 상수들이 필요하다. 일반적으로 단면이 관찰 결과와 부합되는 만족할 만한 형상이 될 때까지 상수를 조정하여 수행한다.

(3) 영향함수법

침하를 지표면의 점들에서 계산하는 방법으로 지표면의 한 점이 영향을 미치는 범위 내에서 무한소의 요소를 제거하면 그 점 주위에 영향영역이 존재한다는 이론에 근거를 두고 있다. 이 방법의 기본 원리는 채굴지역의 전체 영향을 결정하기 위하여 무한소요소의 채굴로 인한 영향을 중첩시키는 것이다. 즉, 개개의 요소 트러프의 합이 점 P의 침하량을 나타내며 면적 dA의 채굴 요소가 지표면의 전체 침하량에 영향을 주는데, 그 영향함수식은 식 (3.4)와 같이 표현된다.

$$kz = f(r) \tag{3.4}$$

여기서, kz = 점 P에서의 dA의 영향크기

r = 무한소의 요소 dA와 점 P의 수평거리

(4) 모델 시험법(물리학적 모델)

모델 시험은 지반침하와 관련된 거동을 이해하는 데 중요한 역할을 해왔다. Litwiniszyn(1957)과 Knothe(1957)는 지반침하를 정량화하기 위한 이론적인 개념을 증명하려고 모델 시험을 하였고, King과 Whetton(1957)은 응고된 젤라틴 용액으로 모델을 제작하여 지반침하를 실험한 바 있다. 모델 시험은 붕락과 침하에 따른 균열의 생성과 전파를 관찰할 수 있으며, 다른 변수들과의 관계를 연구할 수 있다. 모델 내의 여러 변수를 추가하여 동시에 관찰할 수 있어 러시아, 독일, 미국, 영국 등에서 널리 이용되었다.

3.4 광해로 인한 침하방지 및 보강공법

3.4.1 침하조사 및 설계

(1) 침하조사 방법

잠재적으로 침하에 의한 문제점이 발생할 수 있는 지역에서는 먼저 침하의 특성과 정도를 결정하기 위해서 해당 지역에 대한 철저한 조사를 실시해야 한다. 이를 위해 상반(채굴적과 지표

사이의 토양과 암석), 광주(상반을 지보하기 위하여 남겨진 광체)에 대한 상세한 정보를 수집하여야 하며, 다양한 침하방지공법들의 적합성을 평가하기 위해 지하공동의 크기, 모양 그리고 연속성을 확인해야 한다.

① 육안지표조사

부지조사의 첫 단계는 지표에 존재하는 조건들을 조사하는 것이다. 석기에서는 현지의 지반 상태, 함몰적, 농지, 택지, 가옥의 피해 상태, 지형특성 등을 조사해야 한다.

② 지질학적 정보

사업부지와 인접지역에 관한 지질학적 정보를 이용하여 대상 지역에 대한 조사가 이루어져야 한다. 이 정보에는 조사 대상 지역의 암종 및 분포상태, 주요 층 간의 경계, 충리, 절리, 습곡, 단층 등의 지질구조조사에 관한 내용이 포함되어야 한다.

③ 갱내도

만약 지상구조물 아래에서 채탄활동이 이루어졌다는 것이 확인되면 갱내도를 광업회사 또는 관련된 정부기관으로부터 얻어 조사를 시작해야 한다. 여기에서의 가행된 광산에 대한 정확한 정보를 얻을 수 있다. 그러나 만약 광산이 가행 중 채광 중단 등의 상태를 거쳤거나 소유권이 변화했다면 갱내도는 불완전할 수 있다. 갱내도가 불완전할 경우에는 과거 탄광 종사자에게 채굴방법, 채굴위치, 갱구위치를 확인해야 한다.

④ 시추조사

지표탐사, 지질학적 자료와 갱내도로부터 얻어진 정보를 보충하기 위하여 시추조사를 실시한다. 지하암층의 성질과 두께를 정확히 결정하기 위해서는 연속적인 코어샘플을 얻는 것이 바람직하며, 이를 통해 지하에서 발생한 균열 또는 암석파쇄대를 탐지하는 것이 가능하다. 또한 시추된 시편을 통해 암반의 물성치를 얻을 수 있으며, 시추공을 통해 지하수위측정, 공내재하시험, 수압시험 등의 현장시험을 수행할 수 있다.

⑤ 시추공영상촬영

시추공영상촬영은 시추공 내부를 촬영함으로써 전반적인 지질상태나 절리 및 파쇄대 분포상황 등을 파악한다. 이 장비를 이용하여 시추공 벽면에 나타나는 균열면의 경사각을 정성적으로 파악할 수 있다.

⑥ 수중 음파탐지기

수중 음파탐지기는 공동이 지하수로 찰 경우에 지하수의 양과 일반적인 공동의 형상에 대한 정보를 얻기 위해 이용된다. 수중 음파탐지기는 공동 안으로 내려져 음파를 발신하여 반향된 신호를 수신하는 데 걸린 시간을 통해 갱도벽 또는 장애물까지의 거리를 구한다. 이러한 방법으로 심도에 따라 연속적으로 측정을 수행하면 지하공동의 삼차원 모형이 구축될 수 있다.

⑦ 물리탐사

물리탐사는 시추조사와 더불어 시추공과 시추공 사이의 지반상태(채굴적의 형태, 채굴적 상부 지질상태, 파쇄대 유무)를 파악하고 암반의 구조를 파악하기 위해 실시한다. 이로부터 지하채굴적으로 인한 침하 려지역 내의 지반안정성 평가를 위한 기본 자료를 제공한다.

⑧ 계측

지반침하를 사전에 예측하고 지상으로 전파되었을 가능성이 있는 침하에 의한 재해를 예방할 목적으로 계측이 수행된다. 여기에는 대상 지역의 시추공 내에 암반변위를 계측할 수 있는 계측 센서를 매설하는 방법과 지표에서 직접 침하를 계측하는 방법이 있다.

(2) 설계 과정

폐탄광 지역의 지반보강공법 설계는 먼저 폐탄광지역에 대한 현장 탐문조사와 지반조사 그리고 현장시험 및 실내시험을 실시함으로써 시작된다. 현장 조건에 적합한 지반보강공법 설계를 위해는 무엇보다도 현장 지반조건에 대한 정확한 조사가 이루어져야 한다. 탐문조사 시 과거 채탄 기록(갱내도, 채굴실적, 채탄법, 갱내지질도 등)의 조사가 필요하며, 지반조사는 현재의 지반조건을 정확히 파악할 수 있는 조사가 수행되어야 한다. 시추조사, 물리탐사 등의 조사가 행해지며 계속적으로 새로운 조사방법들이 개발되고 있다. 특히 물리탐사에서 시추공 간 토모그라피(tomography) 탐사, 공내영상촬영탐사(BIPS)는 정밀지반조사로서 채굴적 탐사에 유용한 방법이다.

조사가 완료되면 기존 자료와 조사한 결과를 종합적으로 분석하고, 지반침하 위험지역에 대해서 지반안정성을 평가한다. 지반안정성 평가는 지반침하이론에 의한 평가와 수치해석 및 실험 등에 의해서 행해진다. 지반침하이론에 의한 안정성 평가는 주로 정성적인 판단의 근거로서 개략적인 지반보강 범위와 심도를 결정하는 데 사용되고, 상세한 안정성 검토는 해석적 방법에 의해서 행해진다.

지반안정성 평가 결과 지반이 불안정한 경우에는 지반보강공법을 검토하여 보강공법 설계와 공사를 수행한다. 일반적으로 폐광지역의 지반보강공법 선정에는 Richard E. Gray와 Robert J. McLaren(1983)이 제시한 적합성 도표와 적용성 도표를 사용한다. 이 방법은 적합성 도표를 이용하여 공법 적용 목적과 침하지역 상태에 따라 적합한 공법을 선택한 다음 적용성 도표를 활용하여 광산, 지층상태, 수리학적 상태, 발생 가능한 환경문제 등에 대한 항목별 점수를 계산하여 최종적으로 보강공법을 선정한다.

3.4.2 침하방지 및 보강공법

보강공법은 채굴적을 충적시켜 채굴적으로부터의 파괴발달을 원천적으로 방지하는 방법과 채굴적 상부지반을 보강하여 파괴진행을 차단하는 방법이 있으며, 일반적으로 적용되는 공법들은 다음과 같다.

각 방법들은 시공 대상 지역의 특성에 맞게 적용하여야 한다.

(1) 국부보강공법

채광된 부지 하부의 조건들이 조사되면, 현재의 지보로서 지표를 장기간 지지하는 것이 불충분하다고 판단할 수 있다. 현재 남아 있는 지보재가 일정 강도까지는 지지할 수 있으므로 공동을 채우는 방법보다는 현재의 지보를 보강하는 것이 경제적이다. 폐광산 내 추가적인 지보를 건설하는 방법을 정리하면 그림 3.14와 같다.

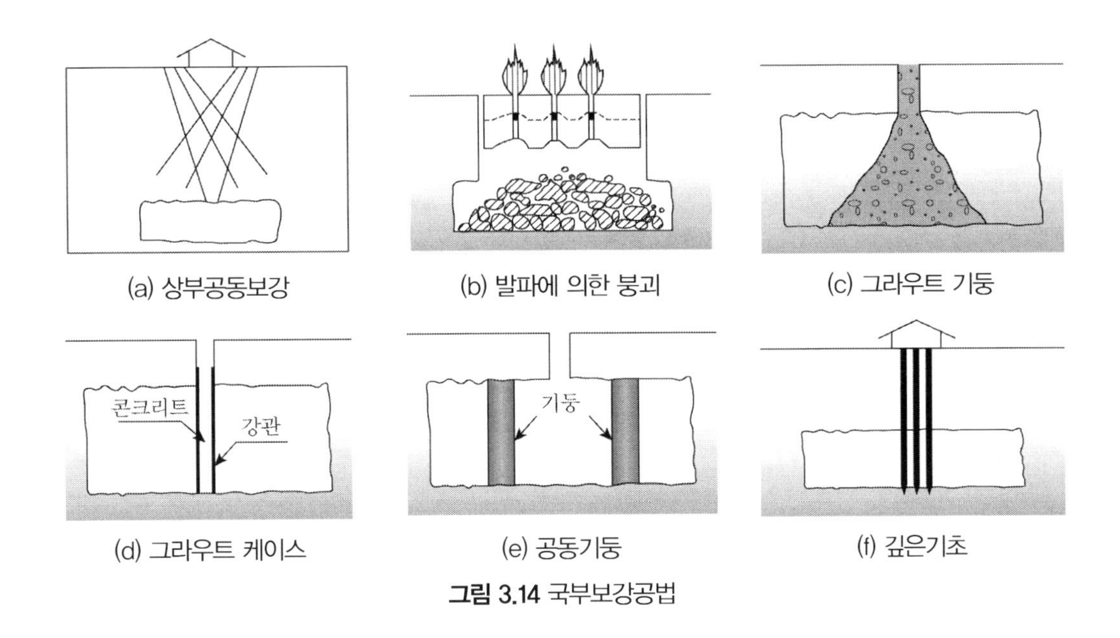

(a) 상부공동보강 (b) 발파에 의한 붕괴 (c) 그라우트 기둥
(d) 그라우트 케이스 (e) 공동기둥 (f) 깊은기초

그림 3.14 국부보강공법

① 공동 상부 보강법

이 공법은 공동 상부 지반에 그라우팅하거나 기타 보조공법(마이크로파일 등)을 적용하여 침하와 과도한 부등침하를 감소시키고 붕괴의 전파에 의한 함몰을 차단시키는 방법이다. 이 공법은 공동의 상부구조물 하부를 하나의 강성체처럼 거동하도록 그라우팅이나 마이크로파일 등으로 시공하여 지반이 일체화된 합성부재로서 작용하도록 한다. 이 공법은 지상에서 시공하며 시공이 간편한 장점과 함께 국부적인 지역의 과도한 부등침하를 막을 수 있는 장점이 있으나 침하를 완전히 억제하기는 힘들며, 공사비가 비싸다는 단점이 있다. 원래 이 공법은 기초나 옹벽에서 지반의 강성을 크게 하고 지반을 하나의 강성체화하기 위해 사용하는 공법으로 지하굴착에 의한 침하억제공법의 보조공법으로 쓰이는 기술이다.

상부 그라우팅 공법은 지반의 불투수화(물유리 약액 사용), 지반강도 증대(시멘트 병행 사용)의 두 가지 목적에 사용된다. 일반적으로 그라우팅재 주입에 의하여 지반은 그 공학적 성질이 매우 달라져서 투수계수 및 강도정수가 변한다. 그러나 그라우팅에 의한 보강공법은 지반개량의 정확성(약액의 정확한 주입 범위, 주입고결토의 강도 증대 효과), 주입효과 판정법, 주입재의 내구성 및 환경공해문제 등이 미해결 과제로 남아 있다. 현재 전 세계적으로 사용되고 있는 그라우트 주입재의 종류는 여러 가지가 있다.

이 중 물유리계 약액은 가장 많이 쓰이는 약액으로서 차수효과가 크고 공해의 우려가 적으며 경제적이다. 점성은 2~3cps으로 다른 주입재에 비해 비교적 큰 값으로, 침투성은 양호하나 약액 주입으로 얻어진 지반의 강도가 만족스럽지 못하다는 결점이 있다. 그러나 제한된 범위 내에서는 시멘트 또는 마이크로시멘트와의 병용으로 강도 증대 효과를 얻을 수 있다. 물유리계 약액은 크게 알칼리계와 비알칼리계, 현탁액형과 용액형으로 분류되며, 경우에 따라서는 항구성 약액인 특수 실리카계, 기·액반응계로 분류하기도 한다. 일반적으로 약액계 그라우팅재의 내구성에 관한 개념이나 평가는 불분명한 실정이다.

상부 그라우팅 방법은 그라우팅재의 종류와 시공방법에 따라 여러 가지가 있으나 현재 국내에서는 물유리계 약액(LW, SGR), 우레탄, 고압분사주입, 제트그라우트(jet grout) 등이 단독으로 또는 2~3가지가 병행되어 쓰이고 있다. 그러나 선진국에서는 이보다 훨씬 개선·발전된 주입약액과 주입공법이 쓰이고 있으며, 난공사구간에는 주입공법과 병행하여 인공동결공법이 쓰이고 있는 실정이다. 현재 국내에서는 적용되고 있는 공동 상부 보강공법은 다음과 같다.

가. JSP 및 제트그라우트 공법

JSP 공법은 시멘트 페이스트(cement paste)를 초고압으로 분사시켜 원지반을 교란·절삭시켜 강력한 원주상의 개량체가 형성되게 하는 공법이다. 이 공법에서는 4" 정도로 천공을 완료한 후 이중관 로드(rod)를 지중에 삽입하고 노즐을 통해 시멘트 페이스트와 압축공기를 동시에 분사시키며 로드를 서서히 회전함과 동시에 상부로 인발하여 시공한다. N〈3인 점성토와 N〈50인 풍화암 정도까지 개량이 가능하나 암반층에는 부적합하다. 제트그라우트 공법은 초고압 펌프를 이용, 지반경화제인 시멘트밀크(cement milk)를 300~400kg/cm^{2}의 압력으로 단관 또는 이중관 갱을 통하여 노즐로 분사하여 지반을 교란·절삭시키므로 시멘트가 원지반과 혼합되어 강력한 원주형의 개량체가 형성되는 공법이다.

제트그라우트 공법에는 컴프레서(compressor)를 사용하지 않고 시멘트밀크만을 주입하는 경우와 컴프레서를 사용하여 공기와 시멘트밀크를 병행하여 주입하는 두 가지 방법이 있다. 이 공법은 분사방향, 분사압력, 분사시간, 로드 회전시간을 적절히 조절함으로써 시공성이 좋으며, 인접 구조물에 영향을 주지 않는다. 그라우트되는 원주형 기둥의 반경(Ra)은 분사압력(P), 분사시간(t)에 따라 결정되며 또한 현장지반의 전단강도(t)에 크게 영향을 받는다. 이 공법의 장점과 단점은 다음과 같다.

1) 장점

- 지반개량 효과가 매우 양호하다.
- 개량강도가 비교적 크고 차수가 양호하다.
- 지반상황에 따라 인발속도 조절이 가능하다.
- 약액 주입이 곤란한 세립토에도 가능하다.
- 소형 장비로 좁은 공간에서 시공 가능하므로 공기단축효과가 있다.
- 주입재가 무공해 시멘트계 재료이므로 환경오염이 되지 않는다.
- 소음, 진동이 거의 없다.

2) 단점

- 시멘트 소모량이 많아 공사비가 고가다.
- 지하수가 흐르는 지역에서는 개량체가 부실해진다.

나. SGR 공법

SGR(Space Grouting Rocet) 공법은 지중에 시멘트, SGR 약제 혼화제를 주입하여 겔화시킴으로써 차수가 이뤄지는 공법이다. 소정의 심도까지 천공(40.5mm)한 후 선단부에 부착된 로켓에 의한 유도공간 형성 후 주입을 하는데, istep(50m)씩 인발시키면서 주입한다. 사용재료는 시멘트, 3호 규산소다, 벤토나이트 등 다양한 약액을 지층 및 용도에 따라 선택한다. 이 공법을 암반층 및 전석층을 제외한 전 지층에 사용 가능하나 점토 및 실트층은 효과가 떨어진다.

SGR 공법은 다양한 지반조건에서 지반개량의 목적에 맞게 겔타임(gel time)을 '짧게', '중간', '길게'로 조정할 수 있다. 점성토에서 사질토 지반에 이르기까지 다양한 주입제의 선택(입자형에서 용액형까지), 주입압의 자유조정(0~30kg/cm^2), 복합주입비율의 조정이 가능하여 지반개량효과가 큰 특징을 가지고 있다.

다. LW 공법

LW 공법(현탁액계 WATER GLASS 그라우트 공법)이란 독일의 Jahde Hands 교수가 규산소다 용액과 시멘트 현탁액을 혼합하여 지반 중에 주입시켜 겔화시킴으로써 지반강화와 지수의 양 목적을 기하기 위하여 개발한 약액주입공법의 일종이다. 이 공법에서는 천공을 완료한 후 충전제로 여굴을 채운 상태에서 더블 패커(double packer)를 이용하여 주입구간을 설정한 후 주입재를 주입하며, 지층별 겔타임을 조절할 수 있는 특성이 있다.

일본국철기술연구소 박사가 터널누수방지공법용으로 LW 공법의 결점을 보완하여 대량 일시 시공이 가능한 개량형 불안전 규산소다공법(iLW 공법)을 개발하였다. 현재 약액주입공법 중에서 가장 광범위하게 대량 시공되고 있는 것이 iLW 공법이다.

1) 장점

- 약액주입공법 중에서 고결강도가 높다.
- 주입장비, 주입재가 국산품으로 타 공법에 비해 공사비가 저렴하다.
- 장비가 간단하고 소형이다.
- 주입재를 정확한 위치에 균일하게 주입 가능하므로 주입효과가 좋다.
- 동일 개소에 상이한 종류의 주입재를 반복 주입할 수 있다.
- 지층에 따라 통친 시간을 조정할 수 있다.
- 주입 후 필요하다고 인정되는 개소에 쉽게 재주입할 수 있다.
- 천공과 주입의 작업공정을 분리·진행하여 작업의 단순화 및 시공관리가 철저하다.
- 소음, 진동이 거의 없다.

2) 단점

- 암반층은 차수가 가능하다.
- 환경오염의 우려가 있다.

라. 우레탄 지반보강공법

우레탄 지반보강공법은 일명 암반고결공법으로 알려져 있으나 제품 국산화와 더불어 기존 공법 명칭을 현실적으로 부합하게 변경된 명칭이다. 이 우레탄 지반보강공법은 연약한 지층, 파쇄대 및 단층대 등에 일정 간격(간격은 0.8~1.5m 이내)으로 천공(공경 38~42mm)한 후 1.5~4.0m의 주입 볼트(패커 외경 27mm)를 삽입한다. 주입 볼트를 삽입한 후에 2액형의 발포성 우레탄계 약액을 배합(1:3 정도)한 후 1~20kg/cm^2 정도의 압력을 가하여 주입시켜 절리가 발달된 암반의 암편 사이를 완전히 충진한다. 하나의 암체가 아치형태를 이루어 터널 천장부 상부의 암반 상재 하중을 지지하여 붕락·변형을 방지한다. 또한 측벽부의 측압에 의한 활동도 방지할 수 있으며, 특히 암편 사이의 공극에 우레탄 약액이 충진되므로 완벽한 차수효과를 얻을 수 있을 뿐 아니라 고강도(일축압축강도가 45kg/cm^2 이상, 일반적으로 LW계 그라우팅의 일축압축강도는 5~15kg/cm^2)를 얻게 되고 삽입된 주입 볼트(주입 볼트는 인장강도가 50kg/cm^{2}고 신장률이 18% 정도)는 록볼트의 구실을 할 수 있는 장점이 있다.

마. TAM 그라우팅

TAM(Tube-A-Menchette) 그라우팅은 천공 후 공내에 주입 슬리브(sleeve)를 삽입·설치한 후 2층 패커를 이용하여 원하는 부분에 시멘트, 벤토나이트 등의 다양한 주입재를 분사·고결시키는 공법이다. 천공 후 주입위치의 지반에 대해서 수압시험을 실시하여 그라우팅재의 종류와 주입압력, 배합비를 결정한다. 더블 패커의 주입 구간을 설정한 후 주입량이 줄어들 때까지 배합비를 조정하여 압력주입을 실시한다. 시공순서는 천공-공내 청소-수압시험-주입으로 이루어진다. 단계별로 약 3.0m를 기준으로 실시하며, 주입압력의 변화로 주입량을 결정할 수 있다. 이 공법은 전 지층에 적용이 가능하며, 특히 암반층의 균열 및 절리면을 충진시키는 데 효과적이다.

1) 장점

- 다양한 지층에 적용이 가능하다.
- 암반층에도 가능하다.
- 주입재료를 다양하게 선택해서 사용한다.
- 시공비용이 저렴하다.

2) 단점

- 암반의 절리 및 균열 상태에 따라 배합비의 조정이 필요하다.

바. CGS 공법

CGS(Compaction Grouting System) 공법은 1950년대 초 미국 캘리포니아주 그라우팅기술자들이 저 샘프 모르타르형 그라우트를 이용한 실험을 시도하던 중 재하중을 받는 구조물 하부의 느슨한 지반 구성을 인위적으로 조밀하게 만드는 데 응용할 수 있다는 사실에 착안하여 고안

되었다. 이러한 독특한 기법의 주입기술은 흙을 다지는 효과가 있어 디짐작용 그라우팅이라고 불렀다. 콤팩션 그라우팅의 성상 슬럼프치가 2인치 이하의 비유동성 모르타르로서 소성 확보를 위한 점토성분과 내부 마찰력 증대를 위한 실트질 모래로 구성된다. 이 공법에서 주입재는 주변 지반의 공극 속으로 침투되는 것이 아니라 고결체의 형태로, 토 중에서 방사형으로 압력을 가하여 흙을 압밀시킴으로써 토립자 사이의 공극을 감소시켜 지반이 조밀화되도록 개량하는 공법이다. 지반의 조밀화가 일반적인 콤팩션 그라우트의 사용 목적이나 또 다른 목적으로 과다한 침하가 진행된 구조물을 들어 올리는 데 사용할 수 있다. 콤팩션 주입재의 고결체 형상은 일반적으로 구형이지만, 최종 형태는 결국 지반의 강도, 상부구조물의 하중, 기타 여러 요인에 의해 결정된다. 주입재는 느슨한 토질의 상태에 따라 1m 전후의 직경 또는 그 이상의 구근을 형성한다.

사. 소구경말뚝

소구경말뚝(micropile)은 뿌리말뚝과 유사한 '특별한 형태의 소구경 천공말뚝(special type of small diameter bored pile)'이라는 정의를 갖는다. 단면의 크기에 비하여 상당히 큰 지지력을 가지고 선단 근처에서 대부분의 하중이 전이되는 특성을 가지는 말뚝이다. 현재까지는 소구경말뚝은 지름, 시공방법 그리고 내부의 보강재 종류 등에 따라 세분화하였으나 그간 소구경말뚝을 연구하였던 미 연방도로국(FHWA, Federal Highway Administratlon)은 다음의 두 관점을 바탕으로 소구경말뚝을 세분화하는 것이 타당하다고 제안하였다.

1) 말뚝거동에 의한 구분: 설계의 개념적 바탕은 소구경말뚝의 거동에 근거한다.
2) 그라우팅 방법에 의한 구분: 그라우트/지반 사이의 부착력은 그라우팅 방법에 따라 달라진다.

말뚝의 거동에 따라 하중지지말뚝과 원지반 보강말뚝의 두 가지로 분류할 수 있으며, 그라우팅의 방법에 따른 분류법으로는 소구경말뚝을 다음의 4가지로 분류할 수 있다.

첫째, 중력에 의한 그라우팅으로 시멘트 그라우트나 모래-시멘트의 모르타르를 단순히 천공구멍에 주입만 하는 방법이다.

둘째, 임시로 설치하였던 강재 케이싱 또는 오우거를 추출하면서 시멘트 그라우트에 압력을 가하여 주입하는 방법으로, 그라우팅 압력의 범위는 보통 3~10kg/cm^{2}다. 이 경우 케이싱 주위로 채워지는 그라우트가 케이싱이 추출되는 동안 주변 지반에 대해서 확실한 밀폐 유지 여부와 그라우트 압력이 지나쳐 압력 파쇄 현상이나 그라우트 재료의 지나친 낭비현상의 발생 여부를 고려해야 한다.

셋째, 시멘트 그라우트를 천공구멍에 주입한 후 경화하기 15~25분 전에 미리 설치되어 있는 그라우트관을 통하여 최소한 10kg/cm^{2}의 압력으로 한 번 더 그라우팅을 실시하는 방법이다.

마지막 방법은 천공구멍에 시멘트 그라우트를 주입한 후 1차 그라우트가 경화되면 이미 설치되어 있는 그라우트관을 통하여 그라우트를 주입하는데, 이때 그라우트 주입관 내에 팩커를 설치하여 20~82kg/cm^{2}의 압력 범위에서 각각의 깊이별로 그라우팅을 실시하는 방법이다.

초기에 사용된 소구경말뚝의 지름은 약 100mm이었지만 성능이 향상된 천공장비의 개발로 인해 지름이 300mm에 이르는 것도 실용화되고 있다. 소구경말뚝은 상당히 큰 하중을 지지할 수 있으나 소구경말뚝의 보다 큰 이점은 변위량을 최소화시키는 데 있으며, 소구경말뚝의 일반적인 제원과 지지능력 범위는 대체적으로 다음과 같다.

1) 지름: 100~250mm
2) 심도: 20~30m
3) 지지하중: 30~100t(인장 또는 압축하중)

미국의 경우 더 깊은 심도와 더 큰 하중에 대해서도 소구경말뚝을 적용한 예가 있다. 특히 천공장비와 천공기술의 발전에 힘입어 진동, 교란 및 소음을 최소화시키면서 다양한 지반조건에 대해서 임의의 기울기로 소구경말뚝을 설치할 수 있게 되었다. 소구경말뚝은 기존 구조물의 기초보강에 널리 사용하고 있는데, 천공장비가 소형이므로 작업공간이 좁아 재래장비로는 접근이 어려운 곳에 그 적용성이 뛰어나다는 특징을 가지고 있다.

현재 소구경말뚝공법으로는 일반적인 소구경말뚝공법과 I.M. pile(Injection Micro pile) 공법 등이 적용되고 있다. 소구경말뚝공법은 케이싱을 이용하여 천공 후철근 또는 강관을 삽입한 후 공내를 시멘트밀크로 중력식 주입하는 공법이다. I.M. pile 공법은 소구경말뚝공법과 그라우팅 공법을 혼용하는 방법으로, 케이싱을 이용·천공하여 철근 또는 강관을 삽입한 후 공내를 시멘트 밀크로 충진하고 주입 패커에 의한 압력 그라우팅을 실시하는 공법이다. 소구경말뚝공법은 뿌리 효과에 의한 지반보강효과와 기존 구조물의 보강효과를 얻기 위해 사용한다. 시공순서가 단순하고 경사시공이 가능하며 풍부한 시공 경험이 있다는 장점이 있으나, 보강효과를 위해 1.0m 간격 정도로 배열해야 지반보강효과를 발휘하므로, 상대적으로 공사비가 고가로 나타난다는 단점이 있다. I.M. pile 공법은 파쇄대층에 대해서 그라우팅을 적용하며, 지반결속효과와 기존 구조물의 보강효과를 얻기 위해 사용한다. 하나의 시추공을 이용하여 소구경말뚝과 그라우팅 효과를 동시에 발휘하여 보강효과가 좋고 주입에 대한 시공관리가 용이하다는 장점이 있으나 공사비가 다소 고가라는 단점이 있다.

I.M. pile 공법에서 대부분의 하중은 주변 마찰에 의해 전달되며, 파일의 주요 요소인 철근 혹은 철제 파이프가 작은 단면적에도 불구하고 큰 휨모멘트에 저항할 수 있다. I.M. pile은 인장 및 인발하중에 저항할 수 있으므로 앵커의 역할을 할 수 있으며, 압축과 인발하중이 교대로 작용하는 경우에도 유효하다. 이 시공법은 작은 단면적에도 불구하고 연약지층에서도 좌굴의 위험이 거의 없으며, 작은 단면적의 보강을 하므로 장비가 소형화되어 있고 어떠한 각도에서도 작업이 가능하다. 이러한 장비는 특히 제한된 공간에서 재래장비의 사용이 불가능한 경우에도 유효하며, 장비 투입과 철수가 적은 비용으로도 가능하다. 그리고 이 공법에서는 천공과 그라우팅을 포함한 파일시공에 있어 소음, 진동 및 분진 등의 문제가 적고, 적용성이 좋으며, 지중 간섭물 및 공극 등에 대처할 수 있는 장점을 가지고 있다. 이때 수행되는 압력 그라우팅은 파일 근입부의 지반전단강도를 증가시킨다.

② 깊은기초

이 보강법은 토목기초 중 깊은기초(deep foundation)를 채굴적 하반의 안정층까지 건설하여 개별적인 구조물을 직접적으로 지보하게 된다. 이 방법은 피광의 깊이가 상대적으로 얕을 때, 즉 일반적인 깊은기초의 시공 범위인 지표로부터 약 30m 내의 깊이에서 적용할 때 경제적이다. 상반의 길이가 커지면 침하에 의한 유도응력이 기초에 전단력을 가할 가능성이 증가하고, 또 다른 채굴 공동이 보강 대상 채굴적 하부에도 존재할 때는 깊은기초의 적용이 불가능하다. 깊은기초는 대구경공(8~24inch)을 공동 하반까지 시추하여 피어 기초를 시공하거나 파일을 타입하여 시공한다.

피어를 시공할 경우에는 공동 하반으로부터 구조물을 지보할 지표까지 콘크리트 기둥을 영구적인 철 케이싱 내에 시공한다. 파일링을 이용할 경우에는 시추공을 공동 하반까지 연결하여 시추한 후 콘크리트가 채워진 직경 25cm의 파이프를 공동 하부로부터 지표까지 건설하여 상반을 지지하게 된다. 파일링과 피어의 차이는 파일링은 콘크리트로 채워지기 이전에 파일해머로 공동 하부로 타입되는 반면, 피어는 지표에서 채굴적 하반까지 철강으로 된 케이싱을 타입하여 콘크리트로 채운 후 이로부터 지지되는 보 위에 지상구조물을 건설한다. 피어 상부에는 빔과 슬래브 형태의 구조체가 기초에 구조물을 연결시키기 위해 건설되어야 한다.

이 공동은 지표로부터 30m 이하의 깊이에 위치한 부지에서 적용이 가능하다. 더 깊은 심토에서는 일반적으로 너무 많은 비용이 소요된다. 1970년대에 수행된 깊은기초를 이용한 보강방법에서 강철 케이싱을 사용하여 36inch의 직경을 가지는 피어를 시공하는 데 요구되는 공사비는 피트(feet)당 100달러인 것으로 보고되었다. 깊은기초의 비용은 구조물의 크기와 중량, 배치 그리고 이에 따라 요구되는 지보의 수 및 지표로부터 광산기저까지의 깊이에 의해 결정된다. 일반적으로 건물에 대해서는 각 코너와 내부 기둥이 각각에 대해서 하나의 기초가 요구된다고 생각할 수 있다. 여기에 부가하여 구조물의 벽체를 따라서 추가적인 지보가 시공될 수 있다. 시공에 소요되는 비용은 깊은기초의 비용과 구조물을 기초에 연결시키는 구조체를 위한 추가적인 비용 그리고 장비의 동원과 깊은 관련이 있다. 기초와 상부구조물을 연결시키는 구조체의 비용은 하중과 기초의 간격에 따라 상당히 변환한다.

③ 공동 내의 피어 건설

채굴적 내의 상태가 위험한 상태인 경우 채굴적 내에 추가적인 지보를 시공하여 상반의 보강을 실시하는 것으로, 보강을 실시할 채굴적 내로는 대구경시추를 통하거나 갱구를 통해 접근하였다. 이러한 방법은 보강을 실시하고자 하는 채굴적 주위에 비교적 강한 암반이 존재하고, 채굴적이 지하수면 상부에 존재할 때만 적용이 가능하나 광산이 침수된 지역에서도 공동 내의 배수가 가능한 지역에서는 이 방법을 적용할 수 있다. 1900년대 초기에 펜실베이니아의 탄전지대에서 가행광산과 폐광 지표시설들을 보호하기 위한 공동 내 추가 지보의 건설이 이루어진 적이 있다.

최근에 이러한 방법으로 공동 내에 건설된 지보는 콘크리트, 골재, 광산폐석으로 건설되었으며, 목재가 쓰인 경우도 있다. 피어의 시공을 위해서 대구경 시추공을 통하여 지표로부터 시공대상 공동에 접근하거나 이전의 갱구를 통하여 공동에 접근하게 된다. 1950년대 후반의 한 예에서는 76cm 구경의 대구경 시추공을 공동기저까지 시추한 후 이를 통해 채굴적 내로 접근하여 4.6×4.6m의 콘크리트 피어를 시공, 상부구조물을 지지하였다. 접근공들은 후에 잡석으로 채워졌다. 이 지보방법의 비용은 지하조건들에 크게 관계하며 위치에 따라 상당히 변화할 수 있다. 만약 기존의 입구를 통해 쉽게 보강이 필요한 공동으로 접근이 가능하며, 작업자에 대한 위험이 거의 없다면 이 방법은 상대적으로 비용이 적게 들 수 있다. 그러나 대구경의 접근공이 시추되어야 하며 안전을 위한 대책이 필요하다면 이 방법은 상대적으로 비용이 많이 들 수 있다.

④ 그라우트 기둥

그라우트 기둥(grout column)은 그라우트된 기둥 또는 골재피어 형태의 보조적인 지보 시스템이다. 이를 이용하여 상반층이 안정화되면 상부구조물의 기초는 부지 아래에 채굴적의 영향을 받지 않는 것처럼 설계될 수 있다. 시추 중 공벽의 붕괴 등과 같은 문제가 발생할 수 있고 기둥의 상반지지력을 고려하기 때문에 그라우트 기둥을 시공하기 위해서 일반적으로 15.3cm(6inch) 직경의 공을 굴착한다. 이 공법의 적용성은 적용 대상 지역의 현장 상황에 따라 다르나 일반적으로는 채굴적의 깊이가 9~50m 사이에 위치할 경우에 경제성을 가진다.

일반적으로 그라우트 기둥의 건설에는 대부분 포틀랜드 시멘트와 비산회의 혼합물이 이용되며 시멘트 1에 모래나 비산회가 3에서 9의 배합비로 혼합되어 채굴적 내에 투입된다. 채굴적 내로 투입된 그라우트 혼합재는 이전에 투입된 자갈과 상반의 파쇄암을 하나의 구조물로서 만들어준다. 그라우트 기둥은 탄주 이상의 압축강도를 갖도록 설계되며, 이러한 목적을 위해 시공 시 화학첨가재를 이용하여 시멘트 혼합물의 지지능력과 침투능력을 조절할 수도 있다. 일반적으로 비산회가 포함된 그라우트 혼합재를 적용할 경우에는 낮은 점성을 유지시키고 주입의 효율성을 높이기 위해 시멘트만을 사용한 그라우트보다 적은 양의 물을 사용하여 주입하게 된다.

⑤ 그라우트 케이스

그라우트 케이스(grout case) 지보는 케이싱을 이용한 기둥을 지하에 건설하는 개념이다. 이 방법은 널리 쓰이지는 않지만 상대적으로 공동의 크기가 큰 경우에 적용된다. 채굴적의 높이가 큰 경우에는 상반을 지지하는 그라우트 기둥은 많은 재료가 사용되기 때문에 상대적으로 비용이 많이 들며, 그라우트 케이스 지보가 대안으로 쓰였다. 공동의 높이가 약 3.6m인 시공 대상 지역에 그라우트 케이스를 적용한 예가 있다. 수갱을 시추를 통하여 공동하반으로 굴착하였고 공동상반으로 이를 케이싱하였다. 이들 수갱은 콘크리트를 이용하여 채웠으며 이로부터 공동하반으로부터 천장까지 케이싱된 기둥을 형성하였다. 공의 나머지는 상부 그라우팅을 실시하여 파쇄대를 채우고 암석을 서로 결합하여 상반층을 강화시켰다.

(2) 충전법 및 충진재

① 수압식 충전법

수압식 충전법(hydraulic backfilling)은 입자형 재료를 물을 이용, 슬러리 형태로 이송시켜 공동을 충전하는 것이다. 일반적인 수압식 충전은 공동 내 작업자나 충전이 이루어지는 채굴적 근처에서 원격 조절되며, 모든 작업은 지표로부터 수행된다. 수압식 재충전의 효과는 지하공동의 충전, 광주의 강도를 유지시키기 위한 횡방향 지보 역할, 산화 조건과 산성수의 제거나 감소, 풍화에 대한 지보의 보호, 침하의 방지 또는 감소, 폭발성 가스의 제거 등에 있다. 충전재로 쓰이는 재료는 광니, 골재, 모래, 시멘트 등이 있으며, 이러한 재료들은 충전하기 전에 실험실 시험을 통해 단축압축, 삼축압축, 직접전단시험을 실시하여 공학적 특성을 조사해야 하고, 투수율, 비중, 입도 분포를 조사해야 한다. 이러한 시험을 바탕으로 충전재의 설계가 이루어질 수 있으며, 현장에서의 충전 후 거동을 예측하는 기초자료가 된다.

가. 중력에 의한 충전

중력에 의해 충전하는 경우에는 재료이송을 위해 펌프를 사용하지 않으며, 충전재가 호퍼에서 물과 함께 채굴적으로 충전된다. 이 시스템은 충전속도가 매우 느리고 재료의 형태와 시추공의 크기에 따라 이용이 제한된다. 이 방법의 장점은 충전비용이 작고 장비가 적게 필요하다는 것이며, 단점은 재료가 주입공 주위로 넓게 충전되지 않고 주입률이 낮고, 주입 파이프가 자주 막힌다는 것이다.

나. 저압 펌핑에 의한 충전법

저압 펌핑에 의한 충전법에서는 물이 100~500gpm이 필요한데, 이것은 고압 펌핑의 경우에 비해 10배 정도 적은 양이다. 이 시스템의 장점은 펌핑 장비가 간단하고, 운송이 쉬우며 장비의 설치가 쉽다. 그러나 재료를 오랫동안 보관해야 하며 공기가 길어지고, 주입공으로부터 충전되는 거리가 한정되기 때문에 고압 펌핑에 의한 충전법보다 더 많은 시추공이 필요하다는 단점을 가지고 있다. 이 충전법에서는 입상의 재료를 지표 설비에 있는 큰 믹싱 탱크에서 물과 함께 섞은 후 파이프라인을 통하여 주입시추공에 연속적으로 충전시킨다.

② 공압식 충전법

공압식 충전법(pneumatic filling)은 공기압에 의한 충전몰을 이동·충전시키는 것을 의미한다. 이 방법은 우선 가행광산, 특히 금속 광산에서 사용되고 폐탄광 공극의 충전에서는 사용이 제한된다. 공압식 충전은 수압식 충전과 유사하다. 수압식 충전법처럼 이 방법은 최종 퇴적을 시키기 위해 슬러리 형태로 파이프라인을 통해 재료를 이동시킨다. 그러나 공압식 충전에서는 공기를 이용하여 충전을 실시한다. 이는 가행 광산에서 조절충전기술로 사용된다. 수압식에 대한 공압식 충전법의 장점은 물 조절의 문제가 없다는 것이다. 그러나 주입공으로부터 장거리로의 이송은 불가능하며, 이 한계 때문에 실제로 대규모 공동에 적용되기는 힘들다. 더욱이 이 방법은 건조한 광산에만 적용할 수 있다.

③ 충전 그라우팅

충전 그라우팅은 기본적으로 시멘트 같은 혼합제를 이용하여 수압식으로 충전하는 방법이다. 충전 그라우팅에 의해 보강을 실시할 경우에는 충전재와 시멘트의 혼합 정도가 충전방식과 충전재의 크기에 따라 큰 편차를 보일 수 있으므로 이러한 영향을 고려하여야 한다. 충전 그라우팅에는 유기 합성물과 비산회 혼합물을 포함한 다양한 화학합성물이 사용됨에도 불구하고, 가장 일반적인 혼합제는 포틀랜드시멘트(portland cement)다. 강도와 비용에 따라 다양한 비율의 시멘트 합성물이 사용된다. 시멘트를 제외한 나머지 충전물은 모래나 비산회 같은 세립질의 입상 재료로 구성되며 현장조건에 따라 골재가 사용되기도 한다.

④ 완전굴착과 재충전

완전굴착은 상반을 발파나 인공적인 기구를 이용, 완전히 함몰시키거나 굴착한 후 공동 하부까지 치밀한 충전을 다시 실시하거나 굴착된 재료를 다른 지역의 충전에 사용해서 지하공동을 제거한다. 이 방법은 석탄의 노천 채굴과 유사하고, 폐광산이 천부에 존재하는 지역에 적용할 수 있다. 폐광산 위의 상반의 굴착은 천부일 경우에 적용이 가능하다. 심도가 커질수록 굴착되어야 하는 양은 증가한다. 시공 대상 지역은 중장비의 접근이 가능해야 하고, 대규모 작업을 할 수 있는 지역이어야 하며, 상부구조물이 존재하고 유지되는 지역에는 적용할 수 없다. 공동이 침수되었을 경우에는 상부 피복암을 굴착하고 대체하는 것이 어렵기 때문에 이 방법은 건조 공동에서 적용하는 것이 더 유리하다. 완전굴착과 공동의 재충전 비용은 일반 굴착 프로젝트의 비용과 유사하나 부지 조건에 따라 상당히 다양하다. 발파, 기둥, 건물에 인접한 받침, 도시시설과 공공시설의 파괴, 대체 같은 문제가 비용에 영향을 미친다.

⑤ 충진재

침하 발생이 일어날 수 있는 지하공동이 존재하면 지하공동을 충전재로 채움으로써 향후 침하를 방지하거나 줄일 수 있다. 채굴적 내에 충전된 재료는 횡방향 변위를 구속하여 현재 존재하는 광주를 강화하며 풍화와 붕락의 효과를 줄임으로써 광주의 지지력 약화를 예방할 수 있다. 폐광지역에 사용되는 충전법과 가행광산에서의 충전법에는 많은 차이점이 있다. 가장 큰 차이점은 폐광지역에서는 채굴적 내로 접근하기가 어렵다는 것이다. 가행광산에서는 충전작업의 직접적인 관찰이 가능하고 충전재의 양이나 위치를 조절할 수 있다. 반면에 폐광지역에서는 채굴적 내로의 접근이 어려우며, 따라서 모든 작업이 지표에서의 원격작업에 의해 이루어진다.

가행광산에서는 충전법을 적용할 때 광산 내로의 합리적인 충전재의 이송체계가 가장 문제가 된다. 하지만 원격 충전에서는 이러한 이송체계뿐 아니라 시추공을 통한 장비의 설치, 채굴적 형태와 붕괴지역을 알 수 없다는 점, 충전재의 비조절 충전 등 어려움이 많다. 원격충전 시에는 채굴적 내에 재료 주입 파이프나 호스를 제외하고는 부가적인 장비를 설치하지 않으며, 시추공을 통하여 직접 충전이 실시된다. 이러한 원격충전법의 문제는 충전재의 퇴적위치 추적이 힘들고, 이에 따라 충전 후 충전 범위나 충전 효과에 대한 확인이 힘들다. 충전법에 사용되는 재료는 획득의 용이성, 이송비용, 기술적인 특성에 의해 결정된다. 가장 일반적인 재료는 채탄작업에서 생기는 폐기물, 재, 모래, 자갈이나 파쇄암 등이다.

충전재는 환경적으로 안정하고 쉽게 광산안에 주입되어 효과적인 지지를 할 수 있는 재료를 사용해야 한다. 충전물질의 공학적 특성은 충전 후 장기침하특성에 매우 중요한 역할을 하기 때문에 내구성이 있어야 하고 펌핑 시에 파쇄되어서는 안 된다. 경제적인 문제 때문에 장비의 마모를 유발해서는 안 되고, 안정된 지지효과를 얻기 위해 충분히 강해야 하며 채굴적 내로 충전된 후 슬레이킹 등에 의해 약해지지 않게 안정되어야 한다. 다음의 재료들이 가장 일반적인 충전물질이다.

가. 골재 파쇄석

이것은 골재를 만들기 위해 암석을 파쇄시킬 때 만들어지는 파쇄암으로 비용이 싸며 가격변동이 거의 없는 재료다. 이 재료는 적당한 공학적 성질을 가지고 있으나 그 적용을 위해서는 경제적 수송 조건을 고려해야 한다. 석회석 채석장에서 나오는 파쇄석이 접합성이 있기 때문에 충전물질로 바람직하다.

나. 광산 폐기물

석탄채굴에서 생기는 폐기물로 석탄, 점토 그리고 암석이 있다. 이 물질에 점토 성분이 많이 있으면 강도가 낮다. 따라서 이 재료는 건조하고 채굴적이 얕은 광산, 즉 상반의 무게가 적고 상반의 함몰이 주된 곳에 이용될 수 있다.

다. 비산회

비산회는 화력 발전소에서 나오는 폐기물로, 기계적 또는 전기적 집진기에 의해 집적된다. 비산회는 유리 같은 재료의 단구로 구성된 작은 입자로서, 미세하고 대부분이 325mesh를 통과하며, 공기와 물의 슬러리 모두에서 쉽게 흐르는 특성을 가지고 있다. 비산회는 공기나 물을 이용하여 슬러리의 형태로 채굴적 안에서 먼 거리까지 이동할 수 있다. 비산회는 자체적으로 일정 정도의 접합성을 가지고 있지만 지지능력의 향상을 위해 시멘트와 섞어 사용하며 그라우트 기둥의 건설에도 사용된다.

라. 골재

모래, 자갈, 파쇄암은 도로 등 토목공사에서 사용하는 재료로 그 공학적 성질에 대한 조사가 잘 되어 있어 수압식 충전과 공압식 충전에서 선호되는 재료다. 이 재료는 비용이 비싸다는 단점이 있으며, 지역에 따라 다른 재료에 비해 4배 정도 비용이 다를 수 있다.

3.5 지반침하 단면에 대한 최적 보강설계방안 적용

본 절에서는 실제 단면에 대한 보강설계 방안을 도출하는 과정을 예시해보고 최적의 보강설계 방안을 구하고자 한다.

3.5.1 연구 대상 지역 현황

(1) 지질 현황

연구 대상 지역은 그림 3.15에 도시된 바와 같이 강원도 태백시 황지동 일대에 해당하며, 태백시에서 약 1km 북쪽에 위치하고 있다. 혈암천이 태백 방향으로 흐르고 있으며, 이 혈암천을 따라 태백과 강릉을 연결하는 국도가 남북방향으로 개설되어 있다. 국도 시점 측에서 종점 측을 바라볼 때 좌측으로 인공사면이, 우측으로 혈압천에 연하여 자연사면이 형성되어 있다. 좌측의 인공사면은 한성탄광 폐석장이 위치해 있던 지역으로 이 폐석장에 대한 복구공사 결과 형성된 사면이다.

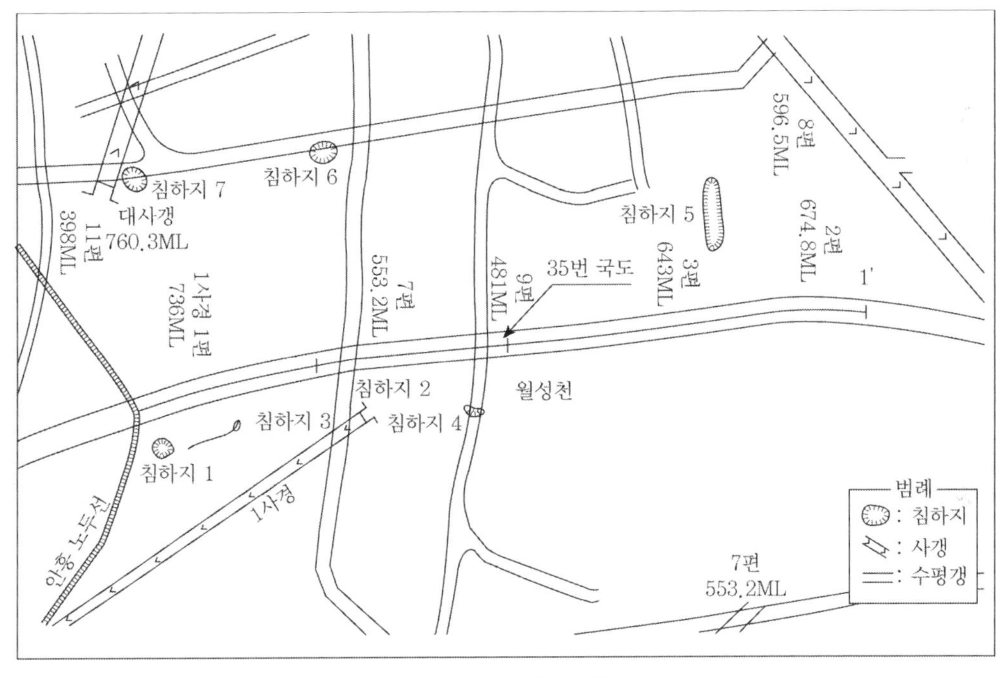

그림 3.15 지표침하 현황

지층은 하부로부터 조선누층군의 대석회암층군과 이 조선누층군의 상부에 평행 부정합으로 놓이는 평안누층군에 속하는 석탄기의 만항층과 금천층, 페름기의 장성층, 함백산층, 도사곡층으로 구성된다. 이들 평안누층군의 지층들은 수차례의 지각변형 작용을 받아 습곡과 단층이 발달되어 있다(태백 적가지역 지반안정성 정밀조사 보고서, 석탄합리화사업단 보고서, 2004).

① 채굴적과 지표침하

지반보강공사 인근 지역은 그림 3.15에 나타난 바와 같이 수 개소에 걸쳐 지표침하현상이 발생하였다. 침하지 1은 정밀조사에서 조사된 침하지며, 옹벽구조물 하부에서 발생하여 매립층이 유실되었으나 현재는 복구된 상태다. 이 지점은 지표 가까이 채굴적이 존재하는 구간으로 채굴적의 붕락으로 인해 지표에 침하가 발생한 것으로 판단된다. 침하지 2는 하천 옹벽이 침하에 의하여 0.5~1.0m 규모로 함몰되어 있으나 복구공사가 시행되었다. 침하지 3은 하천 옹벽구조물에서 확인되었으며 석축이 완만한 형태로 침하되고 다수의 균열이 관찰되었다.

침하지 4는 길이, 폭, 깊이가 각각 5.0×2.0×3.0m의 함몰형 침하 형태를 보인다. 본 침하는 채굴적의 영향보다는 옹벽뒤채움 토사의 유실에 의해 발생하였을 가능성이 높다. 침하지 5, 6, 7은 현재 모두 복구된 상태다.

② 지장물 조사

보강공사 구간의 지장물은 도로 주변 전력주와 도로 하부 상수도관로, 통신관로가 존재하고 있으며 각 관로는 도로 상부와 맨홀로 연결되어 있다.

(2) 지반조사 결과

지반조사 결과 지상의 주요 구조물인 국도의 일부 구간이 지하 채굴적 붕락의 영향으로 함몰될 위험성이 있는 것으로 조사되었다. 현장 지표지질조사와 침하 현황 조사에서 수개소의 침하지가 발견되었으며, 전기비저항탐사, 시추조사, 시추공영상촬영 등 지반조사에서도 탄층의 채굴에 의해 상부지층이 상당히 이완되어 있는 상태로 나타났다.

① 시추조사

석탄합리화사업단에서 수행한 3개의 시추공 조사 결과에 의하면 채굴적 및 탄층의 위치가 다음과 같이 확인되었다. 1호공에서는 48.7~54.2m(5.5m) 구간에서 본층탄이 확인되었으며, 본층탄에는 탄질셰일, 셰일, 세립사암 등이 협재되어 있고 채굴 흔적은 관찰되지 않았다. 탄층 상부의 지반은 주로 보통암 내지 경암으로 구성되어 있다.

탄층 상부의 지반이 교란되지 않고 대체로 양호한 상태를 보이는 것으로 보아 채굴적 붕락의 직접적인 영향은 받지 않는 것으로 평가되었다. 2호공에서의 탄층분포 심도는 지표로부터 약

100m에 이르므로 이 시추공은 채굴적 확인보다는 지표 부근 50m 내외의 지반상태를 확인하기 위하여 실시되었다. 주로 셰일층으로 구성되어 있으며 셰일층의 특성상 대체로 강도가 낮고 균열이 심하여 연암층의 분포비율이 높다. 탄층분포심도가 깊어 채굴적을 확인할 수 없으나 인장균열 및 전단절리가 관찰되는 것으로 보아 채굴적 영향 범위에 포함되는 것으로 판단되었다. 3호공의 탄층분포 심도는 지표로부터 약 140m에 이르므로 채굴적 심도보다는 주로 지표 부근 지반상태를 확인하였다.

② BIPS 탐사 결과

시추공벽을 촬영하여 채굴적의 영향으로 인한 지반상태를 확인하고 절리의 방향성 및 공학적 특성을 파악하기 위하여 2개공 총 78.0m의 BIPS 탐사가 실시되었다. 층리면의 방향성은 각각 N48W/47NE, N31W/44NE로 나타났다.

3.5.2 지반안정성 평가

(1) 지반조사에 의한 평가

시추조사 결과 2번 시추공에서 채굴적이 확인되었으며, 채굴적 상부지반의 코어회수율이 평균 31%에 불과한 것으로 나타났다. 채굴적 붕락의 직접적인 영향으로 지반이 심하게 교란된 것으로 추정되었다. 이 외의 시추공에서는 일부 시추공에서 본층탄을 확인하였으나 미채굴상태며, 대체로 보통암 내지 경암이 우세하게 분포하는 양호한 지반상태를 나타냈다.

채굴적의 분포에서는 채굴적도에는 주요 갱도만 기재되어 있고 채탄승이 누락되어 구체적인 채굴 현황을 명확히 파악하는 데는 한계가 있으므로 기존 자료나 시추 결과를 종합하여 경험적 방법으로 채굴 현황이 추정되었다. 도로 직하부 18m 심도에 채굴적이 존재하며, 지표의 노두탄층까지 채굴이 진행되었을 것으로 추정되어 지표에 직접적인 영향을 미치는 것으로 나타났다.

(2) 침하이론에 의한 평가

광해로 인한 지반침하의 이론으로 도식법을 적용하여 지반의 안정성을 평가해보았다. 도식법을 이용하여 지반의 안정성을 평가한 결과 채굴적이 지표 아래 9~30m에 분포하고 있다. 경사는 평균 약 40°, 채굴적 높이는 최대 6.4m까지 확인되어 매우 불안정한 상태로 판단되며, 트러프형 침하의 가능성이 있다. 그림 3.16에 도식법을 적용 침하영향선을 선정하였다. 또한 침하이론에 의한 지반안정성 검토 결과를 표 3.5에 정리하였다.

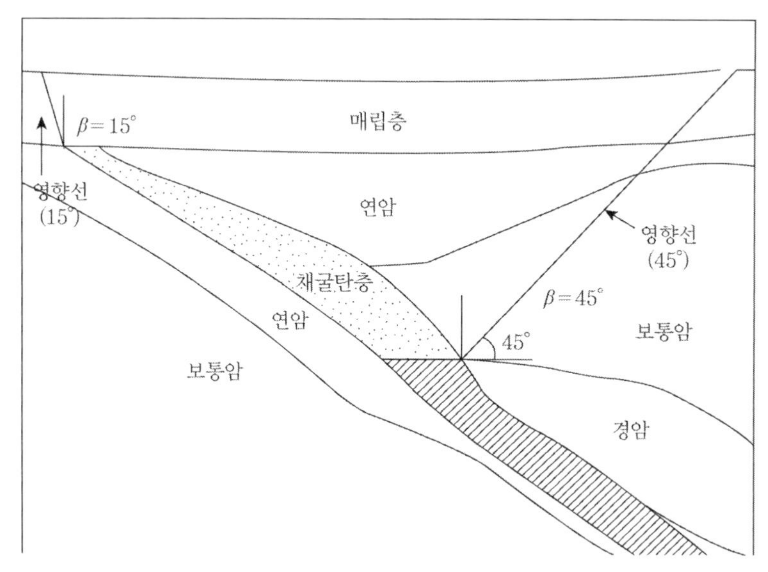

그림 3.16 보강단면의 침하 영향선

표 3.5 지반안정성 검토 결과

항목	선정 단면
지반상태	채굴적 붕락의 직접적인 영향으로 지반 교란됨
채굴적 분포	지표로부터 30m 이내에 분포. 시추조사에서 직접 확인됨
지반침하	수 개소에서 발생
트러프형 침하	가능성 있음
함몰형 침하	가능성 있음
종합 결론	불안정

3.5.3 보강공법의 설계

(1) 보강 범위 설정

현장의 지반조건과 앞에서 언급한 침하이론에 따라 보강 범위를 선정하면, 국도직하부의 채굴적이 30m 이내에 분포하고 전체적으로 지반상태가 양호하지 못하여 침하의 가능성이 있는 것으로 판단된 연장 75m 구간을 보강공사 필요구간으로 설정하였다.

(2) 보강공법의 적용

본 연구에서는 단면에 대한 지반침하 보강공법으로 그라우트 충전법이 선택되었으나 그라우트 충전법 외에도 국부보강법 중의 상부보강법, 상부보강공법과 그라우트 충전법을 병용한 공법의 적정성을 평가해보았다.

① 시멘트 충전 그라우팅

시멘트 충전 그라우팅(그림 3.17(a) 참조)은 그라우트 충전공법으로 보강 범위의 채굴적에 충전재(시멘트모르타르)를 효과적으로 주입할 수 있고, 보조적으로 주입관으로 사용한 강관을 이용하여 채굴적을 충전한 후 미소한 채굴적 붕괴의 전이 방지와 부등침하를 막기 위한 상부보강법 효과를 최대한 발휘할 수 있도록 시공위치를 선정해야 한다. 보강 대상 구조물이 철도, 도로 등 선형일 경우 보강공법의 시공위치는 구조물을 따라 양쪽으로 보강하는 방법과 한쪽에서 보강하는 방법으로 대별할 수 있다.

② 채굴적 완전충전공법

채굴적 완전충전공법은 그라우트 충전공법의 한 종류로 채굴적을 시멘트모르타르로 완전 충전시키는 공법이다. 이는 당연히 효과적이지만 비용이 많이 든다. 또한 채굴적 지역 밖으로 흐르는 재료의 손실이 발생한다. 충전재의 유출은 충전량의 증가뿐 아니라 충전위치의 부정확 등 충전효과에 문제가 있기 때문에 충전재의 유출을 방지하는 것이 매우 중요하다.

③ 상부보강공법(그림 3.17(b) 참조)

공동 상부지반에 그라우팅 또는 마이크로파일을 시공하여 침하 및 과도한 부등침하를 감소시키고, 붕괴의 전파에 의한 함몰을 차단시키는 방법이다. 지상에서 시공이 가능하며 시공이 간편하다는 장점이 있다. 부분적인 지반이나 구조물 보강 시 시공성이 좋은 장점이 있다. 침하를 완전히 억제시키기 위해서는 공사비가 다소 고가인 단점이 있다.

④ 상부보강공법(그림 3.17(b) 참조)과 그라우트 충전공법(그림 3.17(a) 참조)의 병행 사용

그라우트 충전법으로 채굴적을 충전하고 상부보강법으로 지상구조물의 침하를 억제하는 공법으로 침하가 발생하는 지상에 중요 구조물이 존재할 때에 적용하여 보강효과를 극대화하기 위해 복합공법으로 사용한다.

지반보강 시의 보강효과를 나타내기 위하여 침하저감률(settlement reduction ratio)을 식 (3.5)와 같이 정의하였다. 여기서 침하저감률이란 보강공법을 적용하지 않은 상태의 침하량에 대한 보강공법을 적용한 경우의 침하량 비를 나타낸다. 즉, 침하저감률이 작은 공법일수록 보강효과가 더욱 뛰어난 공법이라 할 수 있다.

$$\text{침하저감률(SRR)} = \text{보강 시의 침하량}/\text{무보강 시의 침하량} \times 100(\%) \quad (3.5)$$

지반보강 시 적용 기준은 주요 시설물에 대한 안정성의 기준이 되는 허용침하량을 정하여, 지반보강설계(정성)에 대한 판단기준으로 삼는다. 허용침하량은 도로의 종류, 형식, 중요도에 따라 기준이 다르게 적용된다. 따라서 본 검토에서는 일반적으로 채택하고 있는 허용 기준을 비교하여 합당한 침하기준을 선정하였다.

표 3.6 도로의 허용침하량

침하량(mm)	내용	근거
100	포장공사 완료 후의 노면요철	도로설계실무편람(한국도로공사)
100~300		일본도로협회

표 3.7 지반보강재 물성치

구분	탄성계수(tf/m^2)	단면적(m^2)	항복강도(tonf)	비고
지반보강재	2.1×10^7	2.59×10^{-3}	89.2	종방향 간격 1m일 경우

표 3.8 시멘트모르타르 물성치

구분	탄성계수(tf/m^2)	포아송비	단위중량	비고
시멘트모르타르	1.84×10^6	0.2	2.3	$\sigma_T = 150$kgh/cm^2

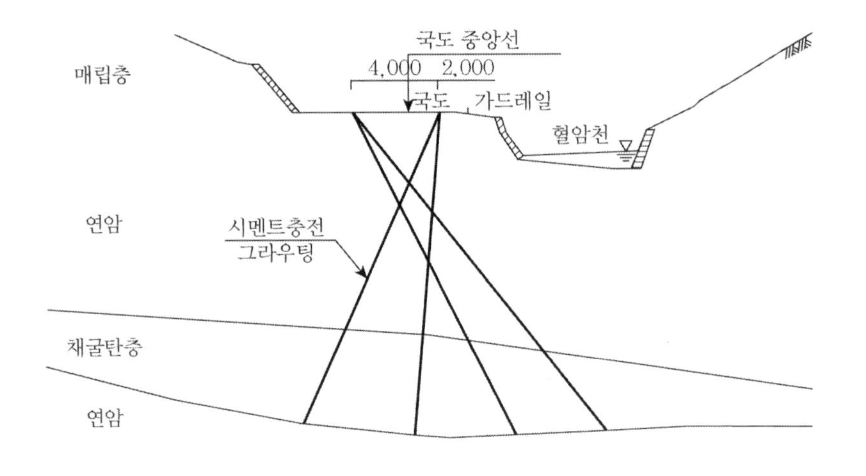

(a) 시멘트 충전 그라우팅 공법

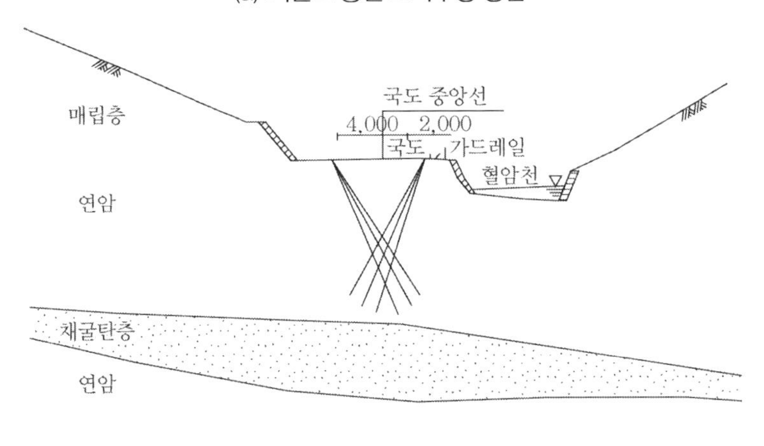

(b) 상부보강공법

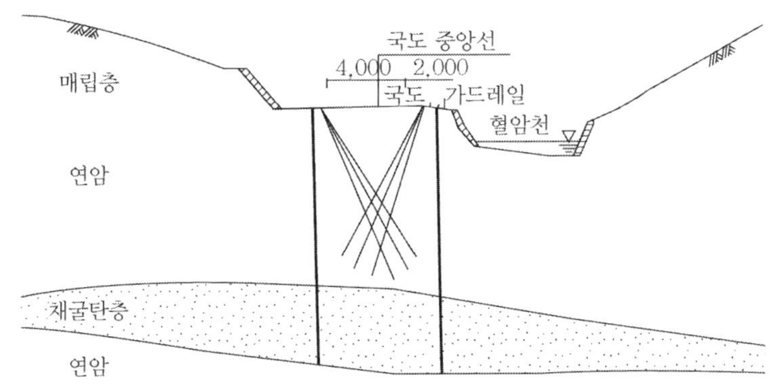

(c) 시멘트 충전 그라우팅 공법과 상부보강공법의 복합공법

그림 3.17 보강공법의 종류

그림 3.18은 채굴적 충전율(C)에 대한 침하저감률을 나타낸 그림이다. 이때 침하저감률은 충전율이 증가함에 따라 쌍곡선 형태로 감소하는 것으로 나타났으며, 상관관계를 회귀분석을 통해 분석하면 식 (3.6)의 관계로 나타난다. 식 (3.6)은 그라우팅 충전공법 적용 시 합리적인 충전율 선정에 활용할 수 있을 것으로 판단된다.

$$SRR = \frac{95}{e^{0.03C}} \tag{3.6}$$

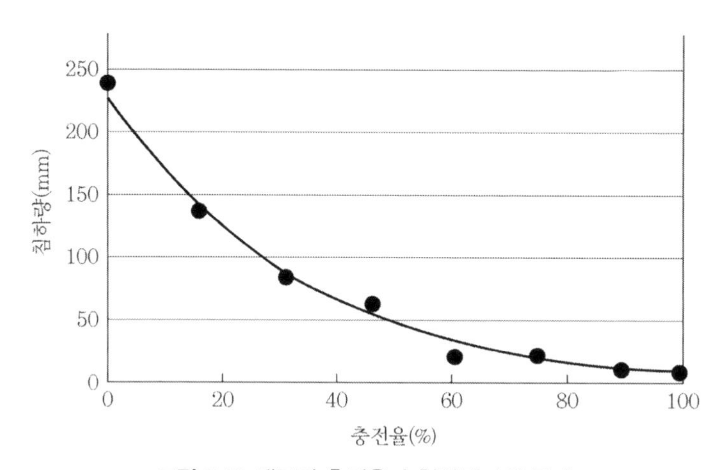

그림 3.18 채굴적 충전율과 침하량과의 관계

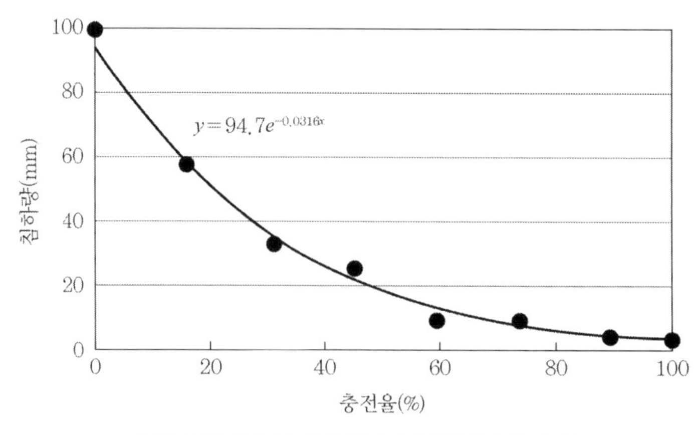

그림 3.19 채굴적 충전율과 침하저감률의 관계

3.6 종합 의견 및 제언

최근 석탄수요의 감소로 인하여 폐탄광이 증가하는 추세에 있다. 이에 따라 폐탄광으로 인한 환경오염 및 안전사고 또한 증가하는 추세다. 본 연구에서는 지중의 채굴적으로 인한 상부지표 지반의 침하특성, 피해사례 및 보강사례 등을 체계화하여 정리하였다. 광해로 인하여 지반침하가 발생한 실제 단면을 설정하여 보강공법의 적용성 및 최적보강설계방안에 대해서 분석·고찰하였다. 본 연구를 통해 얻은 사항을 정리하면 다음과 같다.

(1) 광해로 인한 지반침하에 대한 국내의 연구동향은 1990년대 이후 석탄산업합리화사업단(현 광해방지사업단), 대한광업진흥공사 등 유관기관에 의해 광해 방지 및 지반침하 연구가 체계적으로 이루어지고 있는 추세다. 지반침하의 분류에는 발생 시기에 따라 활동성 침하, 잔류성 침하로 나뉘고, 침하 형태에 따라 트러프형과 함몰형으로 분류되는데, 국내의 경우는 함몰형 침하와 잔류성 침하가 주류를 이루는 것으로 조사되었다.

(2) 기존의 광해로 인한 지반침하의 해석방법에는 주로 체적팽창률과 아칭효과를 이용한 해석법이 주류를 이루고 있다. 이러한 해석으로 제시된 경험식과 수치해석법 등의 발표되었는데, 이들 해석법들은 대부분 트러프형 침하에 관한 해석법이므로, 함몰형 침하가 주를 이루는 우리나라의 실정에 적용하기에는 부적합한 것으로 평가된다. 따라서 우리나라 지반특성에 적합한 새로운 해석법의 접근이 필요하다.

(3) 지반침하 광해를 방지하거나 수습하기 위한 보강공법을 선정하고 설계·시공하기 위해서는 적절한 사전 조사가 필요하다. 이러한 조사 단계에서 육안조사, 지질학적 정보 수집, 갱내도 확인, 시추조사, 물리탐사 등의 과정이 포함된다. 사전 조사가 완료되면 여러 가지 보강공법에 대해서 적합성 도표와 적용성 도표를 활용하여 검토하는 과정을 거쳐서 합리적인 보강공법의 선정이 가능하다.

(4) 실제 광해에 의한 지반침하 발생현장에 대한 침하 가능성을 검토하고, 최적의 보강방안을 마련하는 일련의 과정을 제시하였다. 단, 수치해석 프로그램 자체 및 입력정수의 한계성으로 실제의 거동검토가 제한적일 수 있으나 지반 및 구조체의 거동을 단순화하여 관찰하고, 지반보강의 효과를 평가하기 위한 수단으로 이용하는 데는 유효하다고 평가된다.

(5) 각 보강공법별 수치해석을 통해 지반의 보강 정도를 평가한 결과 채굴적을 충진하는 공법이

지반침하를 억지하는 효과가 가장 큰 것으로 나타났다. 채굴적을 보강하지 않고 채굴적 상부의 지반만을 보강하는 경우에는 오히려 침하가 증가될 수도 있으며, 따라서 상부보강법 적용 시에는 그라우트 충전공법을 병행하는 것이 효과적으로 나타났다.

(6) 채굴적을 충전하여 지반을 보강하는 경우에는 지반침하는 채굴적의 충전율에 따라 쌍곡선 형태로 감소하는 것으로 나타났다. 채굴적 충전율(C)와 침하저감률(SRR) 사이의 상관관계를 회귀분석을 통해 분석하면 $SRR = \dfrac{95}{e^{0.03C}}$의 관계로 나타난다.

(7) 산업의 발달과 더불어 국토의 종합적인 개발이 이루어지고 있는 시점을 감안하면 기존의 광해를 피해갈 수만은 없으며, 광해에 따른 피해에 적극적으로 대처해야 한다. 광해로 인한 지반침하의 피해를 방지하기 위해서는 지반탐사기술, 설계기술, 시공기술 등이 종합적으로 발전되어야 하며, 지속적인 자료축적 및 분석을 통하여 제반기술을 발전시켜야 할 것이라 판단된다.

• 참고문헌 •

(1) 광산보안법(2007), 법제처종합정보센터 홈페이지, http://www.klaw.go.kr.

(2) 광해방지사업단 보고서(2006), '태백 적각지역 지반안정성 계측조사 보고서'.

(3) 광해방지사업단 홈페이지, http://www.mireco.or.kr.

(4) 김병찬(1999), '광산 침하 메커니즘 및 침하 예측에 관한 연구', 한양대학교 석사학위 논문.

(5) 김지수 · 한수형 · 최상훈 · 이경주 · 이인경 · 이평구(2002), '장풍 폐광산의 산성광산폐수에 의한 침출수 유동에 대한 지구 물리 및 지화학 탐사자료의 상관해석', 대한지구물리학회, pp.20-21.

(6) 마상준(2003), '폐광산에 의한 지반피해와 보강대책', 토목학회지, 제51권, 제7호, pp.20-21.

(7) 박남서(1999), '석탄 채굴적에 의한 지반침하와 대책', '99 한국지반공학회 암반역학위원회 세미나 논문집, pp.59-89.

(8) 박남서 · 서지원 · 인현진(2004), '폐탄광 지반침하 보강에 대한 시공사례', 지반침하조사 · 설계 · 시공에 관한 세미나 논문집, 한국지질자원연구소, pp.99-113.

(9) 방기문(2004), '폐탄광 지역 침하방지 지반보강공법 설계', 지반침하 조사 · 설계 · 시공에 관한 세미나 논문집, 한국지질자원연구소, pp.121-131.

(10) 석탄산업합리화사업단 보고서(1999), '고사리지역 지반보강공사 실시설계보고서'.

(11) 석탄산업합리화사업단 보고서(1996), '고한 · 사북 지역 지반안정성 조사'.

(12) 석탄산업합리화사업단 보고서(1995), '광산지역 지반침하 우려 지역에 대한 정밀소자(고한 사북) 중간보고서'.

(13) 석탄산업합리화사업단 보고서(2001), '문경, 가은지역 철도 및 시가지 지반보강 공사 실시 설계 보고서'.

(14) 석탄산업합리화사업단 보고서(2003), '삼척 심포리 지역 계측조사'.

(15) 석탄산업합리화사업단 보고서(1995), '성주지역 지반안정성 조사'.

(16) 석탄산업합리화사업단 보고서(2000), '심포리지역 지반보강공사 실시설계 지반조사 보고서'.

(17) 석탄산업합리화사업단 보고서(1997), '심포리지역 지반안정성 기본조사'.

(18) 석탄산업합리화사업단 보고서(1999), '심포리지역 지반안정성 정밀조사'.

(19) 석탄산업합리화사업단 보고서(2004), '점리지역 지반보강공사 실시설계 보고서'.

(20) 석탄산업합리화사업단 보고서(1995), '지하채굴에 따른 지반안정성 평가 및 대책 연구'.

(21) 석탄산업합리화사업단 보고서(1995), '철암지역 지반침하 보강공사 기본설계 조사보고서'.

(22) 석탄산업합리화사업단 보고서(1995), '철암지역 지반침하 보강공사 실시설계 조사보고서'.

(23) 석탄산업합리화사업단 보고서(2005), '태백 적각지역 지반보강공사 실시설계 보고서'.

(24) 석탄산업합리화사업단 보고서(1997), '폐광지역 지반침하 메커니즘 및 침하방지공법에 관한 연구', pp.18-61.

(25) 석탄산업합리화사업단 보고서(2004), '폐광지역 지반침하 방지사업 종합분석 및 발전방향에 관한 연구 보고서'.

(26) 석탄산업합리화사업단 보고서(1996), '화전지역 지반안정성 조사'.

(27) 송원경 · 선우춘 · 류동우(2004), '석회석 광산 지반침하 원인과 대책 사례연구', 지반침하 조사 · 설계 · 시공에 관한 세미나 논문집, 한국지질자원연구소, pp.97-112.

(28) 전석원 · 이희광(2004), '국내 지반침하 조사 및 보강사례', 지반침하 조사 · 설계 · 시공에 관한 세미나 논문집, 한국지질자원연구소, pp.2-21.

(29) 천병식(1996), '경북 문경시 가은읍 지방도로 지반 침하 원인 및 보강대책에 대한 연구보고서', 한양대학교 부설 건설연구소 논문집, pp.11-15.

(30) 한국지질자원연구원(2006), '지반침하재해 저감기술 개발', 과학기술부 2004년도 기본연구사업 최종연구보고서, 과제No. OAA2004034.

(31) 허도학(1996), '폐광지역 지반침하 메커니즘에 관한 연구', 한양대학교 학위논문, pp.13-15.

(32) 홍원표 · 여규권 · 홍건표 (2004), '석회암 공동부 지역의 삼중관고압분사주입공법에 의한 지반개량 사례연구', 지반침하 조사 · 설계 · 시공에 관한 세미나 논문집, 한국지질자원연구소, pp.132-142.

(33) Brady, B.H. and Brown, E.T.(1985), "Rock mechanics for underground mining", George Allen and Unwin., p.7; pp.525-530.

(34) Bruhn, R.W, and Speck, R.C.(1986), Characteristics of Subsidence Over Pillar Extraction Panels. U.S. Bureau of Mines, Contract Report J0233920, GAI Consultants, Inc., July 1986.

(35) Betournay M.C., Mitri, H.S. and Hassani, F.(1994), "Chimney Distintegration Mechanit of Hard Rock Mines", Rock Mechanics, Balkema, pp.987-996.

(36) Diprowin(2000), "Electricl resistivity processing software", Heesong Ltd.

(37) Goodman R.E.(1993), "Engineering Geology", John wiley and Sons, New York, pp.158-160.

(38) Gray, R.E. and Mclaren, R.J.(1981), "Research needs in subsidence abutment over abandoned mines", Workshop on surface subsidence due to underground mining, pp.259-267.

(39) Hong, W.P.(2006), A Study on the Ground Subsidence in Abandoned Coal Mine Area in Korea, Proceedings of the 6th Korea/Japan Joint Seminar on Geotechnical Engineering, pp.163-172.

(40) Karfakis, M.G.(1993), "Residual subsidence over abandoned coal mines", In Comprehensive Rock Engineering, Vol.5-1, pp.451-476.

(41) National Coal Board(1965), "Subsidence Engineers' Handbook", 1st Ed. London, pp.82-111.

(42) National Coal Board(1975), "Subsidence Engineers' Handbook", 2nd Ed. London, pp.92-115.

(43) Piggott, R.T. and Eynon, P.(1977), "Ground movements arising from the presence of shallow abandoned mine workings", In large ground movement and structure, Pentech., pp.749-780.

(44) Ren, G., Reddish, D.J. and Whittaker, B.N.(1987), "Mining subsidence and displacement prediction using influence methods", Mining Science and Technology, 5, pp.89-104.

(45) Rom, H.(1964), "A limit angle system", Mitt, Markscheidew., 71, pp.197-199.

(46) Waltham, A.C.(1989), "Ground subsidence", Champman and Hall, New York, pp.199-203.

(47) Whittaker, B.N. and Reddish, D.J.(1989), Subsidence occurrence, prediction and control, Elsevier, pp.500-528.

(48) 홍원표 · 여규권 · 채수근 · 이재호(2006), '광해로 인한 지반침라의 최적 보강설계 방안에 관한 연구: 1차년도', 중앙대학교, 대한광업진흥공사.

(49) 홍원표 · 여규권 · 채수근 · 이재호(2006), '광해로 인한 지반침하의 최적 보강설계 방안에 관한 연구: 중간보고서", 중앙대학교, 대한광업진흥공사.

(50) 홍원표 · 여규권 · 채수근 · 이재호(2007), '광해로 인한 지반침하의 최적 보강설계 방안에 관한 연구: 2차년도', 중앙대학교, 대한광업진흥공사.

Chapter

04

전철 분당선 제8공구 터널사고 원인 분석 및 복구대책 수립

전철 분당선 제8공구 터널사고 원인 분석 및 복구대책 수립

4.1 서론

4.1.1 과업 목적

분당지구 신도시 건설에 따른 교통 대책을 마련하기 위하여 건설되는 왕십리~분당 간 복선 전철 건설공사 중 제1차 사업구간에 해당하는 수서정차장에서 분당 차량기지까지의 21.4km 구간의 건설공사가 현재 진행 중에 있다. 이 구간에 속하는 제8공구(15000~16700) 내 16040 지점에서 1992년 8월 12일 터널 붕락사고가 발생한 바 있다.[1-5]

본 과업의 목적은 이 터널붕락사고에 대해서 사고 원인을 조사·분석하고 복구대책을 마련하는 데 있다.[9]

4.1.2 과업 범위

본 과업에서는 전철분당선 제8공구 16040 지점에서 발생한 터널붕락사고에 대한 사고 원인을 종합적으로 조사·분석하고 그 복구대책을 수립한다.

4.1.3 과업 내용

앞에서 설명된 과업 범위 내의 과업내용을 정리해보면 다음과 같다.

(1) 터널붕락사고 원인 분석

16K040 지점에서 발생된 터널 붕락사고에 대해서 현장조사 및 다음 관계도서의 검토를 통하여 사고 원인을 분석한다.

① 기본설계 및 실시설계서
② 구조 계산서
③ 지반조사보고서
④ 시공기록
⑤ 사고보고서
⑥ 기타 관련 자료

(2) 복구대책 수립

붕락터널 구간의 복구대책을 다음과 같이 다각적으로 검토하여 안전한 재시공 방안을 수립 제시하고자 한다.

① 터널붕락사고 복구 현황 보고서 검토
② 붕락구간 지층구조 검토
③ 붕락구간 지반보강방법 검토
④ 붕락구간 지보형식 검토
⑤ 붕락구간 재시공 방안 수립

4.1.4 과업 수행 방법

본 과업은 연구원 전원의 현장 답사 및 조사, 관계도서의 검토 및 구조 해석을 통하여 실시한다. 본 과업 수행을 위하여 제공된 자료는 다음과 같다.

(1) 분당선 8공구 자료 목록

① 구조계산서, 1989.12., 철도청

② 설계도, 1990.09., 철도건설창

③ 터널, 지반보강시공현황도, 삼풍건설산업주식회사

④ NATM 터널시공검토보고서(제8공구), 1991.07., (주)유신설계공단

⑤ 분당선 제8공구·지질조사 보고서, 1992.02., (주)표준개발

⑥ 암질 현황, 위치 15840~16090, 1992.10.11.~1992.06.23., 삼풍건설산업(주)(6)

⑦ 붕락지점 현황(16040), 삼풍건설주식회사

⑧ 사고복구계획(안), 삼풍건설산업주식회사, 표준개발주식회사

⑨ 계측관리대장

⑩ 안전관리계획서, 삼풍건설산업(주)

⑪ 품질관리시험계획서, 삼풍건설산업(주)

⑫ 안전진단보고서, 1991.07.02., (사)한국건설안전기술협회

⑬ 분당선 제8공구 노반시설공사 지반보강에 대한 연구, 1992.04.30., 연세대학교 산업기술연구소

⑭ 공사 현황 보고자료

4.2 현장 상황

4.2.1 제8공구 공사 개요

본 공사는 분당지구 신도시 건설에 따른 교통 대책을 마련하기 위하여 실시되는 왕십리~분당 간 32.2km 복선전철건설 공사 중 제1차 사업구간에 해당하는 수서정차장에서 분당차량기지까지의 21.4km 구간에 속하는 제8공구의 전철건설공사다.(7,8)

제8공구는 그림 4.1의 현장위치도에서 보는 바와 같이 서울특별시 송파구 장지동과 경기도 성남시 수정구 복정동 사이에 걸친 위치에 있다. 15K000에서 16K700 사이의 1.7km 구간 중 서울시 지하철 8호선의 복정정차장 건설구간인 15K367(상행선) 및 15K338(하행선)에서 15K800 사이 구간을 제외한 건설구간이다. 이 구간의 전철 건설을 위한 지하굴착방식은 터널식 굴착과 개착식 굴착의 두 방식을 택하고 있으며, 터널구간은 단선터널구간과 복선터널구간으로 구성되어 있다.

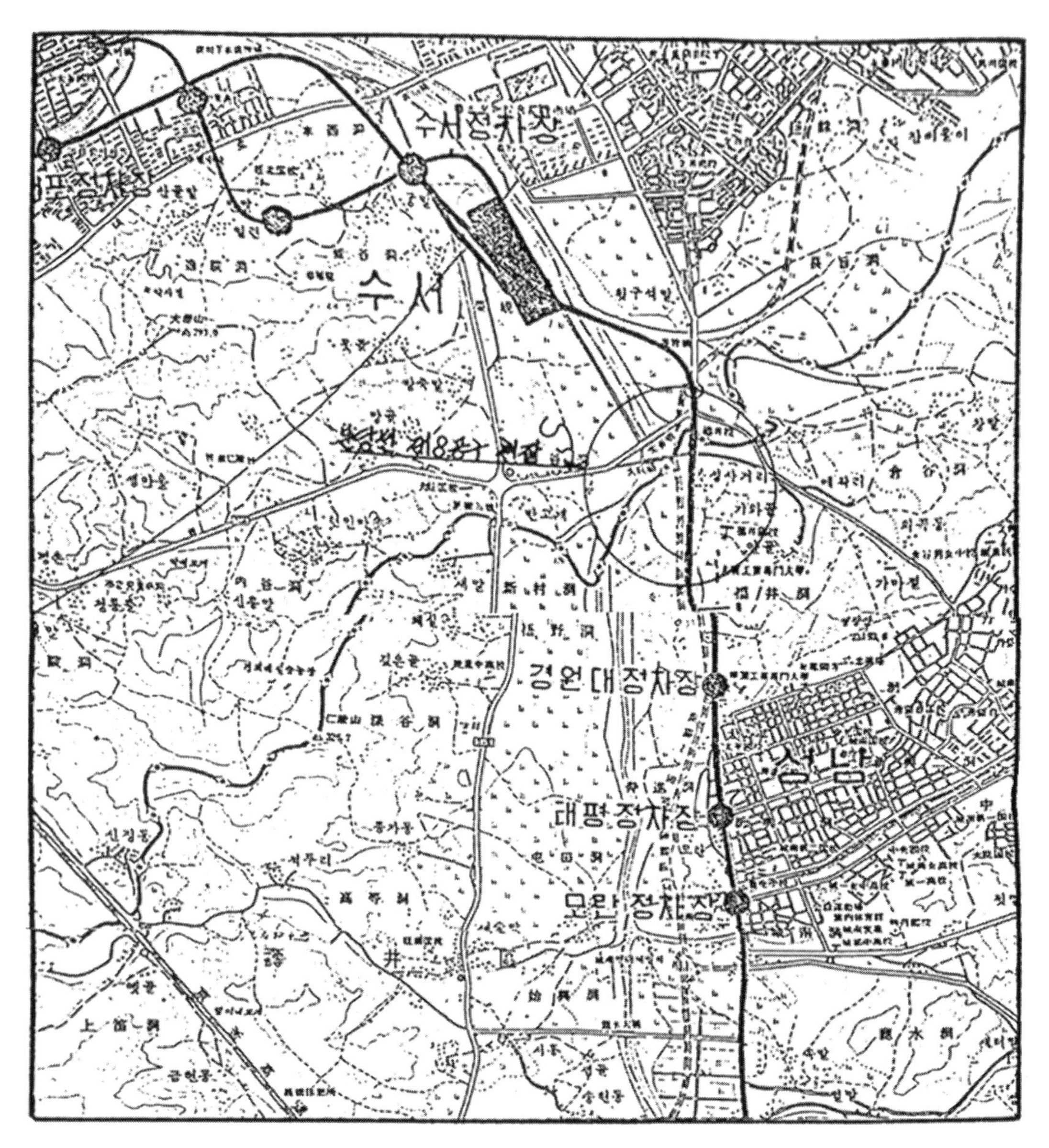

그림 4.1 현장위치도

단선터널구간 길이는 상행선이 15K000에서 15K367까지 367m고, 하행선이 15K000에서 15K338까지 338m로 도합 연장 705m며, 복선터널구간 길이는 15K840에서 16K670까지의 860m다. 수직구는 단선터널구간에서는 16K260 위치에 있으며, 복선터널구간에서는 16K140 위치와 16K600 위치의 2개소에 설계되어 있다. 한편 15K800에서 15K840(복정정차장 확폭 구간)까지의 본선 박스 구간에서는 총연장 188m 길이의 개착식 굴착에 의하여 지하굴착이 실시되며 환기구 1개소가 설계되어 있다.

4.2.2 제8공구의 시공 현황

제8공구의 공사는 단선터널구간, 본선박스구간 및 복선터널구간에서 각각 별도로 동시에 진행되고 있다. 단선터널구간에서는 15K260 위치의 수직구 전후로 지반보강을 상하행선 모두 70m 길이로 실시하였고, 상반굴착을 상행선에서는 48m, 하행선에서는 52m 실시하였다. 굴착된 구간에는 강지보공을 0.8m 간격으로 설치시공 하였으며 터널지보 패턴은 PS-6(연암) 및 PS-6-1(연암)으로 하였다.

본선 박스의 개착식 굴착구간은 굴착과 버팀보 작업이 70% 완료된 단계다. 한편 복선전철구간의 시공 현황은 표 4.1에 정의한 바와 같다. 즉, 16K010에서 16K700까지의 690m는 상하반 굴착이 모두 완료되었다. 다만 16K040 위치 부근은 하반굴착 작업 시 터널붕락사고가 발생하여 응급조치로 토사 되메우기에 의한 터널 폐쇄가 실시되어 있는 상태다. 또한 15K840에서 16K010까지의 170m 구간은 상반굴착만 완료되었고 하반굴착이 남아 있다.

표 4.1 복선터널구간 시공현황

위치	840 900	16K000	100	200	300	400	500	600	700
지보패턴	PD-4(연암)	PD-3(연암)	PD-3(경암)	PD-3(연암)	PD-5 (풍화암)	PD-4 (연암)	PD-3(경암)	PD-3 (연암)	
지반보강	Grouting(S.G.R) 270M		Grouting(S.G.R) 250M		그라우팅 (S.G.R) 100M				
상반굴착	연암(L=155M)	995 풍화암 (L=52M)	047 연암 (L=32M)	경암(L=151M) 860M	265 풍화암 (L=10M)	275 연암 (L=75M)	350 풍화암 및 연암 (L=218M)	연암 및 경암 (L=154M)	688 풍화암 및 연암 (L=12M)
하부굴착		685M							
강지보공	지보간격 1.0M	지보간격 1.2M (실제시공 1.0M)	지보간격 1.2M	지보간격 0.85M	지보간격 1.0M	지보간격 1.2M	지보간격 1.2M (실제시공 1.0M)		
인버트 콘크리트	무근콘크리트	무근콘크리트(240M)	철근콘크리트 (100M)	무근콘크리트(200M)					
라이닝 콘크리트	무근콘크리트	철근 콘크리트	무근 콘크리트	무근콘크리트 (110M)					

강지보공은 H-125×125×6.5×9 강재를 표 4.1에서 보는 바와 같이 0.85~1.2m 간격으로 설치하였다. 즉, 지보간격은 15K840에서 16K140까지 300m에서는 1.0m로, 16K140에서 16K400까지 260m에서는 1.2m로, 16K400에서 16K500까지 100m에서는 0.85m로, 16K500에서 16K520

까지는 1.0m, 16K520에서 16K600까지는 1.2m, 16K600에서 16K700까지는 1.0m로 시공되어 있다. 이 중 15K960에서 16K140까지 및 16K600에서 16K700까지의 구간에서는 설계지보간격이 1.2m로 되어 있었으나 시공단계의 암질이 설계 시와 차이가 발생하여 실제지보간격은 1.0m로 줄여 시공하였다.

지보 패턴은 표 4.1에서 보는 바와 같이 PD-3에서 PD-5까지의 패턴이 사용되었다. 우선 PD-3 지보 패턴은 15K960에서 16K400까지 16K520에서 16K700까지의 구간에서 채택되었다. 이 중 16K100에서 16K240까지와 16K520에서 16K690까지 구간이 PD-3(경암)이고 나머지는 PD-3(연암)으로 되어 있다. PD-4(연암)은 15K840에서 16K960까지와 16K500에서 16K520까지 구간에 채택되었고, PD-5(풍화암)은 16K400에서 16K500까지 구간에 채택되었다.

터널 굴착 후 50mm 두께의 1차 쇼크리트를 ϕ3.2×100×00 와이어메쉬(wiremash)와 함께 실시하고 강지보공을 실시하였다. 그 위에 다시 100mm 두께의 2차 쇼크리트를 실시하였다. 여기에 D25 크기의 록볼트를 3m 길이로 지보 패턴에 따라 설치한 후 ϕ4.8×100×100 와이어메쉬를 대고 50mm 두께의 3차 쇼크리트를 실시하였다. 이와 같이 쇼크리트 시공이 완료된 후 방수막을 대고 300mm 두께의 콘크리트라이닝(concrete lining)을 실시하였다.

16K160에서 16K700까지 구간은 바닥의 인버트(invert) 콘크리트 시공이 완료되었는데, 이 구간 중 16K400에서 16K500까지는 철근콘크리트 인버트로 시공하였다. 또한 16K590에서 16K700까지는 2차 라이닝 시공도 완료하였다. 이 2차 라이닝은 무근콘크리트로 시공하였다.

한편 상반터널굴착 시공 중 용수량이 많았던 지역에서는 차수효과를 얻기 위하여 록볼트가 설치된 범위까지의 3m 범위에 그라우팅(SGR) 시공을 실시하였다. 이 그라우팅 시공은 15K840에서 16K100까지 270m 구간 16K280서 16K530까지 250m 구간 및 16K690에서 16K700까지 10m 구간에서 실시하였다. 그 밖에 굴착 시 지반보강의 목적으로 5m 길이의 철근을 사용하여 훠폴링(fore poling)을 실시하였다.

4.2.3 터널붕락사고 경위

1992년 8월 12일 18시 05분경 16K040 지점부근 터널 상부에서 낙반버럭이 터널 내로 쏟아져 들어오고 터널 상부 도로표면이 반경 약 5.0m 정도 범위에서 침하되는 터널붕락사고가 발생하였다(그림 4.2 및 4.3 참조).

터널붕락사고 현장답사 시 사고의 응급조치와 도로표면 복구가 완료된 후였으므로 터널붕락사고는 직접 조사할 수가 없어 제4.1.4절에서 제공된 자료(7) 붕락지점 현황(16K040)(그림 4.2 참조)과 공사 현황에 의거하여 기술하기로 한다.

동지점은 복선터널굴착구간으로 사고 당시 상하반 굴착이 모두 완료되고 지보강재 H-125×

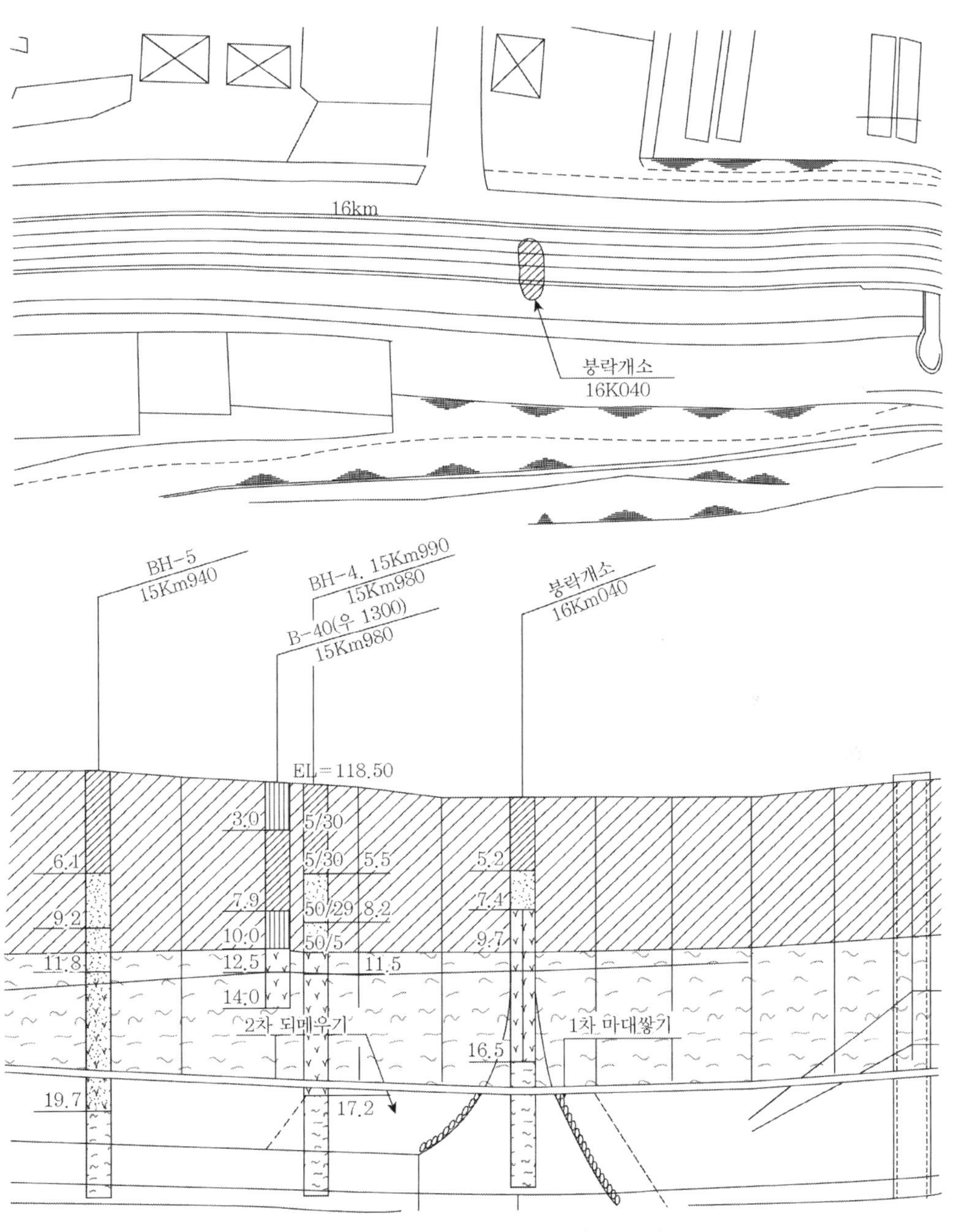

그림 4.2 터널붕괴사고 현황도 1(16K040)

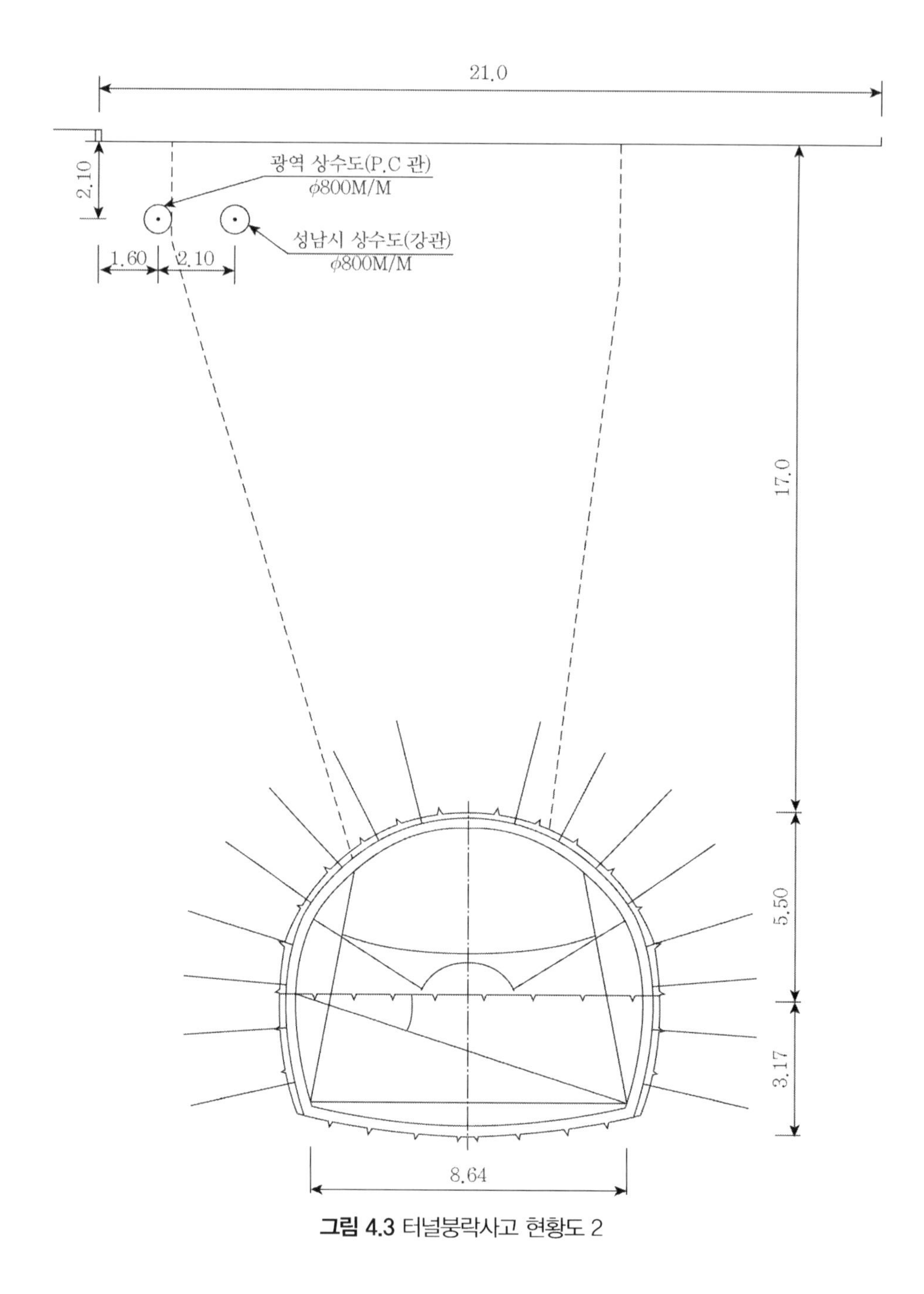

그림 4.3 터널붕락사고 현황도 2

125×6.5×9를 1.0m 간격으로 설치하였으며(설계는 1.2m 간격), 쇼크리트를 200mm 두께로 타설한 후 터널 바닥면을 정리 중이었다. 상반 굴착은 92년 3월 15일 실시하였고, 하반 굴착은 사고 발생 3일 전인 1992년 8월 9일에 실시하였다. 사고 당시 터널 내 16K020 지점에서 동일 18시경

터널하반굴착 버럭처리를 하고 있던 페이로다 기사가 사고지점 상단부에서 발생하는 이상음을 듣고 사고 발생을 예측하여 즉각 차량통행을 통제하는 등의 응급조치를 취하였다.

터널붕락지점 상부도로에는 그림 4.3에서 보는 바와 같이 2.10m 깊이 지중에 ϕ800mm P.C관의 광역상수도와 ϕ800mm 강관의 성남시 상수도가 통과하고 있다.

사고지점의 터널천장면에서 지표면까지의 복토깊이는 17.0m며 지표면으로부터 G.L.(-)1.8m까지는 매립층이, 그 아래 G.L.(-)5.2m까지는 점토층이, G.L.(-)7.4m까지는 모래층이, G.L.(-)9.7m까지는 풍화잔적토층이, G.L.(-)17.2m까지는 풍화암으로 구성되어 있으며, 풍화암 아래는 연암으로 분포되어 있다.

터널붕락사고에 의한 낙반 버럭량은 약 250m^{3}로 추정하였고 사고 발생일 5일 전에는 많은 강우가 있었던 것으로 알려져 있다.

4.2.4 응급조치 현황

사고 즉시 사고구간의 확대 및 2차적 피해 발생을 방지하기 위하여 응급안전조치를 취함과 동시에 관할 성남경찰서와 성남시에 연락을 취하였다.

안전조치로는 사고부위 도로에 안전펜스를 설치하고 차량통행을 차단함과 동시에 통행인을 접근치 못하게 하였고, 도로침하로 노출된 ϕ800mm의 시 상수도는 제수변을 쇄정하여 추가 피해 발생을 방지하였다.

이와 같이 사고 발생 직후 도로차단 및 안전 펜스 설치 등의 응급안전조치를 취한 후 도로침하구간에 대해서는 암버럭(200m^3)과 레미콘(98m^3)을 채우고 아스콘 26m^3(60t)으로 즉각 도로 복구작업을 완료하여 차량통행을 가능하게 하였다.

터널 내부의 경우는 막장 관찰 결과 사고지점 전후에 쇼크리트의 균열이 발생한 것을 발견하여 낙반지점 좌우 강지보공에 사보강재를 설치하고 쇼크리트 균열 발생 부위까지 토사 및 암버력으로 되메우기를 실시해두었다. 이와 같은 되메우기 및 응급조치의 상황은 그림 4.2에 도시되어 있는 바와 같다.

4.3 터널붕락사고 원인 및 대책

4.3.1 사고 원인 분석

설계도서, 지반조사보고서, 공사기록 등 터널공사에 관련된 자료를 검토하고 현장을 답사하여 필요한 자료를 수집하여 분석한 결과 사고원인이 될 수 있는 사항들은 다음과 같다.

(1) 불량한 암질

① 이 지대의 지질은 경기 변성암 복합체의 일부로서 절리가 많은 흑운모 호상편마암으로 이루어져 있다. 절리면에는 흑연질 물질이 충전되어 있는 것이 많이 관찰되었으며, 이러한 절리면은 마찰력이 매우 약하여 국부적으로 터널지보에 집중하중이 작용하여 터널지보를 불안하게 할 수 있다(부록 I 지반 조사보고서 참조).[9]

② 예측 곤란한 풍화대: 추가 지반조사보고서에 의하면 사고지점 부근에는 터널천장 부근까지 풍화암층이 발달되어 있는 것으로 조사되었으나 막장의 암질을 조사기록(부록 II 참조)[9]을 한 것을 보면 풍화암층이 터널구간 내에서도 나타나고 있어 매우 불규칙하게 분포되어 있는 것을 알 수 있다. 불규칙한 풍화대의 분포는 터널의 1차 라이닝에 불규칙한 압력을 가하게 되므로 설계 시에 가정한 것보다 불리한 상황이 발생할 수 있다.

③ 사고지점의 터널 상부 복토는 17.0m 정도고, 지층구조는 지상으로부터 매립토(1.8m), 실트질 점토(3.4m), 모래(2.2m), 풍화토(2.3m), 풍화암(7.3m)의 다층으로 되어 있다. 지층이 비교적 견고한 연암과 연약한 풍화암의 경계선이 터널크라운부와 거의 일치하고 있어 터널굴착에 의한 공간으로 상부층이 이완되기 쉬운 상태다(그림 4.4 참조).

(2) 파쇄대의 가능성

① 이 지대의 암반에는 단층과 파쇄대가 많이 있다. 앞에서 언급한 불규칙한 풍화암층의 분포는 이 지점의 파쇄대 존재 가능성을 암시한다. 파쇄대는 암반보다 풍화가 촉진되어 토사화한 경우가 많이 있으며 투수계수가 주변 암반보다 커서 용수가 많으며 터널지보에 국부적으로 큰 토압과 수압이 작용하게 하여 터널지보를 불안하게 할 수 있다.

② 이상과 같은 불안한 터널지보상태에서 하부 반단면 굴착 시 지반이완이 급진되어 상부 반단면의 강지보공에 과대한 토압이 작용하였을 가능성이 있다.

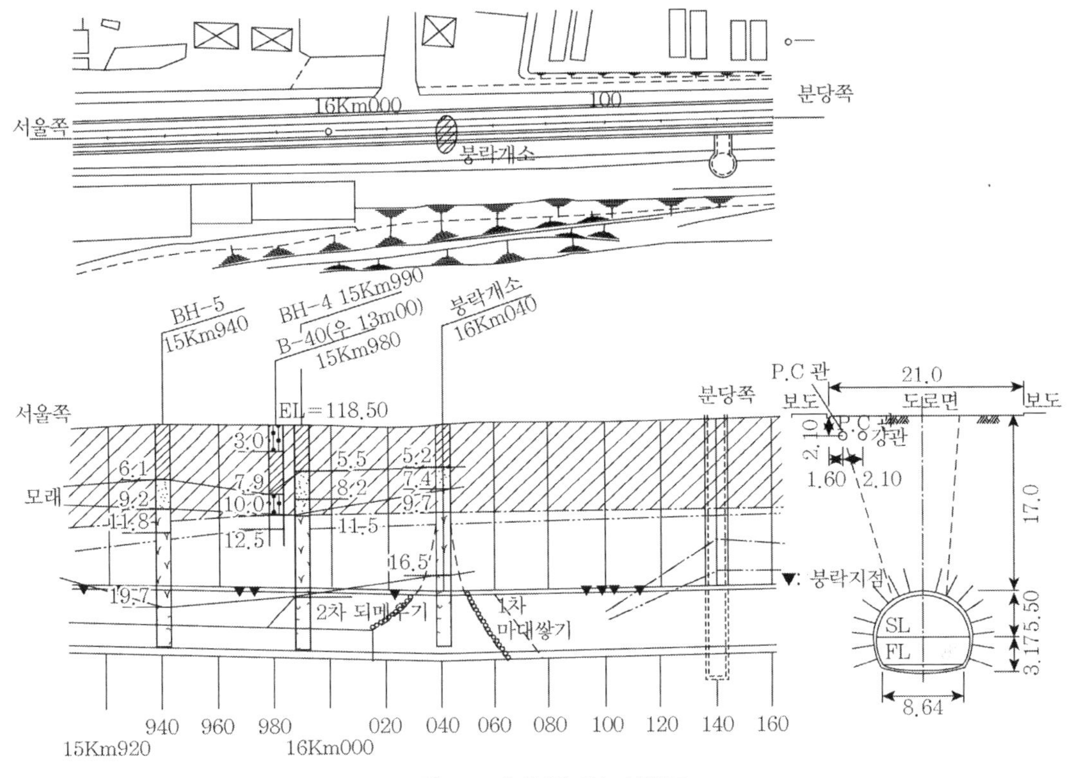

그림 4.4 터널붕락개소 상황도

(3) 집중폭우

① 터널붕락사고가 발생한 시기에는 많은 강수량이 있었으며, 특히 사고 5일 전인 8월 7일에 대단히 많은 양의 강수량이 관측되었다. 집중폭우 시는 지하수위가 상승하는데, 이 경우 투수계수가 큰 파쇄대에서는 지하수가 집중되어 주변암반보다 빠른 속도로 지하수위가 상승할 수 있다. 이러한 경우가 발생한다면 터널지보에 국부적으로 큰 수압을 작용시켜 터널지보를 불안하게 할 수 있다.

② 이러한 지하수의 투수속도에 따른 미세입자의 터널 내 유입과 동시에 지반의 마찰력이 약화되어 지반의 이완을 가속화시켰을 가능성이 있다.

붕락 사고원인은 이상과 같은 요인들 중에 ②와 ③의 사항이 복합적으로 작용한 것으로 추정된다. 즉, 사고부근에 파쇄대가 존재하여 집중폭우로 인하여 국부적으로 큰 토압과 수압이 작용하여 터널지보에 국부적인 파괴가 발생되고 이것이 확대되어 지반의 붕락을 초래한 것으로 추정된다.

4.3.2 현재의 안전성

사고지점은 사고 발생 당시 응급조치로 붕락된 공동을 레미콘과 부근에 적치 중이던 터널굴착버력을 섞어가며 채우고 현재 그 위로 자동차 통행을 하고 있으므로 지금은 상당히 다져져 있을 것이나 재굴착을 할 때 현재의 채운 지층은 그 자체의 자립도를 기대할 수 없으며, 붕락지점 주변 지반의 보강 없이는 재붕락의 우려가 있다.

따라서 사고지점과 그 주변 상당 길이와 폭의 범위에는 지반의 자립도가 확보될 수 있는 보강공을 시공하고, 충분한 시간을 두어 굳힌 다음에 재굴착에 임해야 한다. 보강공법의 선택에서는 지반의 강도와 차수를 동시에 만족하는 방법을 강구함이 요구된다.

4.3.3 재굴착을 위한 보강대책

(1) 지반보강 필요성

사고로 인하여 지반이 붕락된 부분은 지반이 이완되어 매우 약화되었으므로 그대로 재굴착하기가 곤란하다. 그러므로 적절한 방법으로 지반을 고결시켜서 적어도 풍화암 이상의 강도를 가진 지반을 만들어주어야 한다. 이에 추가하여 붕락된 지점과 인접한 부분도 적절한 범위 내에서 지반보강이 필요하다.[6]

(2) 지반보강 방안(그림 4.5, 4.6 참조)

① 붕락 부분

붕락 부분은 이완된 지반이므로 고압분사 그라우팅과 시멘트밀크를 압력주입으로 고결화시키면 재굴착하는 데 어려움이 없을 것으로 판단된다. 고압분사 그라우팅 간격은 약 2m의 격자로 붕락 부분을 중심으로 약 20m의 범위에서 실시하며, 그 사이는 시멘트밀크를 압력 주입하여 보완한다.

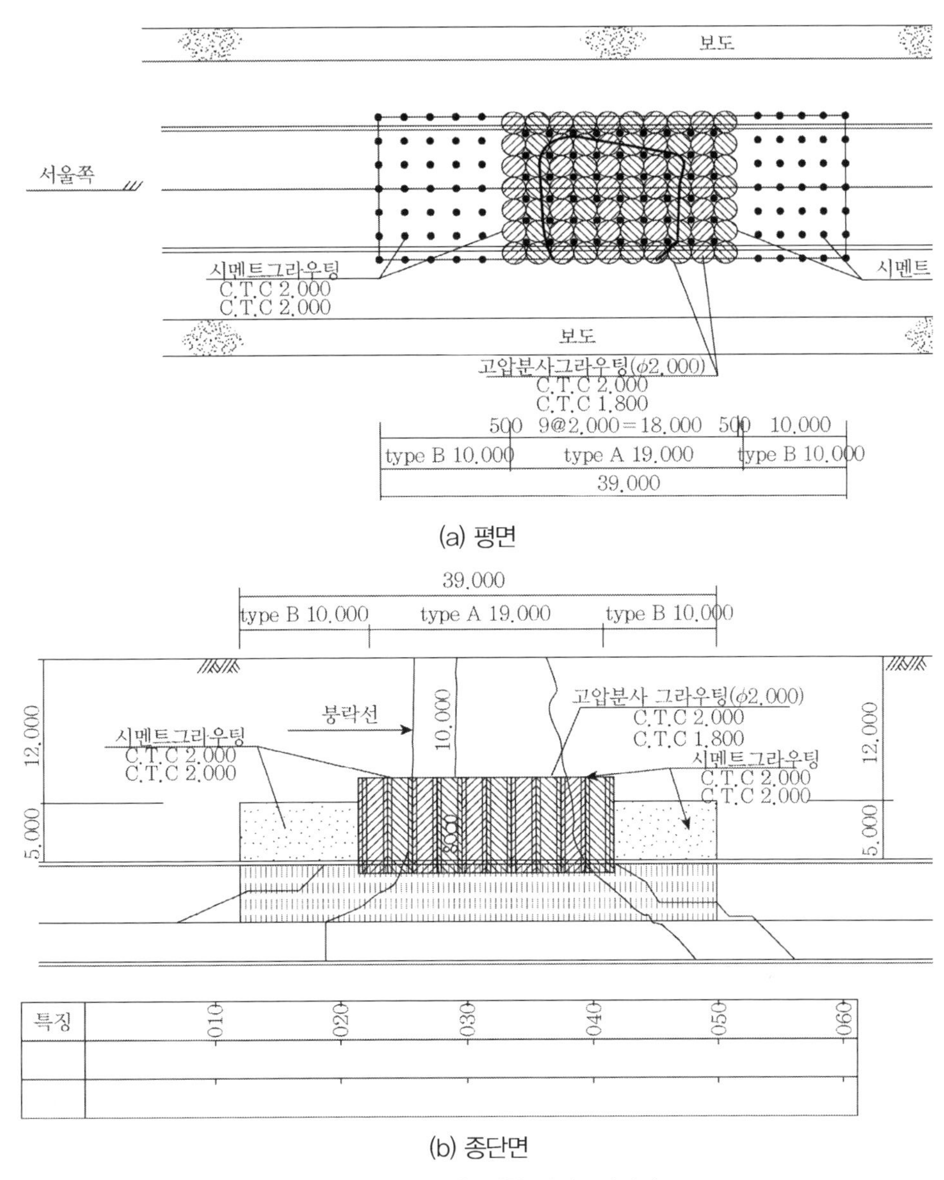

(a) 평면

(b) 종단면

그림 4.5 재굴착을 위한 지반보강방안

② 인접 부분

붕락지점에 인접한 지반도 약간의 영향을 받았을 가능성이 있으므로 양측으로 각 10m 범위에 2m 격자로 시멘트밀크를 압력 주입하여 보강한다.

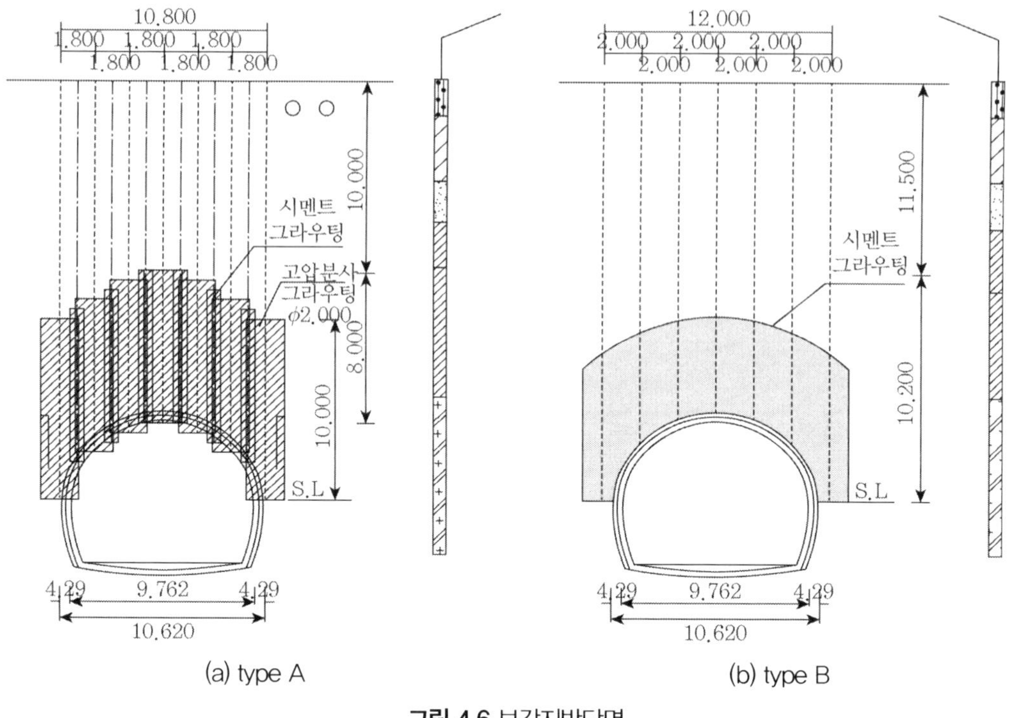

그림 4.6 보강지반단면

(3) 지보재보강

붕락 부분은 재굴착 시 길이 6m 이상의 강관으로 훠폴링을 설치하여 터널 상부를 보강하는 것이 바람직하다.

(4) 굴착 방법

붕락 부분은 상부 반단면 굴착 시는 우선 링컷(ring cut)하여 굴착하고 코어를 차후에 굴착하는 단계굴착을 실시하는 것이 바람직하다.

4.3.4 재시공 방안

(1) 사고지점의 재시공의 준비

앞 절의 사고지점 지반보강을 시공하고 상당한 시간이 지난 다음 재시공을 위한 장비 및 인원의 준비와 동시에 지난 사고에 대한 불안감 등의 잠재의식을 떨쳐버리고 새로운 굴착을 시도

한다는 마음의 자세도 중요하다.

(2) 안전 여부 확인을 위한 단계적 시공

사고응급조치로 상부 반단면에 채운 레미콘과 버력의 혼합토사는 매우 불규칙한 상태이므로 굴착 자체는 쉬울지 모르나 사고지점을 통과할 때는 이미 설치되어 있는 H형 강지보공 및 쇼크리트의 이상과 안전 여부를 확인하면서 주의 깊게 굴진해야 한다. 따라서 사고지점의 전후 60m

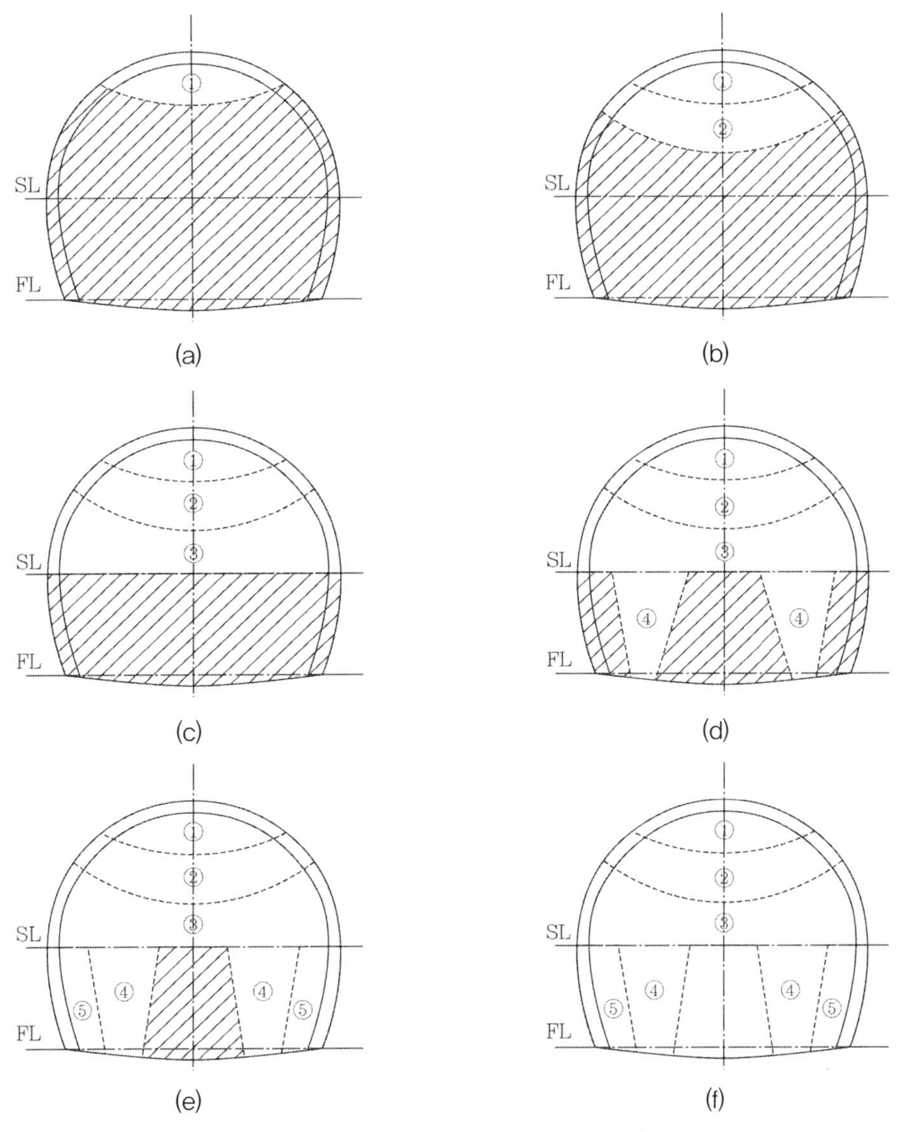

그림 4.7 16K020~16K060 구간 굴착안

정도의 굴착은 그림 4.7에 보인 굴착 순서안을 참조하여 시공준비를 하도록 권장하는 바다. 다만 현장에서 안전시공을 위한 다른 방안을 계획하는 것도 좋다.

(3) H형 강지보공의 교체 및 이음부의 견고한 시공

사고 지점의 재굴착(상부 반단면) 시에는 붕락사고로 인하여 변형된 H형 강지보공이 있는 경우에는 이를 교체하고, 사고 지점 전후 약 60m 구간의 H형 강지보공을 정밀하게 검토하여 H형 강지보공의 이음부가 확실한지 확인해야 한다(그림 4.8 참조).

(4) 하부 반단면 굴착 전의 마무리

사고 지점의 상부 반단면 재굴착 후에는 상부 반단면의 H형 강지보공의 정리, 쇼크리트의 이상 부분의 재시공 등 완벽한 마무리를 하고 H형 강지보공의 받침부(스프링라인부)의 견고한 지지를 확인한 다음에 하부 반단면 굴착을 시작하도록 하여야 한다(그림 4.8 참조).

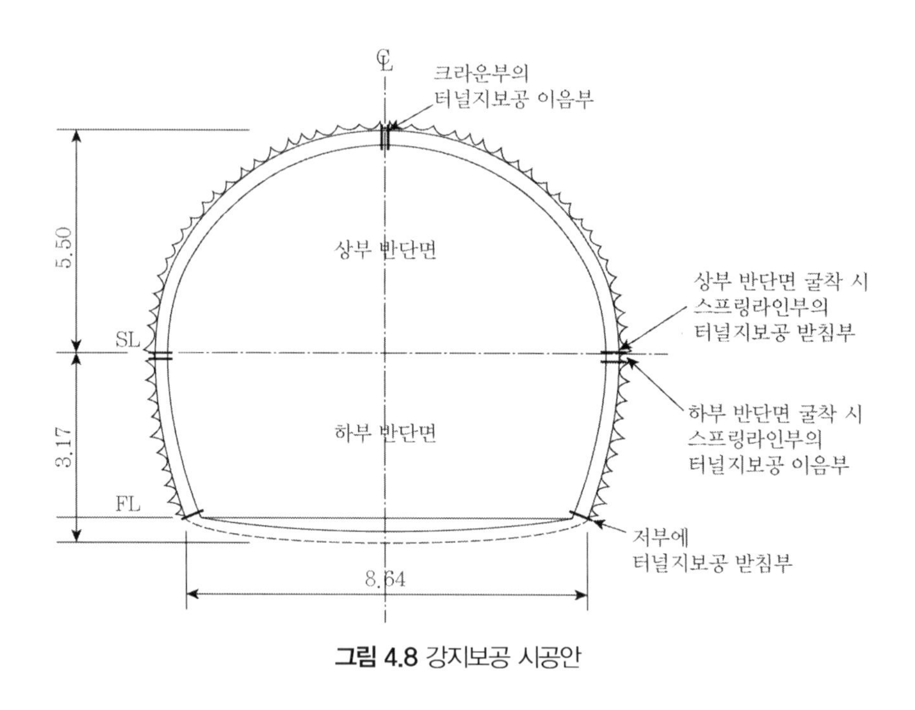

그림 4.8 강지보공 시공안

(5) 하부 반단면 굴착 시의 주의사항

① 하부 반단면 굴착을 위한 발파는 소발파로 하여 지반의 진동을 최소화하도록 방안을 강구

할 것

② 상부 반단면의 H형 강지보공의 간격을 고려하여 1발파의 굴진길이를 H형 강지보공의 유휴지지가 1조씩만 되도록 할 것

③ 하부 반단면 굴착 시 사이클타임을 잘 맞추어 상부 반단면의 H형 강지보공 받침부의 유휴지지시간을 단축하도록 노력할 것

④ 하부 반단면의 H형 강지보공도 굴착 즉시 설치하고 저부 받침부의 지지가 견고하게 되도록 강판쐐기를 삽입할 것

(6) 라이닝 뒤채움의 철저시공

특히 1차 라이닝 시의 H형 강지보공 및 쇼크리트 뒷면의 공동(여굴 부분)을 완전히 채우도록 유의하여야 한다. 이 공간의 존재는 붕락 여지를 제공하는 결과가 되므로 여굴채움을 철저히 하도록 적극 노력하여야 한다.

(7) 2차 라이닝의 조속한 시공

2차 라이닝은 거푸집 설치, 버럭 반출과 관계가 있으나 될 수 있으면 조속한 시일 내에 시공하여 터널 라이닝의 봉합(arching)을 형성하는 것이 터널 안전의 지름길이다.

4.4 결론 및 요약

이상의 검토에서 터널붕락사고의 원인이 분석되고 복구대책이 마련되었으며, 비붕락터널구간에 대해서도 금후의 시공안전성이 마련되었다.

본 연구에서 검토된 사항을 요약하면 다음과 같다.

(1) 본 지역의 지층은 매우 불규칙하게 구성되어 있다. 그러나 전반적으로 본 지역의 지층은 경기편마암 복합체로 대부분 선캄브리아기 편마암류를 충적층이 덮고 있으며, 지하수위가 높은 관계로 풍화도가 심하여 풍화잔적토층과 풍화암층이 두껍고 불규칙하게 분포되어 있다.

(2) 상반부 굴착 시 막장에서 관찰한 암질에 의하면 풍화암층과 연암층의 분포가 지반조사 결과

와 다른 점이 많이 발견되었다. 이는 이 지역의 암층 분포가 매우 불규칙하고 풍화도도 위치에 따라 매우 불규칙하게 변하고 있음을 의미한다.

(3) 본 터널붕락사고 원인은 사고 부근 지대에 파쇄대가 존재하는 상태에서 집중폭우로 인하여 국부적으로 큰 토압과 수압이 작용함으로써 터널지보에 국부적인 파괴가 발생하고, 이것이 확대되어 지반의 붕락을 초래한 것으로 추정된다.

(4) 붕락 부분의 이완된 지반을 고압분사 그라우팅과 시멘트밀크를 압력주입으로 고결화시키면 재굴착하는 데 어려움이 없을 것으로 판단된다. 고압분사 그라우팅 간격은 약 2m의 격자로 붕락 부분을 중심으로 약 20m의 범위에서 실시하며, 그 사이는 시멘트밀크를 압력 주입하여 보완한다. 붕락지점에 인접한 지반도 약간의 영향을 받았을 가능성이 있으므로 양측으로 각 10m 범위에 2m 격자로 시멘트밀크를 압력 주입하여 보강한다.

(5) 붕락 부분은 재굴착 시 길이 6m 이상의 강관으로 훠폴링을 설치하여 터널 상부를 보강하는 것이 바람직하다.

(6) 사고 지점의 전후 60m 정도의 굴착은 굴착 순서안을 참조하여 시공 준비를 하도록 권장한다.

(7) 사고 지점의 재굴착(상부 반단면) 시에는 붕락사고로 인하여 변형된 H형 강지보공이 있는 경우에는 이를 교체하고, 사고 지점 전후 약 60m 구간의 H형 강지보공을 정밀하게 검토하여 H형 강지보공의 이음부가 확실한지 확인하여야 한다(그림 4.8 참조).

(8) 사고 지점의 상부 반단면 재굴착 후에는 상부 반단면의 H형 강지보공의 정리, 쇼크리트의 이상 부분의 재시공 등 완벽한 마무리를 하고, H형 강지보공의 받침부(스프링라인부)의 견고한 지지를 확인한 다음에 하부 반단면 굴착을 시작하도록 한다(그림 4.8 참조).

(9) 하부 반단면 굴착 시 주의사항

① 하부 반단면 굴착을 위한 발파는 소발파로 하여 지반의 진동을 최소화하도록 방안을 강구할 것

② 상부 반단면의 H형 강지보공의 간격을 고려하여 1발파의 굴진길이를 H형 강지보공의 유휴지지가 1조씩만 되도록 할 것

③ 하부 반단면 굴착 시 사이클타임을 잘 맞추어 상부 반단면의 H형 강지보공받침부의 유휴지지시간을 단축하도록 노력할 것

④ 하부 반단면의 H형 강지보공도 굴착 즉시 설치하고 저부 받침부의 지지가 견고하게 되도록 강판쐐기를 삽입할 것

(10) 1차 라이닝 시의 H형 강지보공 및 쇼크리트 뒷면의 공동(여굴 부분)을 완전히 채우도록 유의하여야 한다. 이 공간의 존재는 붕락 여지를 제공하는 결과가 되므로 여굴채움을 철저히 하도록 적극 노력하여야 한다.

(11) 2차 라이닝은 거푸집 설치, 버력 반출과 관계가 있으나 될 수 있으면 조속한 시일 내에 시공하여 터널 라이닝의 봉합을 조속히 형성하는 것이 터널 안전의 지름길이다.

(12) 전단면이 굴착 완료된 구간(16020~16K700)에는 지반이 안정되어 있으며, 지보재도 안전한 상태에 있는 것으로 판단된다. 그러나 이 지대의 지질 불량과 개통 후의 지상자동차의 하중과 충격, 터널 내의 열차운행에 따른 진동 등을 고려하여 극히 불량하였던 지반에 대해서만은 공사감독관이 필요하다고 판단할 경우 지반보강이 다소 실시되어도 무방하다.

(13) 15K920에서 15K970 사이 50m 구간에 대해서는 하반 굴착 시 안전을 위하여 터널 상부 5m 범위 지반을 시멘트그라우팅으로 보강함이 좋다. 시멘트그라우팅은 종방향, 횡방향 모두 2m 간격으로 폭 12m 부분에 실시한다.

(14) 하부 반단면 굴착 발파 후 즉시 상부 반단면의 H형 강지보공의 유휴지지시간을 짧게 하고, 하부 반단면의 H형 강지보공을 설치하되 저부의 받침부가 견고하게 지지되도록 강판쐐기를 박아 2차 라이닝 시까지 충분히 지지하도록 하여야 한다. 쇼크리트도 H형 강지보공의 설치가 완료되면 바로 시공해야 한다.

(15) 기타 터널 시공상의 안전수칙은 하나하나 점검하여 본 공사에서의 지질불량과 복선터널, 많은 기록의 붕락현상을 감안하여 철저히 준수하도록 상하 전종사원의 실행이 안전시공을 이루어야 한다.

• 참고문헌 •

(1) (사)한국건설안전기술협회(1991), 안전진단보고서.

(2) (주)유신설계공단(1991), NATM 터널시공 검토보고서(제8공구).

(3) 연세대학교산업기술연구소(1992), 분당선 제8공구 노반신설공사 지반보강에 대한 연구.

(4) (주)유신설계공단(1992), 송파대교 통과공법검토.

(5) 대한토목학회(1992), 전철 3개 노선(과천선, 분당선, 일산선) 건설공사 안전검토 및 대책강구 연구 보고서.

(6) 日本土木學會 岩盤力學委員會(1967), 土木技術者のための岩盤力學.

(7) 建設産業調査會(1983), 計劃, 設計, 施工, 維持管理のための 地下構造物 ハンドブック.

(8) 渡邊 健外 3名(1981), 地下鐵道施工法(上), 山海堂.

(9) 이우현 · 정형식 · 홍원표 · 박덕상 · 이경진(1992), '전철 분당선 제8공구 터널사고 원인분석 및 복구 대책수립 연구보고서', 대한토목학회.

Chapter

05

부산 청룡동 경동아파트와 고속철도 건설 계획에 따른 기술 검토

Chapter 05

부산 청룡동 경동아파트와 고속철도 건설 계획에 따른 기술 검토

5.1 서론

5.1.1 연구 목적

본 연구는 부산광역시 금정구 청룡동 312번지 일원에 시공 중인 경동아파트에 인접하여 계획된 고속철도 터널건설에 따른 제반 안정성을 검토하고, 필요시 대책방안을 마련함에 그 목적이 있다.(29)

5.1.2 조사 대상 및 범위

(1) 조사 대상

부산광역시 금정구 청룡동 312번지 소재 경동아파트 신축공사 현장

(2) 연구 범위

① 기존 진동 현황의 측정 및 향후 예측·평가

② 진동 방지를 위한 대책방안의 제시

③ 아파트 배면 사면의 안전성 검토

5.1.3 조사 및 평가 방법

(1) 기존 현황 측정 및 평가

① 진동 측정

대상 지점에 대한 진동 측정은 환경오염 공정시험법 진동편을 적용하였으며, 측정지점은 그림 5.1 및 5.2와 같이 고속전철라인과 인접한 5동과 6동의 단지 내 도로지점(지표면), 5동 내 지하층과 1층 바닥 및 5층 바닥에서 각각 x축, y축 및 z축을 고려하여 측정하였다. 그림 5.1은 신축 아파트의 현장 평면도로서 경부고속철도 터널라인과의 배치상태를 나타내고 있다.

사진 5.1과 5.2는 기존 5동 아파트(신축 중)와 부지 경계선 지점 부근의 상태도고, 사진 5.3~5.5는 기존 진동측정지점 ①~③에서 진동픽업을 설치한 상태며, 사진 5.6~5.8은 5동 아파트 내의 B_1F 지점, 1F 지점 및 5F 지점 바닥에 진동픽업을 설치한 상태도다.(6)

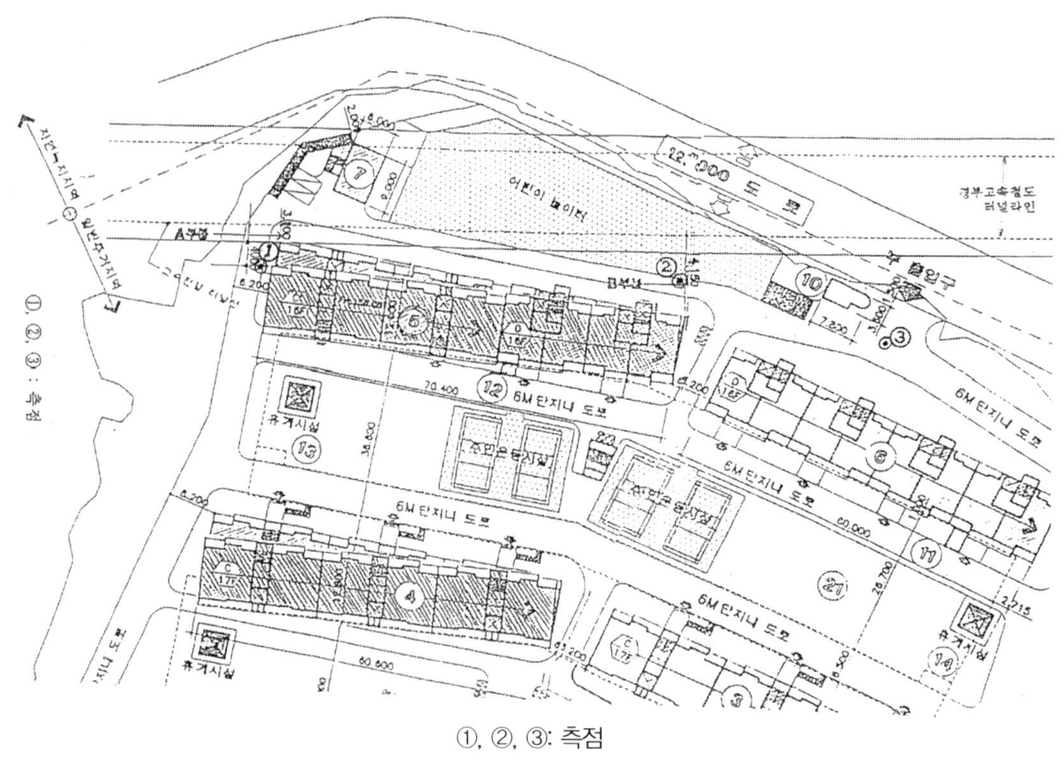

①, ②, ③: 측점

그림 5.1 기존 진동측정 지점도(현황 평면도)

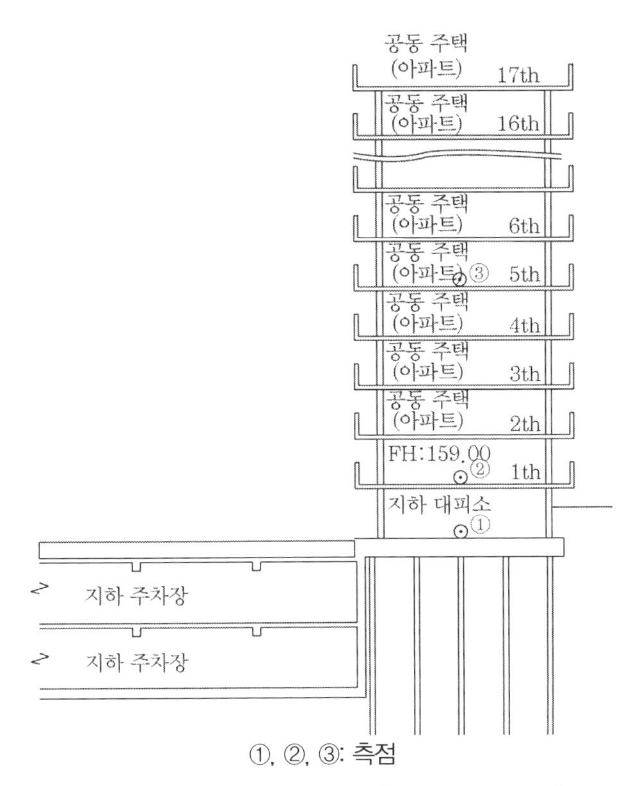

그림 5.2 기존 진동측정 지점도(5동 아파트 단면도)

사진 5.1 기존 진동측정지점 ① 주변 상태도

사진 5.2 기존 진동측정지점 ①, ② 주변 상태도

사진 5.3 기존 진동측정지점 ①
(5동 아파트 좌측 경계선 지점)

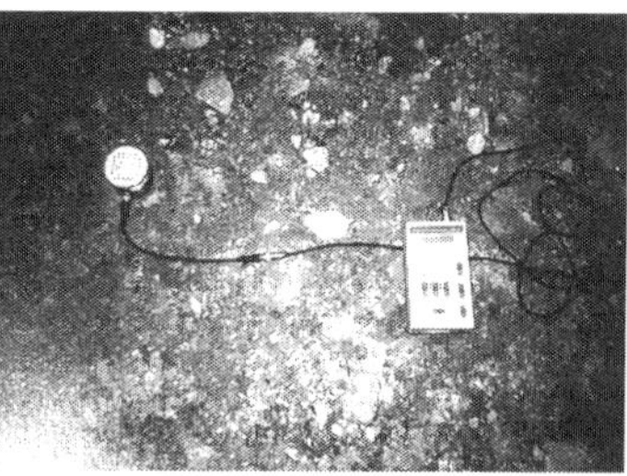

사진 5.4 기존 진동측정지점 ②
(5동 아파트 뒤 중앙지점)

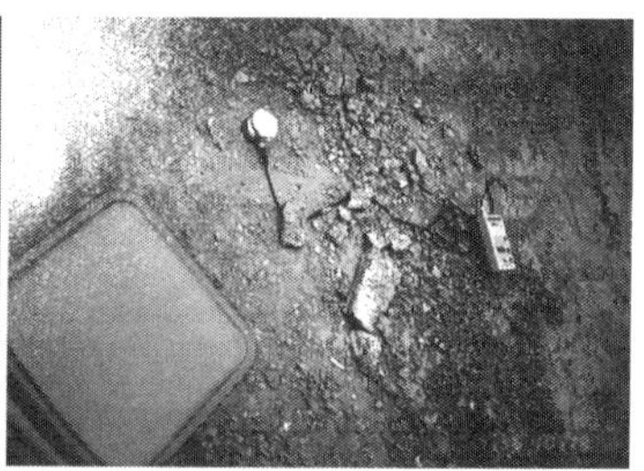

사진 5.5 기존 진동측정지점 ③
(6동 아파트 뒤 부출입구 지점)

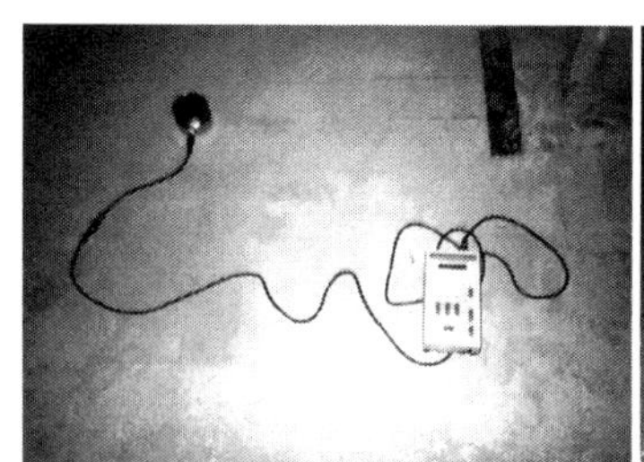

사진 5.6 5층 아파트 내 B1F 바닥지점

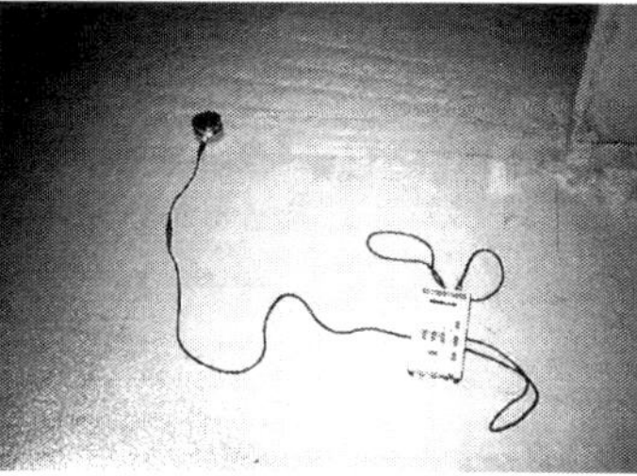

사진 5.7 5층 아파트 내 1F 바닥지점

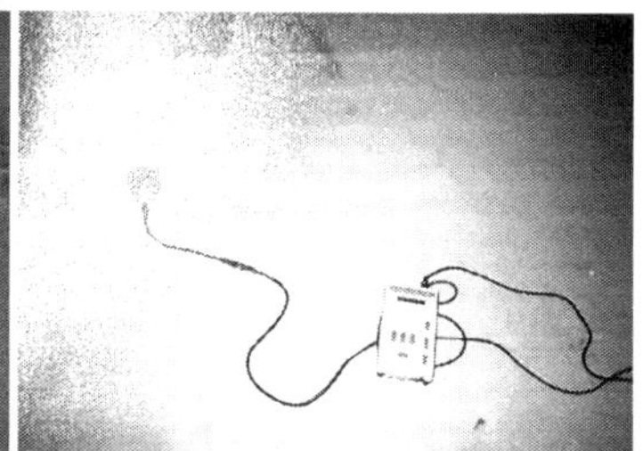

사진 5.8 5층 아파트 내 5F 바닥지점

② 진동 측정 시스템 구성도

진동 측정 시스템의 구성은 그림 5.3과 같다.

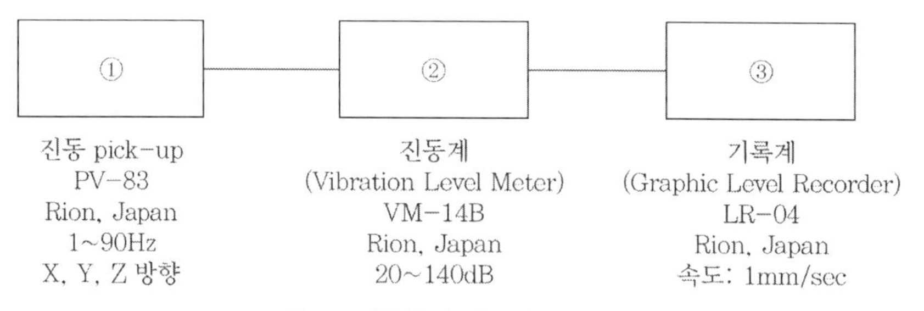

그림 5.3 진동측정 시스템 구성도(7-10)

(2) 건설 시 및 주행 시 진동 현황 예측 및 평가

고속전철용 터널 건설 공사 시와 주행 시 발생하는 진동의 예측 및 평가는 그림 5.4에 도시된 다음과 같은 흐름도에 의하여 진행하였다.

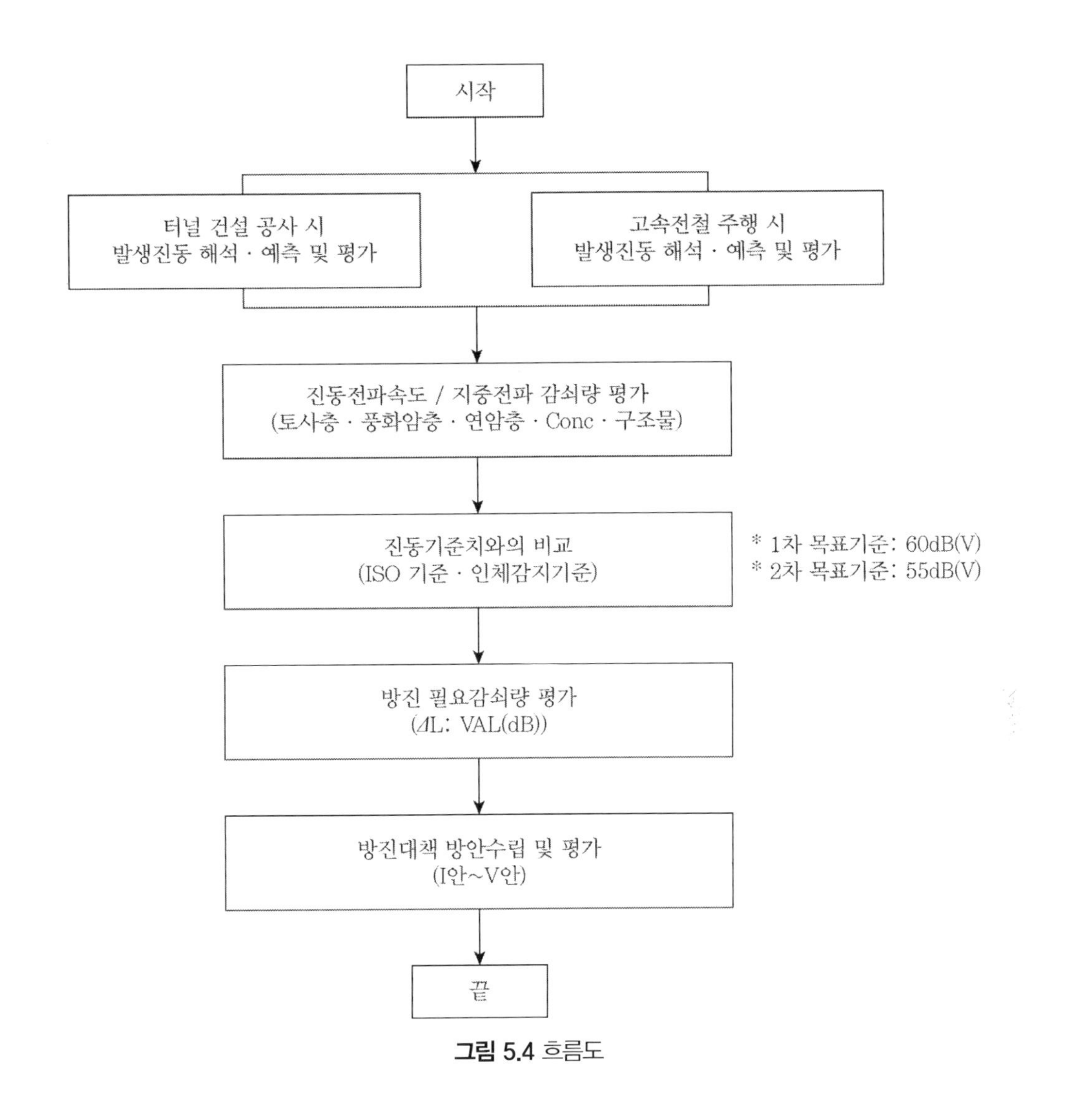

그림 5.4 흐름도

5.2 기존 현황 평가

5.2.1 아파트 신축 현황 및 주변 지질 개요

(1) 아파트 신축 현황

연구 대상 지점은 부산광역시 금정구 청룡동 312번지 일대로서, 그림 5.5는 대상 지점의 위치도다.

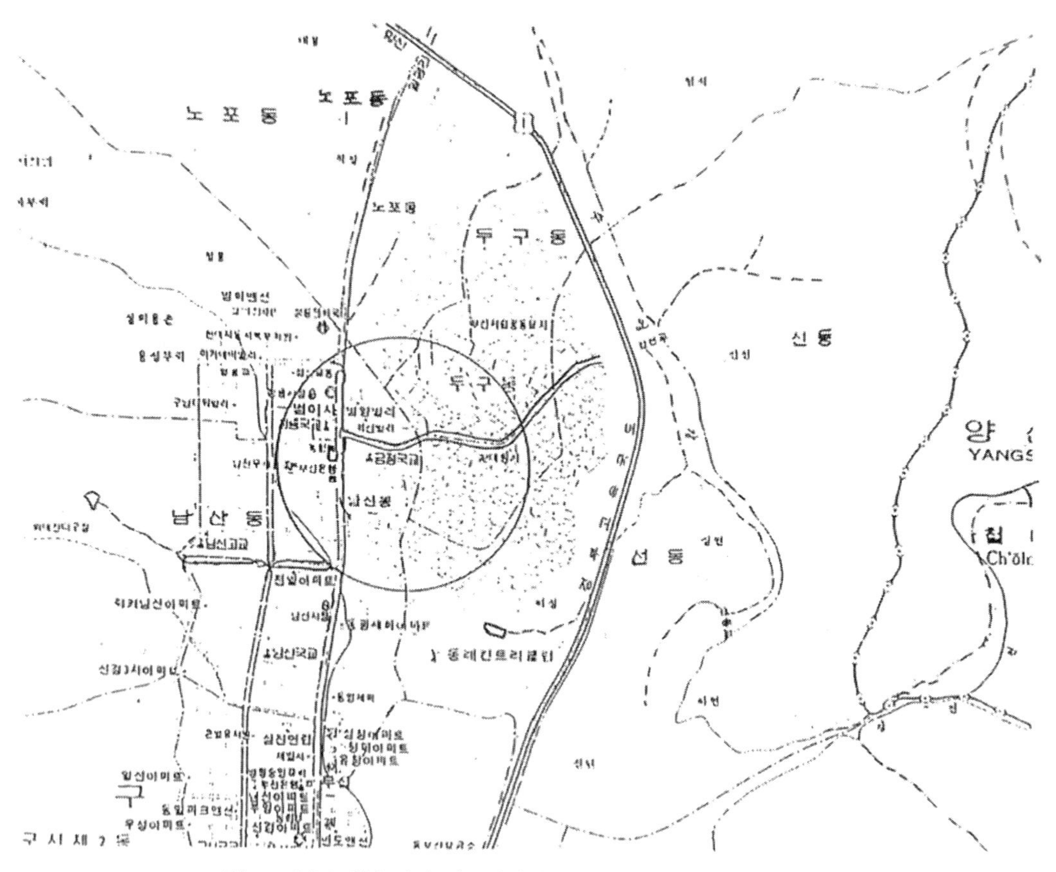

그림 5.5 연구 대상 지점도(부산광역시 금정구 청룡동 312번지 일대)

(2) 주변 지질 개요

본 연구 대상 주변지질에 대한 지질은 한국고속철도건설공단과 제일지질개발(주)에서 조사한 자료를 기본으로 하였으며, 다음과 같은 결과를 얻었다. 본 지역의 산계는 북서 측에 금정산 계명봉(해발 601.5m)이 남동 측으로 완만한 경사를 이루고 있으며, 수계는 소규모 수지상의 지류들이 회동저수지 및 북에서 남으로 유수하는 수영강으로 흐르고 있다.

본 지역의 기반암을 이루는 아다멜라이트(adamellite)는 인접한 안산암과 화강섬록암, 각섬석 화강암들을 관입해 있으며, 이 암 중에는 흑운모 또는 각섬석을 다분히 포함하는 분결체가 함유되어 있고, 중립질 또는 세립질의 균질한 입상을 보여준다. 도홍색의 장석과 백색의 장석이 육안적으로 대등한 비로 함유되어 있다.

본 암은 주로 석영, 정장석, 사장석 및 흑운모 등으로 구성되고, 수반광물로는 백운모, 녹니

석, 각섬석, 자철석 등이 나타난다.

시추조사 결과 제일지질개발(주)에서 제시한 자료에 의하면 고속철도라인과 인접한 시추공인 BH-7, 8 및 9호공의 지층구성은 최상부로부터 점토자갈층, 하부 기반암의 차별 풍화에 의해 형성된 풍화토(특히 BH-7호에서는 결층으로 보임) 및 풍화암, 하부 기반암인 연암의 순으로서 비교적 단조로운 지층분포를 보이며, 각 지층 간의 측방 변화에서도 다소 양호한 양상을 보이고 있었다. 그림 5.6은 지질조사 위치 평면도다.

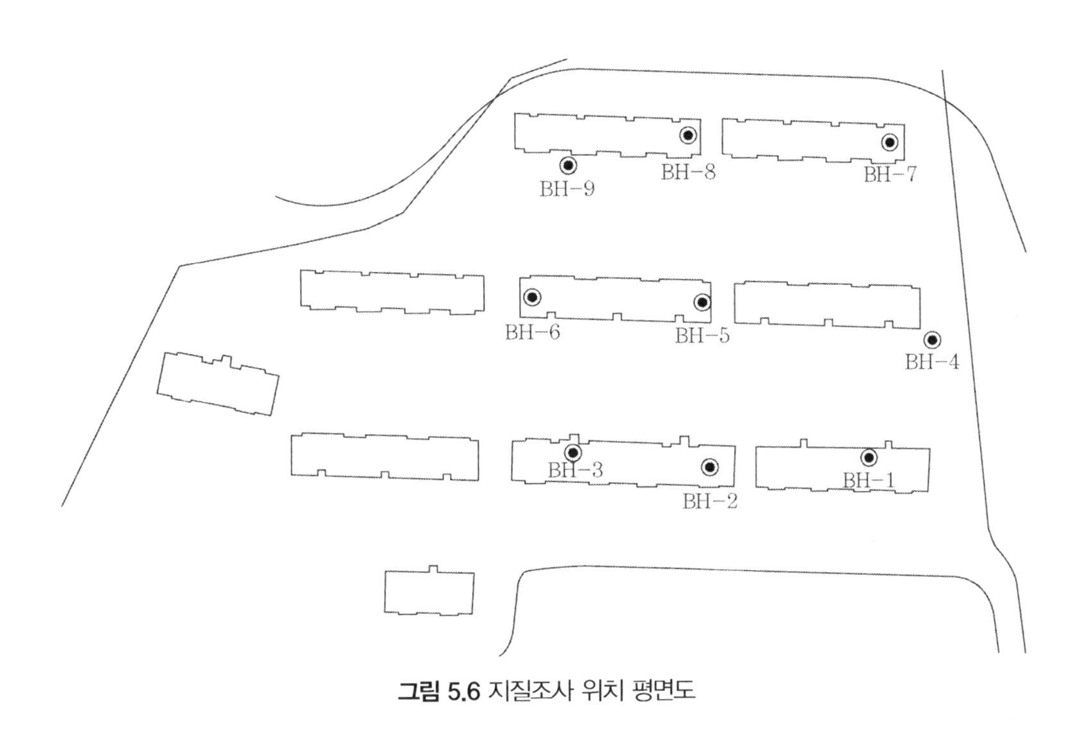

그림 5.6 지질조사 위치 평면도

5.2.2 기존 진동 레벨 현황

(1) 아파트 단지 내 도로지점(지표면)에서의 기존 진동 레벨

현재 상태의 진동 가속도 레벨값은 표 5.1에서 보는 바와 같이 거의 음진동 레벨 수준으로서, 각 지점별 진동가속도 레벨의 평균값 범위는 x축의 경우(아파트 길이 방향 축) 27~32dB, y축의 경우(아파트 세로 방향 축) 28~36dB 그리고 z축의 경우(상하 방향 축) 27~28dB로 나타났다.

특히 z축의 경우 x, y축에 비하여 낮은 값을 보이는 것은 지반 내 진동요인이 없음을 나타낸다.

표 5.1 아파트 단지 내 도로지점(지표면)에서의 진동 레벨 현황 (단위: 진동 가속도 레벨(VAL)(dB))

측정지점		① 5동 아파트 좌측 지점			② 5동 아파트 우측 지점			③ 부출입구 측(6동 아파트 측)		
방향		x(길이)	y(세로)	z(상하)	x(길이)	y(세로)	z(상하)	x(길이)	y(세로)	z(상하)
측정 횟수	1	35	39	29	30	30	29	29	30	27
	2	33	38	29	30	30	27	27	28	27
	3	33	31	28	29	31	30	27	27	26
	4	33	38	28	21	31	27	25	28	26
	5	33	32	30	27	33	28	26	30	28
	6	32	33	27	27	32	29	31	26	26
	7	31	33	28	29	31	30	26	26	27
	8	26	36	29	25	31	27	25	25	28
	9	28	33	29	27	31	28	27	27	30
	10	31	33	27	27	30	27	27	28	27
최댓값		35	39	30	30	33	30	31	30	30
평균값		32	36	27	27	32	29	27	28	28

한편 기존 12m 도로를 통하여 범어사 방향으로(일방통행) 진행하는 차량 통과 시의(타이탄 트럭 등) 진동가속도 레벨은 차량이 통과하지 않을 때와 비교 시 약 6~10dB 정도의 증가량만을 보이고 있어(측정지점 ③점) 지표면부에서의 진동전파감쇠량이 크게 나타나고 있으므로, 향후 아파트 지점에는 거의 영향을 미치지 않을 것으로 판단된다.

* 진동가속도 레벨의 평균값($\overline{La}$): $\overline{La} = 20\log\frac{\overline{A}}{A_0}$

$$\overline{La} = 10\log\left(\frac{1}{n}\sum_{i=1}^{n}10^{\frac{L_i}{10}}\right) = La - 10\log n(\mathrm{dB})$$

단, $\overline{A}$ = 가속도 실효치의 평균(m/s^2)

A_0 = 기본가속도 실효치(m/s)

La = 진동가속도 레벨의 합성값(dB)

$$(La = 10\log\sum_{i=1}^{n}10^{\frac{L_i}{10}} = 10\log\left(10^{\frac{L_1}{10}} + 10^{\frac{L_2}{10}} + \cdots + 10^{\frac{L_n}{10}}\right)$$

사진 5.9 5동 아파트 뒤 부지 경계선 지점의 절토면 상태(기존 진동측정지점 좌측면)

사진 5.10 5동 아파트 뒤 부지 경계선 지점의 절토면 상태(어린이 놀이터 예상부지)

사진 5.11 5동 아파트 뒤 부지 경계선 지점의 절토면 상태(6m 단지 내 도로 및 어린이놀이터 예상부지)

(2) 5동 아파트 내 지점에서의 기존 진동 레벨

진동원을 망치로 하였을 경우, B_1F(①지점)에서 55dB(VAL: z방향)는 1F(②지점)에서 45dB로, 5F(③지점)에서는 40dB로 나타나 구조물(코어 기둥만 세워져 있는 상태)의 거리에 따른 진동감쇠 효과를 보이고 있었다. 그러나 향후 벽체용 조적 및 모르타르 공사가 완성되고 나면 구조물을 통한 감쇠량은 더 증가할 것으로 예측된다.

따라서 기초부 지점에서의 진동가속도 레벨이 55dB(z방향)로 설정된다면, 아파트의 상부층에 미치는 진동에 대해서 별다른 문제점은 없을 것으로 판단된다.

5.2.3 각국의 진동 레벨 기준치 및 평가 기준의 설정

(1) 각국별 진동 레벨 기준 현황

본 평가의 대상은 아파트 건물 및 주민에 대한 진동 영향 여부에 있으므로 이를 중심으로 한 각국별 진동 레벨 기준을 정리하면 표 5.2와 같다.

표 5.2 각국별 진동 레벨 기준 현황표

국가	한국	일본			미국
진동원	공장	공장	특정건설작업	도로교통	ANSI
피해 대상	주거지역	주거지역	주거지역	주거지역	건축물(주거지역)
기준치(VAL)	(주간) 60dB (야간) 55dB	(주간) 65dB (야간) 60dB	75dB	(주간) 65dB (야간) 60dB	(주간) 57dB (야간) 54dB

국가	프랑스	독일	국제표준기구(ISO)[2]		Murray[2]
진동원	TGV	공해진동	ISO 2631	ISO DP 4866 ISO 2631/DAD1	철도
피해 대상	건축물(주택)	건축물(주택, 아파트, 상가)	인체	건축물	인체 안전기준
기준치(VAL)	(주간) 60～66dB (야간) 57dB	진동속도: 5mm/s	① 연속적·간헐적 가속도 진폭의 실효치 (주간) 57dB (야간) 54dB ② 충격 가속도 진폭의 실효치 (주간) 60dB (야간) 60dB	60dB	58dB

(2) 평가 진동 레벨 기준 설정

(1)항에서 살펴본 바와 같이 각국별 진동 레벨 기준이 제시되었으나, 고속전철 주행에 의한 주민 피해 정도와의 관계는 발생 진동 레벨의 크기, 발생 주기 및 진동에 노출된 시간에 의하여 정립될 수 있다.[15-19]

Griffin은 진동 노출 시간이 32초일 경우 충격적인 전신진동에 의하여 불쾌감을 유발할 수 있다고 보고하였으나, Miwa는 수 초만의 노출에도 불쾌감이 나타난다고 하였다.[20,21] 또한 Howarth & Griffin(1988)[3]의 실험에 의하면 진동피해 정도는 시간당 통과 열차대수(N)와 $R = 0.55N + 1.26$의 관계가 성립하고, 동일한 피해 정도에 대해서 시간당 통과 열차대수(N)와 진동

의 크기(V) 간에는 $N \alpha V^4$의 관계가 성립한다고 하였다.(25-28)

그러나 국내의 경우에는 통계적인 자료가 보고된 바가 없어 진동 기준 설정에는 다소 난해한 점이 있으나, 본 보고서에서는 ISO, 中野(4)의 제안기준, 三輪(5) 및 표 5.3의 자료를 근거로 1차 목표 기준치(有感限界)를 60dB(V)로, 향후 2차 목표 기준치를 55dB(V)로 권장하여 평가하고자 하였다.(13-14) 그림 5.7은 진동의 역치 및 등감도 곡선을 도시한 그림이다. 좌측 그림은 정현진동의 등감도 곡선이고 우측 그림은 1/1 옥타브 진동에 대한 역치 및 등감도 곡선이다.

표 5.3 진동이 수면에 미치는 영향

진동 레벨(db(V))		피해 영향
지표치	감각치	
55	60	거의 영향 없음
60	65	수면 초기: 잠에서 깨어남. 수면 중: 영향 없음
64	69	수면 초기: 잠에서 깨어남. 수면 중: 다소 영향 미침
69	74	보통 수면의 경우에는 거의 깨어나고, 깊은 잠의 경우 다소 깨어남
74	79	깊은 잠일 경우에도 거의 잠이 깸

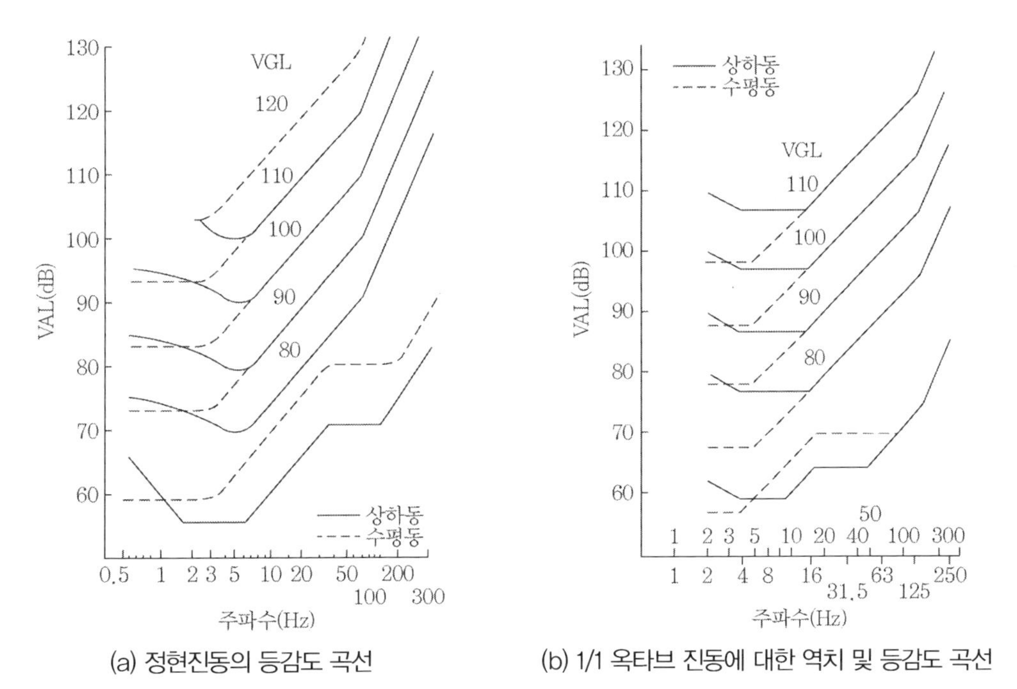

(a) 정현진동의 등감도 곡선 (b) 1/1 옥타브 진동에 대한 역치 및 등감도 곡선

그림 5.7 진동의 역치 및 등감도 곡선

5.3 아파트 배면사면의 안정성 검토

5.3.1 검토 단면

사면안정검토의 대상이 되는 사면은 행정구역상 부산광역시 금정구 청룡동 312번지 소재 경동아파트 신축공사현장의 아파트 배면 절개사면이다. 본 아파트 신축공사현장의 부지 북서 측에는 계명봉(601.5m) 및 폭 12m의 기존 도로가 위치하고 부지 남동 측으로는 성림농장이 완만한 경사를 이루고 있다.

이 지역의 기반암을 이루는 아다멜라이트는 인접한 안산암과 화강섬록암, 각섬석화강암들을 관입하여 있으며, 본 암 중에는 흑운모 또는 각섬석을 다분히 포함하는 분결체가 함유되어 있고 중립질 또는 세립질의 균질한 입상을 보여준다.

이 지역의 시추조사 및 지표지질조사 보고서(29)를 토대로 아파트 배면 절개사면의 대표단면을 계획단면 1과 계획단면 2의 두 가지로 정하였다. 계획단면 1의 경우는 그림 5.8에 도시된 바와 같고 현장평면도상에 표시된 4개 위치의 단면도에 대해서 안전성을 검토하였다. 또한 계획단면 2에 대해서는 그림 5.9에 도시된 바와 같고 형장평면도는 계획단면 2의 경우에도 3개의

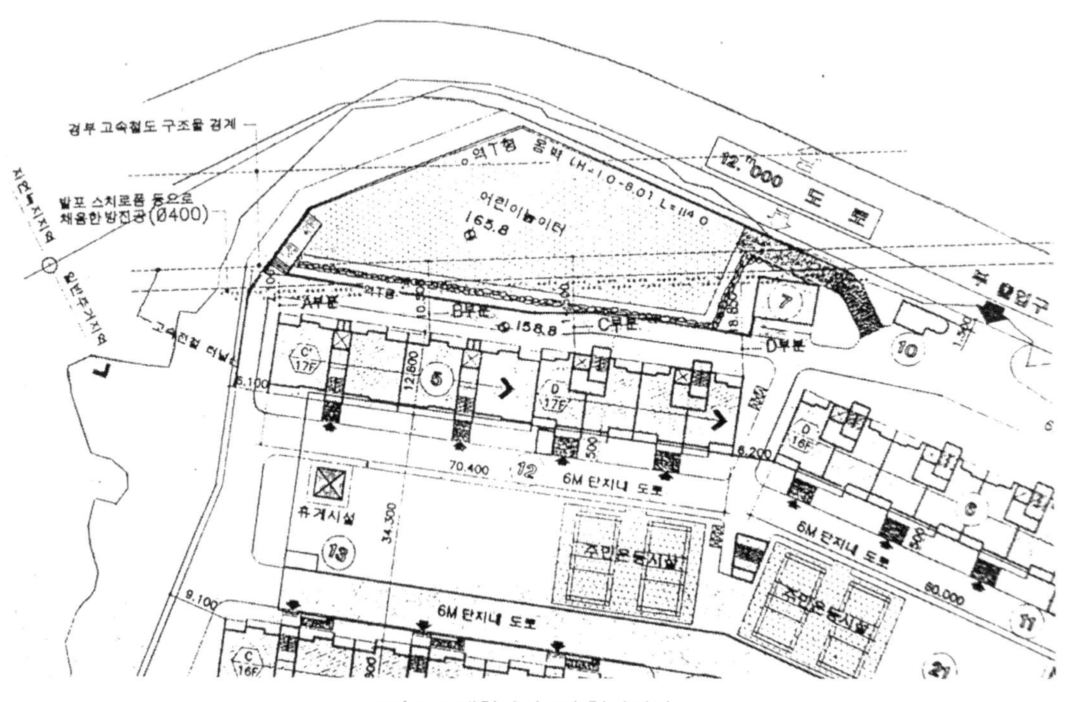

그림 5.8 계획단면 1의 현장평면도

단면을 선정하였다. 계획단면 2의 경우에도 현장평면도상에서 4개의 위치를 선정하였으나 D단면의 경우 단면도가 계획단면 1의 D단면과 동일하므로 계획단면 2의 경우에는 그림 5.9에 도시된 바와 같이 A, B, C의 3개 단면에 대해서만 안전성을 검토하였다.

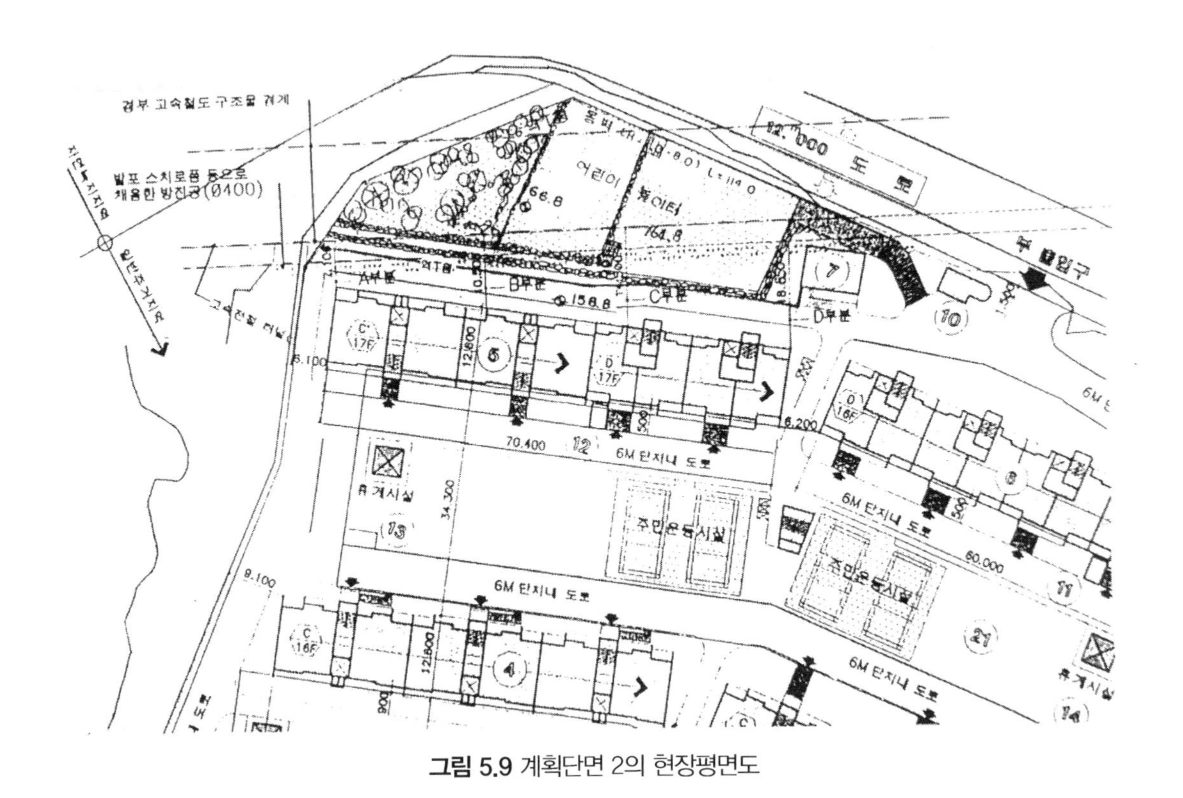

그림 5.9 계획단면 2의 현장평면도

검토 대상 단면의 지층구성을 살펴보면 점토·자갈층, 풍화토층, 풍화암층, 경암층, 연암층의 순으로 구성되어 있다. 조사지역의 지층별 분류는 다음과 같다.

① 점토·자갈층

점토·자갈층은 5~7m의 비교적 두꺼운 두께로 퇴적되어 있으며, 점토가 우세한 지층에 자갈 약 25~35%, 호박돌 약 15~30%가 산재된 혼합층이다.

② 풍화토층

풍화토층은 두께가 3~4m로 퇴적되어 있으며 하부 기반암을 이루는 아다멜라이트의 풍화에 의해 형성된 지층으로 점토성분이 우세하며, 미풍화된 암편이 협재하기도 한다. 흙의 색깔은 황갈색을 보인다.

③ 풍화암층

하부 기반암을 이루는 아다멜라이트의 풍화에 의해 형성된 풍화암층으로 높은 강도를 보이나 상부는 지하수에 의한 화학적 풍화작용을 받아 특히 장석 및 유색광물의 세립성이 와해되어 쉽게 부스러지며 본래의 암성은 거의 상실되었고, 암맥이 협재한다.

④ 연·경암층

연암층은 하부 기반암을 이루는 아다멜라이트의 연암층으로 절리 및 균열의 발달로 코어 회수율은 매우 낮으며, 암편상의 코어가 회수되었다. 암의 색은 암회색이다. 또한 경암층은 대체로 신선한 상태며 코어회수율은 100%며 RQD는 60~100%다.

5.3.2 토질정수 산정

사면안정검토 대상 단면을 구성하고 있는 점토·자갈층, 풍화토층, 풍화암층, 연암층, 경암층의 토질정수는 시추조사로 얻어진 토질주상도를 참고로 하여 표 5.4와 같이 추정된 바 있다. 본 사면안정해석에서는 표 5.4에 제시되어 있는 토질정수를 사용하였다.

표 5.4 사면안정해석에 사용된 토질정수

	습윤단위중량(γ_t)	포화단위중량(γ_{sat})	점착력(c)	내부마찰각(ϕ)
점토·자갈층	1.8(t/m^3)	1.9(t/m^3)	0(t/m^2)	30°
풍화토층	1.8(t/m^3)	1.9(t/m^3)	0(t/m^2)	30°
풍화암층	2.0(t/m^3)	2.0(t/m^3)	1(t/m^2)	35°
연암층	2.3(t/m^3)	2.35(t/m^3)	5(t/m^2)	35°
경암층	2.6(t/m^3)	2.6(t/m^3)	10(t/m^2)	40°

5.3.3 해석 프로그램

대상 지역과 같이 자연사면을 절개하였을 경우의 사면파괴는 주로 무한사면파괴 형태로 발생하고 있다. 따라서 본 연구에서는 무한사면의 안정해석이 가능한 프로그램인 SPILE을 사용한다. 이 프로그램은 사면안정대책공법으로 억지말뚝공법을 채택하였을 경우에 억지말뚝의 사면안정효과를 고려할 수 있게 작성된 프로그램이기도 하다. 그러나 검토 대상 단면의 무한사면파괴가 발생되지 않을 경우도 예상하여 원호활동파괴형태의 사면안정해석이 가능한 프로그램인 STABL도 사용하였다.

(1) STABL

프로그램 'STABL'은 1975년 Indiana Purdue 대학교의 R.A. Siegel 등이 개발한 프로그램으로 Castes(1971)의 해석방법을 이용하였다. 즉, 전단활동 파괴면에서의 한계평형상태로 해석하여 완전한 평형을 이루지 못하는 임계면을 불규칙하게 추적하여 임계활동파괴면을 찾아내는 방법이다.

(2) SPILE

프로그램 'SPILE'은 산사태억지말뚝 해석 프로그램으로 개발된 프로그램(과학기술처산하 한국정보산업연합회 프로그램등록번호 94-01-12-2970)이다. 본 프로그램은 사면의 안정해석과 말뚝의 안정해석의 두 부분으로 크게 구분되어 있다. 사면의 안전율은 붕괴토괴의 활동력과 저항력의 비로 구해지며 절편법에 의하여 산출되도록 하였다. 사면활동에 저항하는 저항력은 사면파괴면에서의 지반의 전단저항력과 억지말뚝의 저항력의 합으로 구성되어 있다.

이 프로그램은 다음 사항을 고려하여 개발되었다.

일반적으로 사면활동 방지용 말뚝의 설계에서는 사면안정사례[30]의 말뚝 및 사면의 두 종류의 안정에 대해서 검토하여야 한다. 우선 붕괴될 토괴에 의하여 말뚝에 작용하는 측방토압을 산정하여 말뚝이 측방토압을 받을 때 발생할 최대휨응력을 구하고, 말뚝의 허용휨응력과 비교하여 말뚝의 안전율을 산정한다. 한편 사면의 안정에 관하여는 말뚝이 받을 수 있는 범위까지의 상기 측방토압을 사면안정에 기여할 수 있는 부가적 저항력으로 생각하여 사면안전율을 산정한다. 이와 같이하여 산정된 말뚝과 사면의 안전율이 모두 소요안전율 이상이 되도록 말뚝의 치수를 결정한다. 여기서 말뚝의 소요안전율은 1.0으로 하고 사면의 소요안전율은 1.2로 한다.

말뚝의 사면안정효과는 말뚝의 설치간격에도 영향을 받는다. 일반적으로 말뚝의 간격이 좁을수록 말뚝이 지반으로부터 받을 측방토압의 최대치는 커진다. 측방토압이 크면 사면안정에는 도움이 되나 말뚝이 그 토압을 견디어내지 못하므로 말뚝과 사면 모두의 안정에 지장이 없도록 말뚝의 간격도 결정하여야 한다.

한편 말뚝의 길이는 사면의 파괴선을 지나 말뚝의 변위, 전단력 및 휨모멘트가 거의 발생하지 않는 길이까지 확보되어야 한다. 그러나 암반이 비교적 얕은 곳에 존재할 경우는 말뚝이 소켓 형태가 되도록 설치하여야 한다.

5.3.4 설계단면의 안정성 검토

검토 대상 사면의 단면에 토질정수와 지하수위를 포함하여 사면안전율을 계산한다. 지하수위에 관한 사항은 지반조사보고서상에는 고려되어 있지 않으나 사면이 습윤상태에 있을 경우 사면안정성이 저하되는 점을 감안하여 본 연구에서는 지하수위를 고려하여 사면안정계산을 실시해보도록 한다.[22-24]

강우강도가 흙의 투수계수의 5배가 넘게 되면 우수가 지중에 침투하기 시작하여 침윤전선(wetting front)이 지중에 형성되기 시작하고, 이 상태가 계속되면 하부에서부터 지하수위가 상승하면서 동시에 간극수압이 증가하는 것으로 밝혀졌다. 따라서 본 연구에서는 침윤전선하강을 고려하여 최소사면안전율이 발생하는 지층의 상단부에서 하단부로 점차 침윤전선이 하강한다고 보아서 해석을 실시하였다(그림 5.10 참조).

본 지역의 사면에는 점토·자갈층 및 풍화토층 그리고 풍화암층의 층상이 지표면과 거의 평행을 유지하고 있는 관계로 원호파괴보다는 전형적인 평면파괴(무한사면파괴)가 발생할 가능성이 높은 것으로 판단되어 먼저 평면파괴에 대한 최소사면안전율을 계산하였다.

평면파괴가 발생되는 파괴면으로는 점토·자갈층과 풍화토층의 경계면을 파괴면으로 한 경우 및 풍화토층과 풍화암층의 경계면을 파괴면으로 한 경우의 두 가지를 검토하였다. 따라서 점토·자갈층과 풍화토층의 경계면을 파괴면으로 한 경우를 고려한다면 계획단면 1과 계획단면 2의 경우에 평면파괴가 인장균열(tension crack)로부터 시작되는 것으로 생각하였다.

계획단면 1과 계획단면 2의 4개의 파괴면에 대해서 사면이 완전포화상태일 경우와 사면에서 지하수위를 무시하였을 경우의 최소사면안전율을 표 5.5에 나타내었다. 여기서 완전포화상태의 안전율이 의미하는 것은 지하수위가 강우로 인하여 지표면에 도달한 만수위 때의 안전율을 의미하고 지하수위를 무시하였을 경우의 안전율이 의미하는 것은 건기시의 안전율로 지하수위가 검토 대상 단면에서 고려되지 않았을 때의 안전율을 의미한다.

최소사면안전율이 발생하는 면은 모두 점토·자갈층과 풍화토층의 경계면에서 발생하였다.

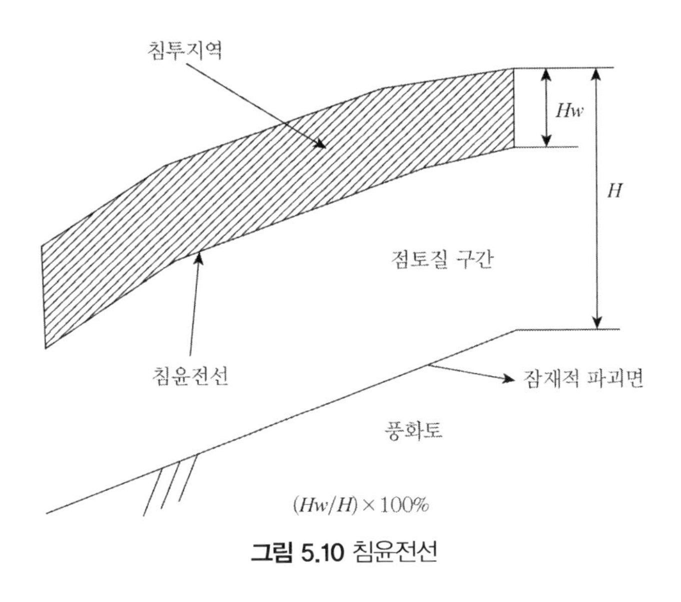

그림 5.10 침윤전선

표 5.5 대상 사면에 대한 최소사면안전율

	계획단면 1		계획단면 2	
	완전포화상태	지하수위 무시	완전포화상태	지하수위 무시
A단면	0.935	2.231	0.732	1.702
B단면	1.099	2.456	1.051	2.320
C단면	1.024	2.290	0.930	2.114
D단면	1.073	2.353	계획단면 1과 동일	

이상의 결과로 미루어보면 건기 시에는 소요안전율을 충분히 확보하고 있는 것으로 나타났다. 그러나 강우로 인하여 사면이 전부 포화되었을 경우에는 사면이 다소 불안정해질 수도 있는 것으로 나타났다.

다음으로 침윤전선하강을 고려하여 최소사면안전율이 발생하는 지층의 상단부에서 하단부로 점차 침윤전선이 하강한다고 보아서 해석을 실시한 결과는 표 5.6과 같다.

표 5.6 침윤선하강을 고려한 최소사면안전율 계산 결과

	계획단면 1				계획단면 2			
	0% 포화	50% 포화	80% 포화	100% 포화	0% 포화	50% 포화	80% 포화	100% 포화
A단면	2.231	1.566	1.183	0.935	1.702	1.204	0.917	0.732
B단면	2.456	1.760	1.359	1.099	2.320	1.668	1.294	1.051
C단면	2.290	1.640	1.266	1.024	2.114	1.506	1.157	0.930
D단면	2.353	1.695	1.318	1.073	2.353	1.695	1.318	1.073

표 5.6을 보면 강우로 인하여 침윤전선이 하강하여 점토·자갈층의 50%를 포화시켰을 경우에는 계획단면 1과 계획단면 2 모두 각각의 단면에 대해서 소요안전율 1.2를 충분히 만족시키지

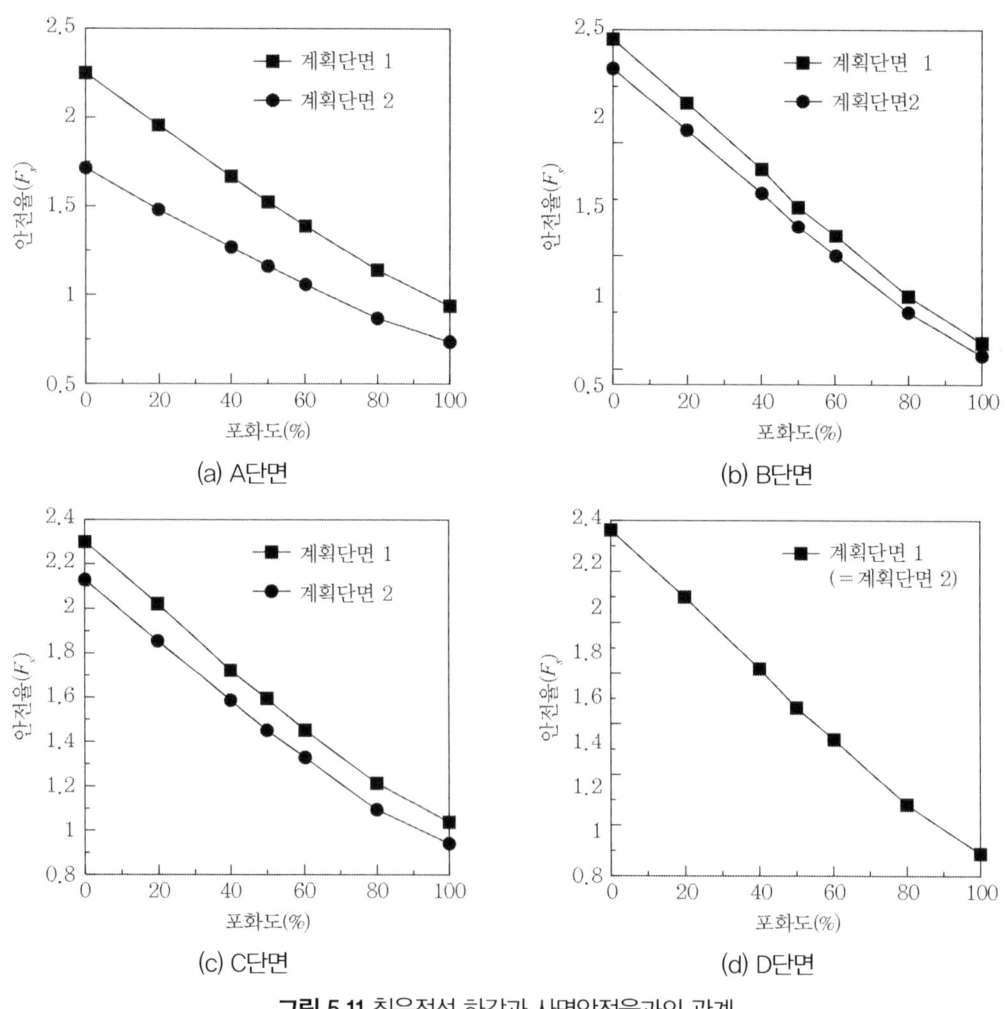

그림 5.11 침윤전선 하강과 사면안전율과의 관계

만 계속된 강우로 인하여 침윤전선이 더욱더 하강하여 점토·자갈층의 80%를 포화시켰을 경우에는 계획단면 2의 A단면의 경우에는 사면이 다소 불안정해질 수도 있다는 것을 알 수 있다. 참고적으로 침윤전선하강에 따른 사면안전율의 변화를 나타내는 그래프를 그림 5.11(a)~(d)에 도시하였다.

제5.4절 '고속전철 운행 시 진동예측, 평가 및 대책방안'에 대한 분석 및 고찰은 참고문헌[29]에 자세히 기술되어 있으므로 이를 참조하기로 한다. 이 참고문헌에는 다음 사항이 기술되어 있다.

5.4 고속전철 운행 시 진동예측, 평가 및 대책방안

5.4.1 모델 해석을 위한 기본설계 자료

(1) 터널구조 및 주변 지반조건

(2) 열차, 궤도 및 주행 현황

5.4.2 터널 내 발생진동 예측 모델, 예측해석 및 평가

(1) 신간선 실측 모델 및 이론 모델

(2) Kurzweil의 이론 모델

(3) Ungar의 이론 모델

(4) Rhee의 실측 모델

(5) 종합평가

5.4.3 고속전철의 주행진동이 아파트에 미치는 영향과 실내소음 전환특성 예측 및 평가

(1) 진동 레벨의 소음전환 평가 소음도

(2) 실내 소음기준과의 평가

5.4.4 방지대책방안의 평가 및 제언

(1) 진동원 대책

(2) 전파경로 대책

(3) 수진점(受振) 대책

(4) 방진대책방안 종합 요약

5.5 결론 및 제언

본 연구는 부산광역시 금정구 청룡동 312번지 일원에 시공 중인 경동아파트에 인접하여 계획된 고속철도 건설에 따른 제반 안전성을 검토하고, 필요시 그 대책방안을 제시하는 데 목적이 있으며, 종합 검토 결과 다음과 같은 결론을 얻었다.

(1) 고속철도 건설 공사 시 아파트에 미치는 영향 및 대책

본 적용 구간은 NATM 공법 구간으로서 사용 건설장비에 따른 건설작업 진동은 대상 아파트 지점에서 68±5dB로 예측되고, 발파에 따른 진동은 발파 패턴 II의 경우 76dB로, 발파 패턴-IV의 경우 75dB로 예측되므로, 대상 지점에서의 진동기준치인 60dB에 비추어 최대 16dB 정도를 저감시킬 수 있는 방진대책방안이 검토되어야 한다(대책은 2항 참조).

(2) 고속전철 주행 시 아파트에 미치는 영향 및 대책

고속전철의 운행에 따른 진동예측은 차량, 궤도, 터널구조, 지반 및 대상 건물 등의 조건에 따라 다르므로 신간선 이론 및 실측 모델, Kurzweil의 이론 모델, Ungar의 이론 모델 및 Rhee의 실측 모델을 중심으로 해석한 결과, 대상 아파트 지점에서 72dB로 예측되었다. 따라서 대상 지점에서의 진동기준치인 60dB에 비추어 최대 12dB 내외를 저감시킬 수 있는 방진 대책이 검토되어야 한다.

방진 대책은 진동원대책, 전파경로대책 및 수진점대책으로 구분되나, 본 평가에서는 전파경로 대책으로서 단일지중 방진벽, 단일지중벽+EPS 매트 구조, 가스큐션 구조 및 방진공 구조

방안 등을 예시한다. 특히 방진효과가 우수하고 시공성이 용이한 단일지중방진벽 구조를 우선 권장 방안으로 제시하며, 가스큐션 n방식도 차선책으로 제시한다. 아울러 고속철도 구조물 관련 시설에도 진동원 대책으로서 방진시설을 검토한다면 보다 쾌적한 환경이 조성될 것으로 사료된다.

(3) 아파트 배면 사면의 안전성

경동 아파트 배면사면에는 점토·자갈층 및 풍화토층 그리고 풍화각층의 증상이 지표면과 거의 평행을 유지하고 있는 관계로 파괴가 발생할 경우 원호파괴보다는 전형적인 평면파괴(무한사면파괴)가 발생할 가능성이 많은 것으로 판단된다.

계획단면 1과 계획단면 2에 대해서 각각 평면파괴에 대한 최소안전율을 계산한 결과 사면의 최소안전율은 점토·자갈층과 풍화토층 사이에서 발생하며, 소요안건을 충분히 확보하고 있는 것으로 나타났다. 그러나 강우 시 강우의 지중침투로 인하여 사면이 다소 불안정해질 수도 있으므로 배수 측구 및 지중 배수공을 설치하여 사면이 완전히 포화되지 못하도록 해야 할 필요가 있다.

• 참고문헌 •

(1) ISO, "Guide for the evaluation of human exposure to vibration and shock in buildings", Addendum 1: Acceptable Magnitude of vibration. Standard Addendum ISO 2631 DADI-1980.

(2) Murray, R. J.(1974), "Railway Gazette International", p.337.

(3) H.V.C Howarth and M.J. Griffin(1988), "Human Response to Simulated Intermittent Railway-Induced Building Vibration", Journal of Sound and Vibration, 120(2), pp.413-420.

(4) 中野有明(1987), "道路交通振動の測定", 評價における 問題點と課題, 環境技術, Vol.16, No.3, pp.201-204.

(5) 三輪俊輔, "公害振動の評價法", 第399回講習會テ丰之下, (社)日本機械學會.

(6) 한국고속철도 건설공단 건설국(1996), '고속철도 근접 경동아파트 건설에 따른 검토용 자료'.

(7) 公害等調整委員會事務局, "公害苦情調査結果報告書", 平成7年.

(8) (社)日本音響資料協會(1983), "騷音 · 振動對策 Handbook", 集文社, p.589.

(9) (社)日本建設機械化協會(1996), "騷音制御", Vol.20, No.4, pp.69-75.

(10) 畑中元弘, "發破による地盤および建物の振動", 建設工學研究所報告, No.3, 昭和37 3.

(11) J.R. Theonen, S.L. Windes, U.S. Bureau of Mines. Reports of Investigations, No.3319(1936), 3353, 3407, 3431(1938) 3592(1940).

(12) G.Morris(1950), Engineering, Vol.190.

(13) 渡邊時男 外(1974), "地下鐵のトンネルと地盤の振動", 鐵道, Vol.16, No.10, p.615.

(14) 早川清 外(1993), "地下鐵軌道での防振マシトの低減效果確認試驗", 第2回 振動制御 Symposium PART B, pp.143-150.

(15) L.G. Kurzweil Ground-Borne(1979), "Noise and Vibration from Underground Rail Systems", Journal of Sound and Vibration, 66(3), pp.363-370.

(16) E.E. Ungar and E.K. Bender(1975), "Vibrations Produced in Buildings by Passage of Subway Trains: Parameter Estimation for Preliminary Design", Inter-Noise75, pp.491-498.

(17) C.J. Rhee(1985), Traffic Noise and Subway Vibration-A Guide to its Evaluation and Control for an Apartment Construction.

(18) J.E. Manning, et al.(1974), "Prediction and Control of Rail Transit Noise and Vibration-a state-of-the-art assessment": USDOT Report No.UMTA-MA-06-0025-74-5(NTIS #PB 233363).

(19) E.K. Bender, et al.(1969), "Predictions of subway-induced noise and vibration in buildings near WMATA, Phase 1", BBN Report #1823.

(20) 吉原醇一外(1991), "地下鐵 振動の傳搬性状に關する研究(その1)", 大林組技術研究, FTR No.42, pp.27-36.

(21) 平野滋 外(1992), "地下鐵 振動の傳搬性状に關する研究(その3)", 大林組技術研究所, #No.44, pp.239-44.

(22) 畠山直隆(1984), "衛生工學 Handbook(騷音振動編)", p.525.

(23) 畠山直隆(1975), "昭和49年度 特定研究(1)", 環境污染制御, p.353.

(24) 龍淵清實他 外(1977), "토목학회지", Vol.62, No.5, 10, May.

(25) S.A. hmad and T.M. Al-Hussanini(1991), "Simplified Design for Vibration Screening by Open and In-filled Trenches, Journal of GE, Vol.1, pp.67-88.

(26) S. Ahmad, J. Baker and J. Li(1995), Experimental and Numerical Investigation on Vibration Screen by In-filled Trenches.

(27) Richard D. Woods(1968), "Screening of Surface Waves in Soils", Journal of SMFD, ASCE, Vol.94, No.SM4, 951-979, July.

(28) K. Rainer Massarsch(1991), "Ground Vibration Isolation Using Gas Cushions", Proceedings-2nd International Conference on Recent Advances in Geotechnical Earthquake Engineering and Soil Dynamics, No.11.6, pp.1461-1470, March.

(29) 홍원표 · 이출재 · 이재호(1996), '부산 청룡동 경동아파트와 고속철도 건설계획에 따른 기술검토 연구보고서', 중앙대학교.

(30) 홍원표(2023), 사면안정사례, 도서출판 씨아이알.

Chapter

06

제방의 안정

Chapter 06 제방의 안정

6.1 서론

최근에 급격한 도시의 팽창과 산업의 발달에 부응하기 위하여 하천 및 해안에 제방을 축조함으로써 이들 지역의 토지이용도를 증가시키고 있다. 이들 제방은 홍수, 해일 등에 의한 물의 범람으로부터 토지에 미치는 피해를 막기 위하여 하천, 해안, 호수 등에 연하여 축조되는 토목구조물로서 토사나 모래 등으로 축조되는 경우가 많다.

그러나 이러한 제방이 제 기능을 충분히 발휘하지 못하고 붕괴될 경우 인명과 재산상의 피해는 막심해진다. 예를 들면, 1987년 여름 중부지방에 내린 집중폭우 시 발생한 중부지역의 제방 붕괴 및 인근 제방 붕괴로 발생한 청주지역의 오송지하차도 침수피해는 인명과 재산상의 막대한 피해를 입혔다. 이러한 제방 붕괴에 대한 철저한 방재 대책을 마련하지 않는 한 해마다 그 피해 규모 및 피해액은 증가할 것이 예측된다. 이와 같이 현재 제방은 방재구조물로서의 중요성이 과거 그 어느 때보다 깊이 인식되고 있음은 물론이고 매년 그 인식도도 높아가고 있는 실정이다. 그러므로 제방의 안정성을 더욱 향상시키기 위하여 새로이 제방을 설계·시공할 경우는 방재 측면에서 더욱더 신중을 기하여야 하며, 기존 제방에 대해서는 늘 안전진단을 철저히 해두어야만 한다.

여기에 제방 붕괴에 대한 방재대책을 마련하기 위하여 제방의 붕괴형태와 그 원인을 분석하고 제방의 안전성을 검토해보고자 한다. 특히 본고에서는 하천제방을 주 대상으로 하여 논술하고자 한다. 또한 본고에서는 제방 붕괴를 예방하기 위하여 필요한 제방의 유지관리에 대해서도 알아본다. 끝으로는 제방이 붕괴되었을 경우의 복구대책 및 복구 사례를 정리하고자 한다.

6.2 제방의 종류

제방은 축조 장소, 축조 목적, 규모, 형상, 구조 등에 따라 여러 가지 방법으로 구분할 수 있다. 그러나 통상 장소에 따라 하천제방, 해안제방(호안) 및 간척제방(방조제)의 3가지로 대별할 수 있다. 이들 제방은 구조적으로 약간씩 차이가 있으나 제방 축조 지점의 조건이 같으면 제방의 명칭이 다르더라도 구조적으로는 동일한 경우도 있다.

먼저 하천제방은 하천에 연하여 축조되는 제방으로, 홍수 시의 하천 범람을 방지할 목적으로 축조된다. 따라서 평상시는 제체가 건조된 상태로 있으므로 제체 표면은 풀로 덮여 있는 경우가 많다. 해안제방은 현 해안선에 연하여 마련된 제방으로 해일, 파랑, 진파(쓰나미) 등의 영향을 받으므로 제체 표면은 주로 콘크리트, 아스팔트 등으로 보호되어 있다.

한편 간척제방은 간척에 의하여 새로 조성된 토지를 보호하기 위하여 간척지 전면에 축조되는 제방으로, 현재의 해안선보다 꽤 바다 쪽에 그것도 수심이 깊은 곳에 축조되는 경우가 많다. 따라서 이 제방은 광대한 수역에 그것도 강한 파랑의 작용을 받기 쉬우므로 파압, 월파 등의 파운동에 대해서 안전하도록 제체 표면은 견고한 콘크리트 슬래브, 블록, 돌부림 등으로 보호되어 있다.

최근에 한강, 낙동강 등 우리나라 주요 하천의 개발사업과 더불어 새로운 하천제방의 축조 및 옛 제방의 정비가 실시되고 있다. 또한 신공항건설사업 및 대규모 해안매립사업과 더불어 해안제방 및 간척제방도 점차 증가되는 실정이다.

6.3 제방의 붕괴 형태

제방의 붕괴 원인으로는 하천의 범람, 세굴, 누수, 수위 급강하, 지반의 연약, 지진 등을 열거할 수 있으나 이 중 하천의 범람은 전체 제방 붕괴 원인의 80% 이상을 차지하고 있다. 따라서 하천제방에 대해서는 범람이 발생하지 않도록 계획고 수량 등의 설정에 신중을 기하여야 하며, 홍수 시의 하천수위 상승에 의한 사면파괴나 누수도 발생하지 않도록 설계하는 것이 보통이다.

또한 기존 제방이 홍수에 의하여 누수나 사면파괴 등의 손상을 받은 경우에는 그 원인을 규명하여 홍수 시의 제방 안정성에 대해서 충분히 검토한 후에 대책을 강구하는 것이 좋다.

앞에서 열거한 붕괴 원인에 의거하여 제방은 여러 가지 형태로 붕괴된다. 이러한 제방 붕괴 형태를 잘 관찰해보면 크게 4가지로 구분할 수 있다. 즉, 제방의 정상부가 붕괴되는 경우에는 제방의 뒤 사면(육지 측 사면)이 붕괴되는 경우, 제방의 앞 사면이 붕괴되는 경우 및 기초지반이 붕괴되는 경우다. 이와 같은 제방 붕괴 형태에 대해서 각각 설명하면 다음과 같다.

6.3.1 정부붕괴

대단히 심한 강우가 발생하여 수위가 제방높이보다 높아지면 물이 넘쳐흘러 뒤 사면이나 제방정부가 세굴되어 그림 6.1에 표시된 바와 같이 점차 제방단면이 감소되고 결국은 전면적인 붕괴에 이르는 경우가 많다. 이와 같은 형태로 제방이 붕괴하면 다량의 물이 제체에 흘러들게 되어 가장 많은 피해를 가져온다. 특히 토사로 축조된 제방은 물에 대해서 매우 약하고 물이 넘쳐흐르면 제방 붕괴는 피할 수 없다고 생각할 수 있을 정도다. 그 밖에도 누수나 세굴에 의한 국부적인 붕괴가 진행되어 종국적으로 이러한 형태의 붕괴가 발생하는 경우도 있다.

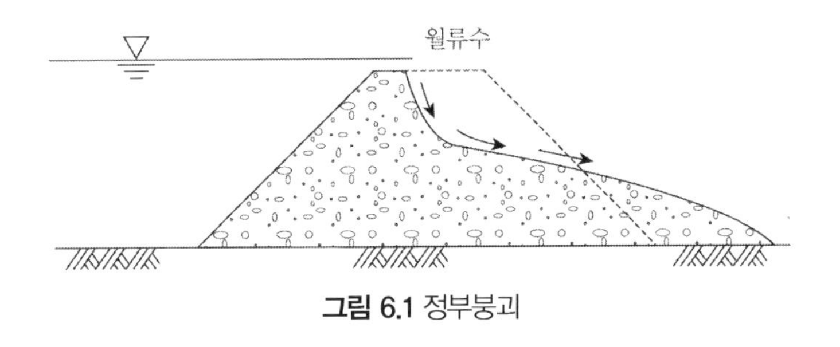

그림 6.1 정부붕괴

6.3.2 뒤 사면붕괴

제방사면은 강우의 침투가 원인이 되어 파괴되는 경우가 많다. 사질토로 축조된 제방은 연속우량이 250mm를 넘는 강우가 발생하였을 경우에는 사면이 파괴되는 예가 많다. 이러한 강우가 하천수위의 상승에 그다지 크게 기여하지 않아 우수만이 제체 내에 침투하는 경우는 비교적 앞 뒤 사면의 표면 부분만이 파괴되는 소규모 파괴가 많이 발생한다.

그러나 그림 6.2에서 보는 바와 같이 강우량이 많아져서 하천수위가 상승하게 되면 제방의 뒤 사면 부분이 파괴되는 경우가 많아진다. 이때 파괴면도 표면 부분보다 깊은 곳에 발생하여 파괴 규모도 커진다. 이 경우 제체 내의 수위 상승에 강우의 영향이 가해지기 때문에 제체 내의 자유수면은 그림 6.2에서 표시된 바와 같이 뒤 사면 부근에 산모양으로 되어 뒤 사면의 붕괴가 발생하기 쉬운 상태로 된다. 파괴가 발생하기 시작하면 침투 경로가 짧아져서 파괴가 점점 더 진행되어 종국에는 제방의 붕괴에까지 이르는 경우도 있다. 또한 제방의 기초지반에 난투수성 지반이 불연속적으로 존재하여 있는 경우에도 투수성지반으로부터의 침투수 영향이 가중되기 때문에 뒤 사면파괴가 한층 더 발생하기 쉽다.

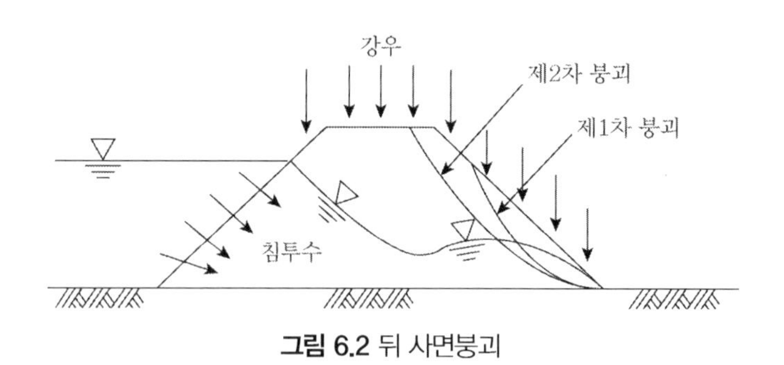

그림 6.2 뒤 사면붕괴

6.3.3 앞 사면붕괴

앞 사면의 파괴도 뒤 사면의 경우와 같이 하천수위가 상승됨이 없이 강우로 인한 강수만이 제체 내에 침투하는 경우 발생하기 쉽다. 그 밖에도 앞 사면의 파괴가 발생되는 원인으로는 그림 6.3에서 보는 바와 같이 강우로 인하여 상승하였던 하천수위가 급히 강하할 경우를 생각할 수 있다. 즉, 수위 상승으로 인하여 높아졌던 제체 내의 자유수면은 수위가 하강할 경우 변동하게 되지만 급작스런 수위하강에 즉각 반응하지 못하므로 인하여 제체 내의 침투수면은 그림 6.3에서 보는 바와 같이 앞 사면 부근에 산모양으로 되어 결국 앞 사면을 파괴시키려는 힘에 기여하

그림 6.3 앞 사면붕괴

게 된다. 그 밖에도 물의 흐름에 의한 세굴 등에 의하여서도 이러한 붕괴는 발생할 수 있다.

6.3.4 기초지반의 붕괴

연약지반상에 제방을 축조하면 그림 6.4에 도시한 바와 같이 시공 중 기초지반을 포함한 붕괴가 발생하는 경우가 있다. 특히 하천의 하류부 충적평야나 해안지역 및 간척지역의 연약지반에 축조된 제방은 이러한 파괴 형태로 발생한 예가 많다. 따라서 연약지반에 제방을 설계할 경우는 원호파괴 등에 대한 안전율을 검토하여 충분한 안전성을 확보할 필요가 있다. 그 밖에도 연약지반에 설치된 제방은 처음에는 지반의 침하현상에 의하여 제방이 낮아져서 소정의 제방 높이가 확보되지 못하는 경우가 발생하므로 제방의 높이를 늘 관찰할 필요가 있다.

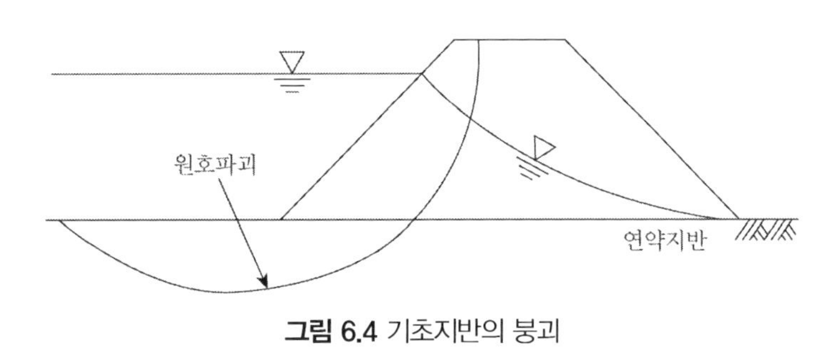

그림 6.4 기초지반의 붕괴

6.4 제방의 안정성

제방은 앞 절에서 열거한 각종 붕괴형태에 대해서 안정성을 확보해야만 한다. 제방의 안정성 여부를 확인하기 위하여서는 안전진단을 실시할 필요가 있다. 제방의 안전진단은 제체축조에 사용된 재료와 제방단면의 검토로부터 실시될 수 있다. 제체 재료에 대해서는 투수성과 전단강도의 측면에서 검토해야 하며, 제방단면에 대해서는 계획고수위, 침투수 등의 측면에서 검토해야 한다. 그 밖에도 세굴이나 활동파괴에 대해서서도 검토해야 한다. 이들에 대해서 좀 더 자세히 설명하면 다음과 같다.

6.4.1 제체 재료

일반적으로 제체 재료로서 바람직한 흙의 조건을 열거하면 다음과 같다.

(1) 전단강도가 좋은 흙
(2) 불투수성의 흙
(3) 압축변형이 적은 흙
(4) 침수, 건조 등의 환경변화에 대해서 안정된 흙
(5) 조립분과 세립분의 입도 분포가 양호한 흙

조립분(0.0074mm 이하의 흙 입자)이 5% 미만인 흙이나 고유기질의 흙은 제방축조로서는 부적합한 흙이다.

6.4.2 제방의 높이

제방은 하천 등의 범람을 방지할 수 있도록 충분한 높이를 가지고 있는가 검토하여야 한다. 일반적으로 제방의 높이는 아래 식과 같이 계획고수위에 여유고를 가산한 높이보다 커야 한다.

$$제방의\ 높이 \geq 계획고수위 + 여유고$$

여기서 계획고수위는 계획고 수유량을 통과시키기에 필요한 수위로, 하도 계획 시 수리계산 등에 의하여 결정된다. 여유고는 엄밀하게는 각각의 하천구간의 특성에 따라 정해져야 하지만 계획고 수유량의 규모에 따라 대략 표 6.1과 같이 구할 수도 있다.

표 6.1 계획고수유량에 대한 여유고와 천단폭

계획고수유량(m^2/sec)	여유고(m)	천단폭(m)
~200	-	3
200~500	0.6	3
500~2,000	0.8	4
2,000~5,000	1.0	5
5,000~10,000	1.2	6
10,000~	2.0	7

6.4.3 침투수에 대한 안전

다음에 열거하는 제방의 경우는 유선망을 그려 홍수 시의 제방의 안전성을 검토할 필요가 있다.

(1) 투수계수가 큰 흙(예를 들어, 사질토, 모래 등)을 사용한 경우
(2) 단면 크기가 부족한 경우
(3) 제체 전면에 하상굴착을 행한 경우
(4) 지반조건이 복잡한 경우
(5) 전단강도가 작은 흙을 사용한 경우

제방의 안전성을 검토하는 경우에는 제6.3절에서 설명한 여러 가지 제방 붕괴를 유발하였던 외적 조건하에서의 제방 내 침투류를 구하여 배수의 발생 여부를 검토함과 동시에 제방의 안전성을 검토하는 경우에는 제6.3절에서 설명한 여러 가지 제방 붕괴를 유발시켰던 외적 조건하에서의 제방 내 침투류를 구하여 배수의 발생 여부를 검토한다. 이와 동시에 통상의 원호파괴면에 대한 안전계산을 실시한다. 이 경우 안전율은 보통 1.20~1.30 정도 이상이 되면 안전하다. 검토 대상이 되는 제체 내 침투류로는 아래의 세 가지 경우를 들 수 있다.

(1) 계획고수위에 대한 제체 내 침투류
(2) 계획고수위에 수위가 급강하 시의 제방 앞 사면부의 침투류
(3) 강우에 의한 제체 내 침투류

침투류에 대해서 안전을 확보하기 위하여서는 충분한 크기의 단면이 필요하다. 제방의 단면은 앞에서 설명한 제방의 높이 이외에도 제방천단폭, 소단, 사면구배가 적당한지에 대해 검토할 필요가 있다. 천단폭은 계획고수유량에 따라 표 6.1과 같이 되어 있음이 좋다. 제방이 3~5m 이상 높이면 소단을 배치함이 좋으며, 사면구배는 보통 2할 이상의 구배, 즉 높이 대 길이의 비가 1:2 이하가 바람직하다.

6.4.4 기타(쇄굴, 지반안정성)

제방은 토사로 축조된 경우가 많으므로 흐르는 물에 침하되어 붕괴되는 경우도 있으므로 이에 대한 관찰 및 검토가 필요하다. 이러한 붕괴 피해를 방지하기 위하여서는 호안, 즉 사면복공 및 사면저부보강 등을 마련할 필요가 있다.

또한 연약지반에 축조된 제방의 경우는 기초지반을 포함한 사면안정 계산을 실시할 필요가 있으며, 침하량도 계산하고 정기적으로 관찰할 필요가 있다.

6.4.5 누수 대책

누수에는 제체누수와 지반누수가 있고 제체누수는 제방의 뒤 사면 저부에 누수가 발생하는 경우며, 지반누수에 제방의 외측(제내 측) 지반 저면에 누수가 발생하는 경우다. 누수 개소가 판명되면 현지의 상황에 따라 다음과 같이 누수 대책을 마련한다.

(1) 제방단면의 확대: 양측사면에 흙을 덧붙여 단면을 증가시킨다. 또는 소단을 설치하기도 한다.
(2) 사면복공, 지수벽 설치: 앞 사면을 콘크리트, 아스팔트 등으로 피복한다.
(3) 제방 뒤 사면 끝 부근 보강: 뒤 사면 끝 부분을 돌쌓기 등으로 보강한다.

6.5 유지관리

6.5.1 제방 순찰

하천에 축조된 공작물의 유지관리를 잘하여 시공당시 기능을 지속시킴으로써 홍수에 대해서 항상 안전하게 지역을 보호하여야 한다. 그러므로 하천은 공공시설로서의 기능을 충분히 발휘할 수 있으며, 주민의 생활과 자연환경이 자연재해로부터 보존될 수 있다. 세월이 지남에 따라 제방에는 잡초가 무성하고, 하도에는 토사가 퇴적되기가 쉽다. 이를 그대로 방치하면 홍수 시 범람을 초래하거나 취수 등 이수기능을 충분히 달성할 수 없게 된다. 따라서 평상시부터 제방이나 기타의 하천 관리시설 등의 유지관리를 철저히 하여 홍수에 대한 피해를 최소한으로 하도록 노력하여야 한다. 평상시의 유지관리는 적은 예산으로 막대한 재해를 미연에 방지할 수 있으므로 늘 하천의 유지관리가 얼마나 중요한가를 인식하지 않으면 안 된다.

상시 혹은 이상 시의 제방 순찰을 충분히 행하여 제방의 손상 정도, 규모 등의 실태나 원인은 물론 긴급성 및 중요성 등을 잘 검토하여야 한다. 순찰 결과 보수를 하여야 할 필요가 있을 경우는 시공순위, 공법을 적절히 선택하여 효과적으로 진행시켜야 한다. 즉, 제방을 적절히 선택하여 양호한 상태로 유지하기 위하여 순찰을 통하여 잔디의 손질, 천단과 경사면의 유지, 제체균열의 처리, 누수의 방지, 짐승에 의한 구멍의 처리 등을 실시하여야 한다.

제방의 순찰은 일상 정기적으로 실시하고 있으나 별도로 정기점검 혹은 일제 점검으로 매년 적어도 우기 전후 및 태풍 전후에 실시하여 이상 장소를 조기에 발견하도록 하여야 한다.

6.5.2 유지관리사항

제방의 유지관리 사항 중 일부를 열거하면 다음과 같다.

(1) 경사면 잔디의 양생

제방의 경사면을 피복하고 있는 잔디가 잡초로 바뀌면 홍수 시 누수를 조기에 발견할 수 없으므로 제초 및 풀베기를 하는 것이 좋다. 장소에 따라 차이는 있으나 매년 적어도 3회 정도 잡초를 베어 잔디를 보호한다.

(2) 비탈면의 잔디나 표면 흙의 손상

잔디의 고사나 유실, 표면 흙의 유실 등의 피해를 받는 경우에는 그 실태와 원인을 잘 조사하여 대처하여야 한다.

(3) 제체의 함몰

함몰의 원인으로는 누수, 제체 내에 설치되어 있는 구조물의 결함에 의한 토사의 유출, 구조물 주변의 다짐불량 등을 들 수 있으므로 원인을 조사하여 거기에 대응한 조치를 강구하여야 한다.

(4) 제방의 균열

균열이 발생한 경우에는 그 원인을 철저히 조사하여 근본적인 대책을 검토하여야 한다. 균열의 보수는 그 부분을 파내어 양질의 흙으로 바꾸어 다짐처리하는 것이 바람직하다.

(5) 구멍이 발견된 경우

곤충이나 짐승에 의하여 만들어진 구멍이 발견되면 흙으로 메우고 잘 다져두어 경사면의 손상을 막아야 한다.

6.5.3 제방 피해 발생 용이 장소

집중호우나 태풍 등으로 인하여 제방에 피해가 발생하기 용이한 장소를 열거해보면 다음과 같다. 이들 지역을 특히 유의하여 관찰할 필요가 있다.

(1) 구 하도상의 장소
(2) 구 하천을 막은 장소
(3) 제방이 붕괴된 적이 있는 장소
(4) 연약지반상의 제방
(5) 제방 축조 후 얼마 경과하지 않은 장소
(6) 단면이 불규칙한 장소(접속부 등)
(7) 횡단 시설물이 매설된 장소
(8) 누수가 있는 장소
(9) 옛 제방단면을 확대시킨 장소

6.6 붕괴복구

6.6.1 복구대책

제방이 손상을 입었거나 붕괴되었을 경우에는 인명과 재산상에 막대한 피해를 주게 되므로 즉각적인 복구대책을 마련하여야 한다. 복구를 우선적으로 행할 장소는 제방의 중요성과 복구에 필요한 기자재의 입수 가능성이나 공기 등을 고려하여 결정한다. 제방의 복구에는 긴급조치, 긴급복구 및 본 복구의 단계가 있다.

긴급조치는 현지답사를 주로 한 긴급조사 결과에 의거하여 재해 후 최단 시간 내에 신속히 행하는 것을 원칙으로 한다.

긴급복구는 본 복구 완료까지의 사이에 피해 전 제방기능의 임시적 복구를 의미한다. 긴급복구는 관리구역 전체의 피해 정도나 가능한 공기를 고려하여 타당한 복구의 수준을 정한다. 피해 정도가 심하지 않은 곳에서는 긴급복구를 실시하지 않고 본 복구를 실시한다.

본 복구는 피해의 규모와 형태, 지반조건, 과거의 피해기록 등을 고려하여 피해 장소에 맞는 공법을 채택하여 실시한다. 이 경우 제방의 기능은 재해 이전의 상태로 복구하는 것을 원칙으로 한다. 그러나 과거의 피해기록 등으로 보아 원형으로 복구하여도 제방의 안전성이 충분하지 않을 경우는 제방의 구조를 개선한다.

제방의 붕괴에 대한 복구의 진행은 다음과 같이 실시한다.

(1) 직원의 비상소집
(2) 긴급복구 체제로의 전환
(3) 긴급조사 및 필요한 긴급배치
(4) 현장조사 및 필요한 긴급배치
(5) 본 복구를 위한 조사 및 필요한 긴급복구 실시
(6) 각계 기관과의 협의
(7) 정보연락 및 정보활동

6.6.2 긴급조사 및 긴급배치

긴급조사는 대략 하루 정도를 목표로 하여 목시(目視), 사진 촬영을 주체로 하여 실시한다.

그러나 피해제방의 길이가 긴 경우에는 피해가 크고, 목적지까지 도달하는 데 기간이 걸리는 경우에는 광범위한 피해가 일어난 경우 헬리콥터 등을 이용하여 공중에서 목시나 사진 촬영을 실시한다.

붕괴위험의 발생 및 붕괴 발생 시는 다음과 같은 긴급조치가 필요하다.

(1) 주민의 대피 및 경보 전파
(2) 붕괴제방으로부터 범람하는 물을 막기 위하여 섶, 나뭇가지, 흙 가마니 등을 이용한 가설제방공 설치
(3) 흙 가마니를 쌓아서 제방고의 확보 및 제방경사면의 세굴 방지
(4) 비닐을 덮어 균열 부분으로 우수가 침투하는 것을 방지
(5) 필요시 상류 댐의 방류조절의 협의 요청
(6) 보고

6.6.3 현장조사 및 긴급복구

(1) 현지답사(사진 촬영 포함)
(2) 측량(종단, 횡단)
(3) 지반조사
(4) 항공사진에 의한 판독·측정
(5) 동태규칙

긴급복구 방법은 대략 표 6.2와 같으므로 적당한 공법을 선정하여 사용한다. 긴급복구가 필요한 제방이라고 판정된 장소에 대해서는 설계조건, 시공조건, 공사기간 및 공사비용을 고려하여 복구공법을 선정한다.

표 6.2 긴급복구공법

주목적	공법
천단고 확보	토사충진 성토 흙가마니 쌓기 가설 제방
우수 침투 방지	토사 충진 성토
제방 누수 방지	토사 충진 흙가마니 쌓기 절, 성토로 표면 보호 지수용 널막뚝 설치(하천 측 표면)
지반 누수 방지 세굴 방지	지수용 널말뚝 설치(하천 측 표면 Toe) 흙가마니 쌓기
제방의 안정 확보	흙가마니 쌓기 토류 널말뚝 압성토

6.6.4 본 복구 조사 및 공법

현장조사로 충분한 조사가 실시된 경우는 본 복구를 위한 조사를 별도로 실시할 필요는 없다. 본 복구를 위한 조사를 필요로 하는 경우의 조사항목은 피해 형태, 본 복구공법의 종류에 따라 다르나 연약층, 투수층의 두께 강도 등의 지반조건을 조사한다. 조사방법은 지반조사를 주로 하여 다음과 같은 상세한 조사를 적절히 선택하여 실시한다.

(1) 과거의 토질조사 자료의 수집 및 정리
(2) 보링, 표준관입시험, 시료 채취
(3) 물리탐사
(4) 현지측정
(5) 실내시험

본 복구공법은 표 6.3에서 적당히 선정한다.

피해 판정 결과 본 복구가 필요하다고 판정된 경우 설계조건, 시공조건, 공사기간 및 공사비 등을 고려하여 복구공법을 선정한다.

표 6.3 본 복구공법

주목적	공법
제체 강도 확보	성토
제체 누수 방지	성토
지반 누구 방지	지수 널말뚝
세굴 방지	호안공
제체의 안정 확보	압성토, 지반개량

6.7 결 론

이상에서 자연재해를 방지하기 위하여 축조된 제방의 종류, 붕괴 형태 및 그 원인, 안전진단, 유지관리 및 붕괴복구에 대해서 검토해보았다. 침투수의 유선망 작성법, 사면의 원호파괴면에 대한 안정계산법에 대해서는 구체적으로 설명하지 않았다. 따라서 정밀한 안전진단이 필요할 경우는 이 분야의 참고서적을 참조하거나 전문가와 상의하는 것이 바람직하다고 생각한다.

• 참고문헌 •

(1) 홍원표(1988), '제방의 안전진단', 중앙민방위, 제2집, 내무부중앙민방위학교, pp.36-39.

(2) 홍원표(1989), '제방복구', 재해대책관리자과정 기본교재, 내무부중앙민방위학교, pp.125-139.

(3) 홍원표(1993), 건설공학, pp.169-181.

Chapter

07

연약지반 속 말뚝기초의 안정

Chapter 07 연약지반 속 말뚝기초의 안정[1,2]

7.1 서론

B.C. 200년경 중국 한나라의 다리 건설에 나무말뚝이 사용된 이후 말뚝은 우리 주변의 토목, 건축의 각종 구조물 기초에 널리 사용되고 있다. 최근에는 산업의 발전과 더불어 중량구조물을 연약지반 지대에도 설치하게 되면서 이에 따른 기초지반의 어려움을 극복하기 위하여 말뚝이 많이 사용되고 있는 것을 볼 수 있다. 이와 같은 말뚝의 기능은 상부구조물의 하중을 연약층 하부의 견고한 지지층에 전달시키려는 것이다. 그 밖에도 말뚝의 사용 분야가 다방면으로 증가함에 따라 말뚝의 기능도 다양하게 되었으며, 이 경향은 금후도 계속될 것이 예상되는 바다.[1,2]

산업의 발달과 더불어 토목, 건축구조물이 점차 복잡해지고 말뚝의 사용 재료, 설치방법 및 사용 목적도 다양해지고 있다. 즉, 말뚝의 초기 재료로는 나무가 많이 사용되었으나 그 후 콘크리트, 철근콘크리트, 강 등이 사용되고 있다. 더욱이 최근에는 이들 재료를 둘 이상 합성한 말뚝도 개발·사용되고 있다.

한편 말뚝의 설치방법으로는 이미 제작되어 있는 기성말뚝을 지반에 타입 혹은 매설시키던 방법에서 말뚝이 설치될 위치를 미리 굴착하고 철근콘크리트 등을 넣어 현장말뚝을 제작하는 방법으로까지 발전하기에 이르렀다.

또한 구조물이 복잡해짐에 따라 말뚝에 작용하는 하중상태도 복잡해지고 있다. 이러한 복잡한 하중조건은 말뚝의 움직임을 복잡하게 하고 있다. 말뚝을 다양해진 사용 목적에 맞게 안전하고 경제적으로 설계하려면 무엇보다도 이러한 복잡한 하중조건하에서의 말뚝의 움직임 및 말뚝과 지반 사이의 상호작용에 관한 발생 기구를 명백하게 해야 한다.

해안을 매립하여 공업단지, 주택단지 등을 조성하게 됨에 따라 연약지반을 기초지반으로 이용하는 경우가 최근에 부쩍 증가하고 있다. 구조물의 하중이 비교적 가벼운 경우는 간단한 연약지반개량공법으로 지반의 강도를 증가시킨 후 직접 기초 위에 구조물을 축조할 수 있다. 그러나 구조물의 자중이 무겁고 중요한 경우는 대부분 연약지반을 기초지반으로 사용하기보다는 말뚝, 케이슨, 피어 등의 매개체를 사용하여 지상의 구조물을 연약지반 하부의 암반이나 견고한 층에 연결시켜 상부의 하중을 직접 전달시키는 깊은기초 형태를 채택하게 된다. 이러한 목적의 깊은 기초 설계에서는 연약지반이 움직이지 않을 것이라는 가정이나 오해하에 모든 설계가 실시되었다.

그러나 대부분의 연약지반은 기초의 완성 후에도 장시간에 걸쳐 여러 가지 원인에 의하여 여러 가지 형태로 변형하게 된다. 예를 들면, 매립 시의 상재하중으로 인하여 연약지반은 압밀침하하게도 되고, 팽창성이 큰 지반에서는 지하수위의 상승에 따라 지반융기가 발생하기도 한다. 또한 연약지반 근처에 도로, 철도, 댐 등의 성토로 인하여 연약지반이 측방으로 이동하기도 한다.

이와 같이 지반이 변형할 경우에는 지반과 말뚝기초 사이에는 상호작용이 발생하여 말뚝기초는 지반으로부터 영향을 받게 되고 이 영향은 대부분의 경우 바람직하지 않은 힘(혹은 하중)을 기초말뚝에 가하게 된다. 이 현상은 결국 구조물의 기초는 물론이고 상부구조물에까지도 심각한 피해를 주게 된다. 최근에 이와 같은 현상으로 인한 구조물 피해는 점차 많아지고 있는 실정이다. 따라서 금후의 연약지반 속 말뚝기초 설계에서는 구조물 축조 후 일어나게 될지도 모를 지반의 변형에 대해서도 충분한 고려를 해야 한다.

7.2 연직하중을 받는 말뚝

현재 사용되고 있는 말뚝은 여러 가지 방법으로 분류할 수 있으나 일반적으로는 말뚝을 형성하고 있는 재료와 말뚝의 설치 방법으로 분류하고 있다. 즉, 재료로는 나무, 콘크리트, 철근콘크리트 및 강을 사용하며, 설치 방법으로 이미 제작되어 있는 말뚝을 타입 또는 매몰시켜 지반 중에 설치하는 방법과 말뚝이 설치될 위치를 굴착하여 그 위치에 철근콘크리트 등을 넣어 말뚝을 그 위치에서 제작하는 방법이 있다. 그러나 여기서는 기초말뚝의 안정에 관하여 논하고자 하므로 말뚝을 기능별 및 하중작용별로 분류하는 것이 편리할 것이다.

그림 7.1에서 보는 바와 같이 연직하중을 받는 말뚝(그림 7.1(a) 및 (b)), 수평하중을 받는 말뚝(그림 7.1(c)), 변형지반 속의 말뚝 및 기타 말뚝으로 분류하기로 한다. 물론 실제 말뚝은 각종 하중을 서로 동시에 받게 되는 경우도 많으나 각각의 하중에 대한 사항을 검토하기 위하여 구별하여 다루기로 한다.

연직하중으로서는 그림 7.1(a)와 (b)에서 보는 바와 같이 하중의 방향에 따라 압축력과 인장력의 두 가지 경우를 들 수가 있다. 여기서는 일반적인 연직하중으로 교량 등과 같은 구조물의 자중 등에 의한 압축력에 한하여 생각하기로 한다. 이 연직하중으로는 구조물 자중과 같은 정적 하중과 말뚝 타격 시 작용하는 동적 하중이 있다. 이러한 하중을 받게 되는 말뚝에 대해서는 허용지지력이 검토되어야 한다. 이 허용지지력은 허용침하량 내에서 극한지지력에 안전율을 고려한 사항으로 결정된다.

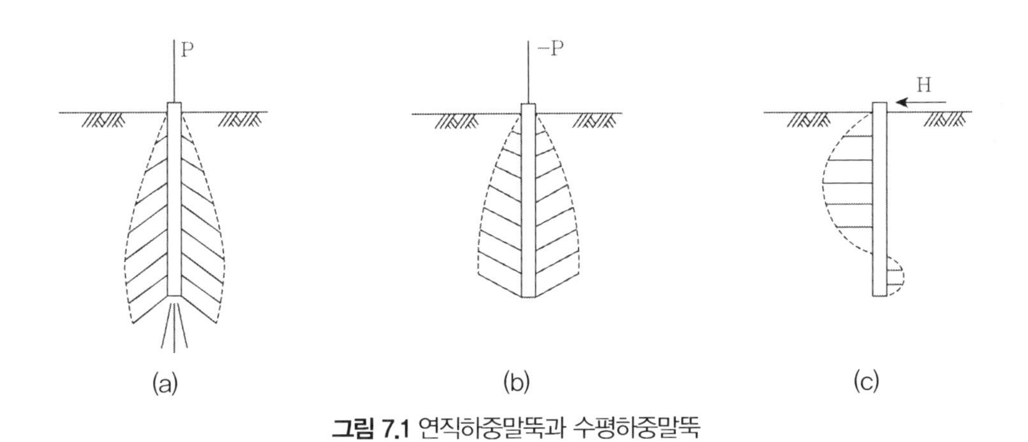

그림 7.1 연직하중말뚝과 수평하중말뚝

극한지지력을 산정하는 방법은 말뚝에 가해진 연직하중과 말뚝의 침하에 저항하며 발생하는 저항력(말뚝 주변의 마찰력 성분과 말뚝 끝의 지지력 성분이 있음)과의 평형조건으로부터 산정하는 방법과 말뚝에 가한 에너지와 말뚝이 지반에 관입되면서 한 일 사이의 평형으로부터 산정하는 방법의 둘로 구분할 수 있다.

그러나 실제 말뚝의 지지력은 여러 가지 요인에 의하여 영향을 받으므로 상기방법에 의한 값과 차이를 보이는 경우가 많다. 말뚝의 지지력에 영향을 미치는 주요인은 다음과 같다.

첫째, 말뚝을 설치한 지반의 물리적 및 역학적 특성이다. 즉, 지반의 물성(입도, 형상, 밀도 등), 전단특성, 압축특성, 크리프 특성 등이다.

둘째, 말뚝의 치수, 즉 길이와 형상이다. 말뚝의 밑면의 저항은 깊이에 따라 비례하여 증가하나 어느 한계깊이를 넘으면 깊이의 효과가 매우 적어진다. 이 한계깊이는 말뚝의 직경 및 지반의 특성에 영향을 받는다. 말뚝의 형상에 관해서는 대부분의 지지력이론이 우선 2차원 문제에 대한 해를 구한 후 반실험적으로 얻은 원형이나 정방형의 지압면에 대한 형상계수를 곱하여 고려하고 있는 정도다.

셋째, 말뚝의 설치 방법이다. 말뚝을 매몰에 의하여 설치할 것인가 타격에 의하여 설치할 것인가에 따라 지반에 미치는 영향이 크게 달라진다. 즉, 매몰에 의할 경우는 지반을 굴착하므로 주위 지반이 이완되는 형상에 의하여 원래의 성질과 다른 지반이 될 것이다.

한편 타격에 의할 경우도 말뚝 부피만큼의 흙이 사방으로 밀려나므로 지반의 밀도와 특성을 변화시킬 것이다. 말뚝의 지지력 공식은 상기의 요인을 적당한 형태로 포함한 것이 아니면 안 된다. 그러나 그러한 지지력 공식은 아직 완성되지 않았다. 또한 말뚝의 지지력 자체에 대해서도 현상적으로 해명되어 있지 않은 점도 많아 지금까지 만족할 수 있을 만한 지지력이론이 확립되어 있지 않은 실정이다.

7.3 수평하중을 받는 말뚝

해양구조물의 기초말뚝은 선박의 정박 시 충격이나 바람 및 파도의 영향으로 말뚝머리 부분에 수평하중을 받는다. 수평하중이 작용하게 되면 그림 7.1(c)에서 보는 바와 같이 말뚝의 지중 부분에 지반반력으로 인하여 말뚝은 수평저항을 하게 된다.

이러한 수평하중 말뚝의 파괴형태는 두 가지로 구분할 수 있다. 하나는 '말뚝의 파괴'고 다른 하나는 '지반의 파괴'다. 말뚝파괴는 수평하중에 의하여 말뚝에 발생한 응력이 말뚝의 극한강도를 초과하였을 때 발생하는 현상이다. 이 현상은 말뚝의 길이가 비교적 길고 강성이 적은 경우에 발생한다. 한편 지반파괴는 말뚝의 응력은 허용응력 내에 있으나 수평하중이 지반의 극한저항력을 초과하였을 경우 발생하는 현상이다. 이 현상은 말뚝의 강성이 크고 지반강도가 비교적 적은 경우에 발생한다.

수평하중에 저항하는 말뚝의 수평저항은 말뚝의 치수와 탄성적 성질, 지반의 물리적 및 역학적 성질, 하중의 크기와 재하시간 등에 영향을 받는다. 말뚝의 수평저항을 정확하게 해석하자면 이들 요소를 잘 정리·고려하여야 한다.

현재 사용되고 있는 말뚝의 수평저항 취급방법은 극한지반반력법, 탄성지반반력법, 복합지반반력법으로 크게 구별할 수 있다. 극한지반반력법은 극한상황에서의 지반의 수평반력과 수평하중의 평형조건으로부터 말뚝의 수평저항을 설명하려는 방법이다. 이 방법으로는 극한 상태에 이르기까지의 말뚝의 변형문제를 다룰 수가 없다. 탄성지반반력법은 흙을 탄성체로 가정하여 보의 이론을 적용하는 방법이다. 이 방법에는 지반의 비선형 탄성이 고려되어 있지 않아 실제와 일치하지 않는 경우가 많다. 복합지반반력법은 변형이 큰 지표면 부근의 지반은 소성영역에 있으며, 그 밑의 지반은 탄성영역에 있다고 가정하여 각각의 영역에 앞의 두 방법을 적용한 방법이다. 이 방법은 말뚝의 변위와 지반의 극한저항에 대응하여 소성영역과 탄성영역을 도입한 방법으로 소성영역이 수평하중의 증가에 따라 지반의 깊은 부분에 퍼져가는 진행성 파괴 현상을 다루고 있다.

7.3.1 주동말뚝과 수동말뚝

수평력을 받는 말뚝은 말뚝과 지반 중 어느 것이 움직이는 주체인가에 따라 그림 7.2에 표시한 바와 같이 주동말뚝(active pile) 및 수동말뚝(passive pile)의 두 종류로 대별할 수 있다.

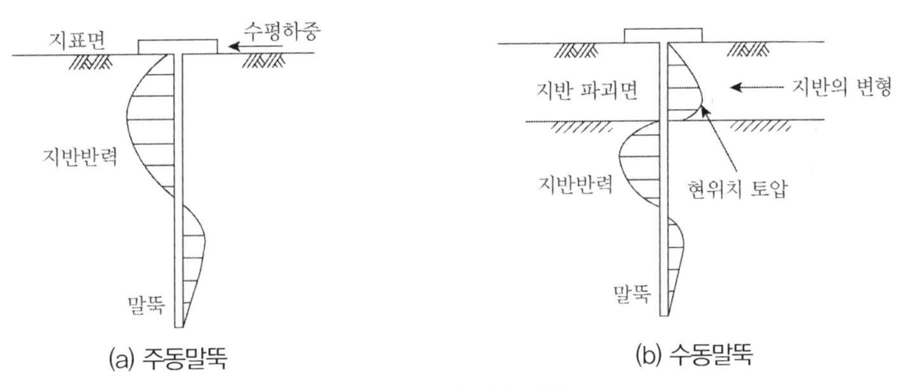

그림 7.2 수평력을 받는 말뚝

주동말뚝은 그림 7.2(a)에서 보는 바와 같이 말뚝이 지표면상에 기지의 수평하중을 받는 경우다. 그 결과 말뚝이 변형함에 따라 말뚝주변 지반이 저항하므로 지반에 하중이 전달된다. 이 경우에는 말뚝이 움직이는 주체가 되어 먼저 움직이게 되고 말뚝의 변위가 주변 지반의 변형을 유발시킨다.

한편 수동말뚝은 그림 7.2(b)에서 보는 바와 같이 우선 어떤 원인에 의하여 말뚝 주변 지반이 변형하게 되고, 그 결과로서 말뚝에 측방토압이 작용하며, 나아가 부동지반면하의 지반으로 이 측방토압이 전달된다. 이 경우에는 말뚝 주변 지반이 움직이는 주체가 되어 말뚝이 지반변형의 영향을 받는다.

이들 두 종류의 말뚝의 최대상이점은 말뚝에 작용하는 수평력이 주동말뚝에서는 미리 주어지는 데 비하여 수동말뚝에서는 지반과 말뚝 사이의 상호작용의 결과에 의하여 정해지는 점이다. 말뚝 주변 지반의 변형 상태 및 말뚝과의 상호작용이 대단히 복잡한 점을 고려하면 수동말뚝이 주동말뚝에 비하여 더욱 복잡한 것을 알 수 있다.

주동말뚝은 말뚝의 수평저항력의 문제로서 자주 취급되었다. 다시 말하면, 말뚝의 수평저항에 관해서는 주로 주동말뚝으로 취급되었다고 말해도 과언은 아니다. 이러한 주동말뚝에 대한 각종 문제는 여러 사항들에 의하여 비교적 많이 연구된 편이다. 예를 들면, 편토압, 풍압, 파력 등을 받는 구조물의 기초말뚝, 선박의 충격력에 의한 항만구조물, 지진 시 수평력을 받는 기초말뚝 등이다.

한편 수동말뚝은 비교적 최근에 이르러 기초공학 분야에서 주목되기 시작한 말뚝이다. 수동말뚝의 전형적 예로는 성토, 광석의 야적 등에 의하여 측방변형이 발생하는 지반의 구조물 기초말뚝, 사면파괴 혹은 지반의 측방유동을 방지하기 위하여 사용하는 말뚝 등이 있다. 결국 이러한 지반의 측방소성변형은 말뚝에 영향을 미치고 말뚝과 지반의 상호작용의 결과로 말뚝은 측방토압을 받게 되어 예상하지 못한 피해가 발생하는 경우가 종종 있다. 더욱이 말뚝을 사용한 토목·건축구조물이 나날이 증가해감에 따라 이러한 수동말뚝의 사용도 점차 증가하고 있으며, 이에 관한 연구도 최근에 토질 및 기초공학 국제회의에서 Specialty Session을 마련하여 집중적으로 정리·토론된 바도 있다. 즉, 제8회 Moscow 국제회의(1973) Specialty Session 5와 제9회 동경국제회의(1977) Specialty Session 10이 그 예다.

7.4 연약지반의 변형

연약점토지반 속에서 발생되는 지반의 변형은 침하, 융기, 측방유동의 3가지 현상으로 구분할 수 있다. 침하는 지반의 연직하방향 변형으로 연약지반을 매립하였을 경우 하부 매립토의 하중으로 인한 연약지반의 압밀 결과 발생하는 현상이다. 그 밖의 압밀요인으로는 자중, 지하수위의 강하, 말뚝의 관입효과 등을 들 수 있다.

한편 융기는 지반의 연직 방향 변형으로 몬모릴로나이트(montmorillonite)와 같은 팽창성 점토광물을 함유한 연약지반에서 지하수위의 상승 등에 따라 지반의 체적이 증대하여 발생하는 현상이다. 즉, 지반의 팽창현상은 흙속의 함수비 변화가 직접적 요인이 된다.

마지막으로 측방유동은 지반의 수평방향변형으로 압밀될 수 있는 충분한 시간적 여유도 없이 급격한 성토가 연약지반상에 실시될 경우 지반이 수평방향으로 이동하는 현상이다.

이와 같은 변형이 진행되고 있는 지반 속에 말뚝이 설치되어 있으면 말뚝과 지반 사이의 상호작용에 의하여 지반이동 방향으로 발생된 힘이 말뚝에 작용한다. 즉, 압밀침하지반 속의 말뚝은 지반의 압밀 진행 시 부마찰력을 받으며, 융기지반 속의 말뚝은 인발력을 받고 측방유동지반 속의 말뚝은 측방토압을 받는다. 이들 힘은 말뚝에 바람직하지 않은 응력을 유발시켜 말뚝을 이동시키거나 파괴시키는 경우까지 발생한다. 이러한 말뚝의 예로는 각종 건물의 기초말뚝, 교량 및 교대의 기초말뚝, 부두하역시설의 기초말뚝, 횡잔교 등을 들 수 있다.

7.5 지반변형의 영향

7.5.1 지반침하의 영향

선단지지말뚝이 연약지반을 관통하여 설치된 경우에는 지반의 압밀침하가 진행되면 지반이 연직 하방향으로 이동하면서 그림 7.3(a)와 같이 말뚝에 하방향의 마찰력이 작용한다. 이 하방향 마찰력을 부마찰력이라 하며, 이 부마찰력은 말뚝의 안정에 크게 영향을 미친다.

원래 연약지반에 설치된 선단지지말뚝의 설계 시에는 상부의 설계하중 V를 선단의 지지력으로 견딜 수 있게 말뚝의 치수와 강성을 결정하고 있다. 그러나 지반이 압밀되면 부마찰력에 의한 하향력 ΔV가 하중으로 더 작용하여 결국 말뚝이 받는 하중은 초기의 설계하중 V와 부마찰력에 의한 하중 ΔV가 함께 작용하여 V만에 대해서 설계된 말뚝은 ΔV의 하중으로 대단히 불안전한 상태에 이른다. 경우에 따라서는 V가 설계하중을 훨씬 초과하여 말뚝을 과도로 침하시키거나 파괴시키는 경우가 생기기도 한다. 이러한 부마찰력은 말뚝의 특성(말뚝 형태, 설치

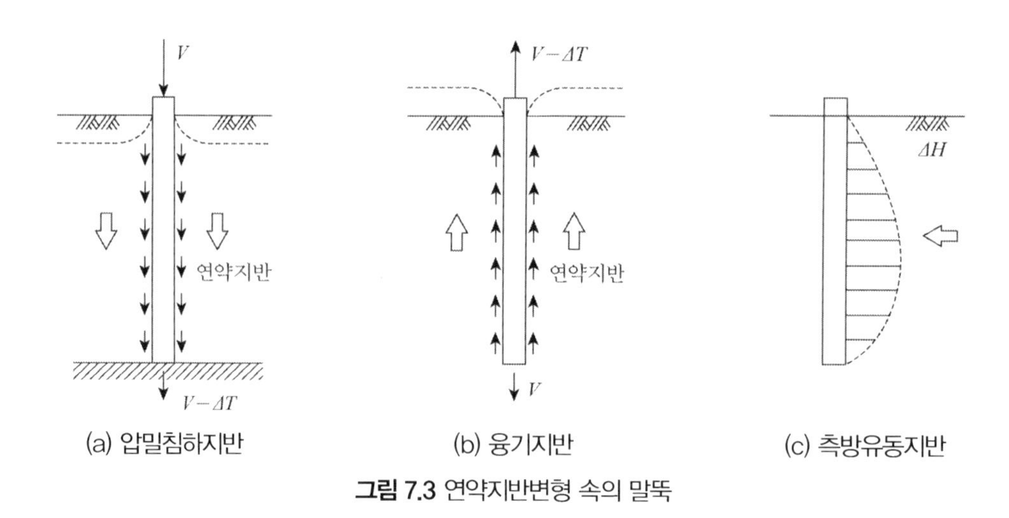

그림 7.3 연약지반변형 속의 말뚝

방법, 길이, 강도, 압축성, 층의 두께, 지지층의 강성), 지반 이동 요인, 말뚝 설치 후 경과 시간 등에 주로 영향을 받는다. 부마찰력을 산정하는 가장 보편적인 방법은 Terzaghi와 Peck에 의하여 제안·사용되고 있다. 즉, 최대부마찰력은 말뚝 주면의 전단력의 합으로 생각하여 다음과 같이 구한다.

$$\Delta V = \int_0^z \tau_a A_p dZ \tag{7.1}$$

여기서, τ_a = 지반과 말뚝 사이의 한계전단응력

τ_a = 배수상태의 강도

A_p = 말뚝의 둘레

Coulomb 기준에 의거하여 다음과 같이 표시된다.

$$\tau_a = c_a + K_s \sigma_v{}' \tan\phi_a{}' \tag{7.2}$$

여기서, c_a = 배수상태의 지반과 말뚝의 부착력

K_s = 토압계수

$\sigma_v{}'$ = 연직유효응력

$\phi_a{}'$ = 말뚝과 지반 사이의 배수마찰각

최근에는 탄성론에 의거하여 부마찰력을 산정하는 방법이 Poulos 등에 의하여 연구되었고, Walker와 Darvall은 유한요소해석을 실시하기도 하였다. 이러한 부마찰력에 의한 말뚝기초의 피해를 없애기 위해서는 연약지반에 압밀침하가 발생해도 부마찰력이 말뚝에 작용하지 않게 하여야 한다. 말뚝의 부마찰력을 감소시키기 위해서는 말뚝표면을 역청이나 아스팔트로 피복시키는 방법과 전기침투(electro-osmosis)법이 많이 사용되고 있다.

7.5.2 지반융기의 영향

몬모릴로나이트 점토광물을 함유한 연약지반은 흙 속의 함수비 변화에 따라 체적변화가 심하다. 이러한 지역에서는 지하수위의 상승 등과 같은 원인에 의하여 함수비가 증가하면 체적이 상당히 팽창·증가하여 지반이 융기하는 현상이 초래된다. 이와 같은 지반 속에 말뚝이 존재하면 지반의 상방향 융기와 함께 말뚝 표면에 상방향의 부착력이 작용하여 말뚝을 위로 융기시키려는 경향이 있다.

지하수위가 낮은 설계초기에는 말뚝의 설계하중 V가 하방향으로 작용한다. 그러나 지하수위의 상승과 함께 부착력이 말뚝표면에 작용하면 ΔT의 상방향력이 작용하여 결국 말뚝에는 $V-\Delta T$의 하중만 작용할 것이다. 그러나 ΔT가 설계하중보다 클 경우 말뚝은 결국 위로 뽑히는 결과가 될 것이다. 따라서 이러한 지반 속에 설치될 말뚝은 지반이 팽창하기 이전에는 설계하중을 충분히 안전하게 설계되어야 한다.

지반융기에 따라 말뚝에 작용하게 될 최대인발력 ΔT는 부마찰력 산출식인 식 (7.3)과 동일하게 계산하여 산출할 수 있다. 따라서 융기지반 속의 말뚝에 작용하는 연직방향력 V_T는 다음과 같다. 단, 한계전단응력 τ_a는 지반침하와 지반융기의 경우가 약간 상이할 것이므로 주의를 요하는 바다.

$$V_T = V - \Delta T = V - \int_0^z \tau_a A_p dZ \tag{7.3}$$

융기지반 속에 발생하는 말뚝의 피해를 방지하기 위해서는 말뚝표면에 역청이나 아스팔트 등을 피복하여 인발력을 감소시키는 방법과 말뚝선단을 확대시켜 비팽창성 지반에 고정시킴으로써 인발력에 저항하게 하는 방법을 사용할 수 있다(그림 7.4 참조). 특히 지반의 융기가 극심할 것으로 예상되는 지역에 구조물을 축조할 경우는 후자의 방법에 의거하여 말뚝을 적극적으로 채택·사용하여 구조물의 붕괴나 전도에 대비할 수 있다.

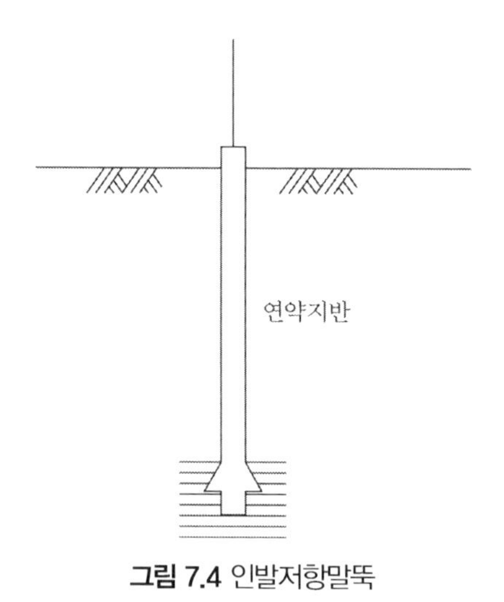

그림 7.4 인발저항말뚝

7.5.3 측방유동의 영향

측방으로 유동하는 연약지반 속에 말뚝이 설치되어 있으면 그림 7.3(c)에 도시된 바와 같이 유동지반과 말뚝 사이의 상호작용에 의하여 측방토압이 말뚝에 작용한다. 이러한 말뚝은 수평력을 받는 말뚝 중 제7.3.1절에서 설명한 수동말뚝이라 하여 최근에 관심을 갖고 연구하는 분야 중의 하나다. 이러한 수동말뚝의 전형적인 예로는 그림 7.5에서 보는 바와 같이 성토, 광석의 야적 등에 의하여 측방변형이 발생하는 지반 속의 구조물 기초말뚝, 뒤채움하중에 의하여 측방변형이 발생하는 교대의 기초말뚝 등을 들 수 있다.

이러한 예의 말뚝을 설계할 때는 말뚝머리에 작용하는 축하중과 모멘트 하중에 대해서만 고려하였으나 지반의 측방유동에 의한 측방토압이 말뚝측면에 작용하므로 말뚝에는 결국 휨응력이 증가한다. 따라서 말뚝의 안정검토에는 이 측방토압을 고려해주어야 한다. 그러나 이 측방토압은 말뚝과 지반의 상호작용에 의하여 결정되는 사항이기 때문에 말뚝과 지반에 관한 여러 가지 요소에 영향을 받는다.

이와 같은 말뚝의 설계 시에는 이 측방토압을 정확하게 산정할 수 있어야 한다. 본인은 다년간의 연구를 통하여 측방압력을 산정할 수 있는 산정이론식을 제안한 바 있다. 이 연구 결과에 따르면 측방토압은 말뚝의 크기, 형상 및 설치 간격, 지반의 강도에 크게 영향을 받고 있음이 밝혀졌다.

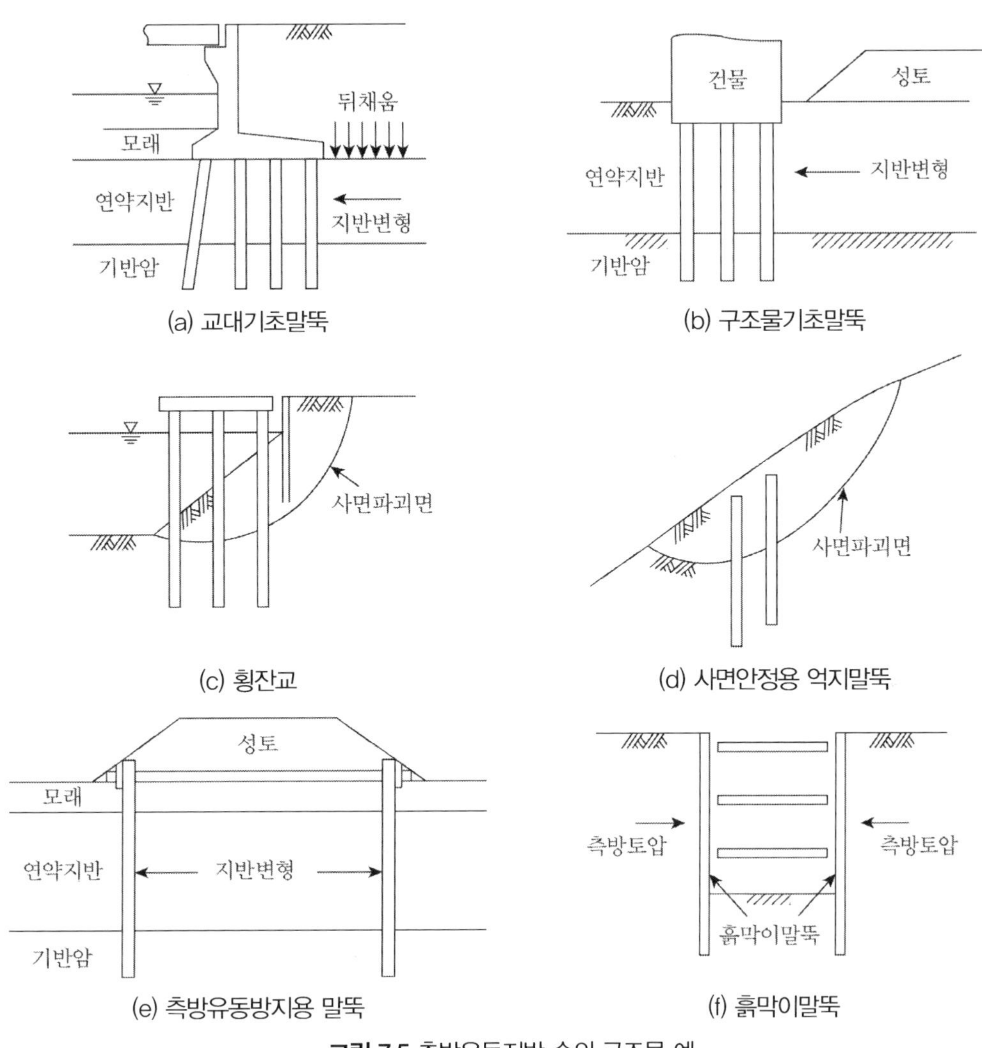

그림 7.5 측방유동지반 속의 구조물 예

7.6 기타 문제

이상에서는 말뚝의 문제점을 보다 간결하게 조사하기 위하여 연직으로 설치된 단일말뚝에 연직하중 혹은 수평하중만이 작용하는 단순화된 경우를 다루어왔다. 그러나 실제 사용되는 말뚝의 상태는 종종 이런 단순화와 차이가 있는 경우가 있다.

우선 하중에 관하여 생각하면 말뚝머리부분에 연직하중, 수평하중 및 모멘트가 함께 작용하는 경우가 있다. 더 나아가 지반의 변형까지 받게 되는 경우도 있을 수 있다. 이 경우는 하중이 전부 작용할 때의 상태에서 해석해야 하는 것이 당연하다. 이러한 해석법으로는 현재 유한요소법을 적용하고 있으며, 실용상에서는 중첩의 원리를 이용하고 있는 실정이다. 그러나 이 결과가 엄밀하게 어느 정도의 정확도가 있는가를 검토할 필요가 있다.

다음으로 말뚝에 관하여 생각해본다. 말뚝은 연직이 아닌 경사진 상태로 설치하는 경우도 있다. 이 경우는 물론 연직말뚝에 대한 결과가 경사말뚝에 잘 맞지 않음에도 불구하고 이 부분의 연구가 미비한 감이 든다.

또한 단일말뚝을 사용하는 경우는 드물다. 즉, 두 개 이상의 무리말뚝으로 사용되는 것이 보통이다. 무리말뚝을 사용하면 말뚝과 말뚝 사이의 간격 등에 의한 무리말뚝 효과를 취급하는 방안은 우선 단일말뚝에 대한 결과에 경험적으로 얻은 효율을 곱하여 사용하는 실정이다. 그러나 이러한 근사계산법은 사용에 제한을 받는다. 따라서 무리말뚝은 단일말뚝과 분리하여 지반과 무리말뚝 사이의 상호작용 문제로 다루어 가는 것이 문제해결의 첩경이 아닌가 생각한다.

7.7 결 론

지금까지 말뚝에 관련된 문제점에 대해서 알아보았다. 이와 같은 문제점을 해결하기 위하여 보다 현실에 충실한 이론적 규명이 하루 속히 완성되어야 한다. 그러나 지반에 관련된 토목건축 구조물의 문제에서는 경험이나 실험으로 얻어진 지식도 귀중한 가치가 있다. 왜냐하면 실험을 통하여 얻은 기록은 이론연구의 필요성과 이론연구의 목표를 항상 제공해주기 때문이다. 따라서 우리가 등한시하기 쉬운 현장과 실내에서의 계측은 가능한 실시되어야 하며, 그 기록은 반드시 보존되어야 한다. 이와 같은 이론연구와 현상조사를 동시에 실시해감으로써 설계자는 이론적 결과에 공학적 판단을 가미한 합리적 설계를 할 수 있게 될 것이다.

• 참고문헌 •

(1) 홍원표(1993), 건설공학, pp.182-193.

(2) 홍원표(1994), '연약지반 속 말뚝기초의 안정에 관한 문제점', 토지개발기술, 제14호, 한국토지개발공사, pp.34-42.

Chapter

08

지하공간 개발

Chapter 08 지하공간 개발[8]

8.1 서론

산업의 발달과 더불어 인간이 활용하고자 하는 토지의 수요는 계속 증대하고 있으며, 이에 부응하기 위하여 지상공간의 고층화 및 토지의 평면적 확장(산지 개발, 해안 매립)을 계속해오고 있다. 특히 대도시권의 인구집중현상이 심하여 도시기능의 유지 및 향상을 위해서는 사회간접자본의 투자가 어느 때보다 절실히 요구되고 있으나 지가 상승 등의 이유로 토지수요 증대에 부응하기가 나날이 어려워지고 있는 실정이다.

이러한 토지수요 증대에 대한 타개책으로 지상공간 이외에 다른 공간의 활용 방안이 제시되고 있다. 지상공간 이외에 활용할 수 있는 공간으로는 지하공간, 해양공간 및 우주공간을 생각할 수 있으며 현재 이들 공간에 대한 개발이 각각 활발히 진행되고 있다.

이들 공간 중 가장 쉽게 먼저 개발할 수 있는 공간으로는 지하공간을 들 수 있다. 이는 지하공간이 다른 공간보다 인간에게 친밀감이 있으며, 현재 사용하고 있는 지상공간과의 연결성이 가장 용이하기 때문이다. 특히 지하공간 중 비교적 지표 부분에 해당하는 지표공간은 오래전부터 인류에게 많은 유익한 공간을 제공해주고 있다.

인간이 혈거생활을 할 때 자연적으로 생성된 동굴은 주거공간 기능을 제공해주었으며, 지상에 주거공간을 마련하게 된 후에도 인공적인 지하공간을 마련하여 음식물 및 각종 물자의 저장, 교통, 통신, 각종 도시공급시설, 상업, 군사, 폐기물처리 등의 기능공간으로 활용되었다. 이러한 지표공간 활용경험을 활성화시켜 보다 깊은 지하공간을 적극적으로 활용하고자 하는 연구가 추진되고 있다. 이로 인하여 또 하나의 지구를 얻는 효과를 가질 수 있어 미래의 급증할 토지수요에 부응한 공간 공급의 효과를 가질 수 있게 되었다.

이와 같은 공간의 입체적 활용은 지상 부분만 사용하던 반무한공간의 활용시대에서 지하공간을 활용하는 완전무한공간 활용시대로의 변천을 초래할 것이다. 이 경우 지상과 지하의 공간을 체계화하여 기능적으로 잘 배치·활용함으로써 서로 조화를 이루게 하고 인간의 도시활동을 원활히 할 수 있게 하여야 한다. 그러나 현재 이러한 지하공간을 개발하는 데 몇 가지 문제점이 대두되고 있다.

첫째는 지하공간 개발상의 기술적인 문제점이다. 이는 기술적으로 어떻게 안전하게 건설할 수 있는가 하는 건설기술상의 어려운 점과 건설 후 안전하게 활용할 수 있게 하는 운용관리기술의 있어서 경험이 그다지 많지 않다는 점이다.

둘째는 지하 개발 시 지상토지소유권과의 마찰이 예상되는 법·제도적 문제점이다. 즉, 지상토지는 이미 소유권자가 정해져 있으므로 지하공간의 소유권 인정상의 법·제도가 아직 부족하다는 점이다.

셋째는 지하공간 개발의 종합적 계획이 없는 점이다. 현재 개별법에 의거하여 지하공간 개발이 여러 개발 주체별로 진행되고 있으나 이는 개발된 지하공간의 혼란을 초래할 문제점을 내포하고 있다. 지하공간은 한번 개발하면 재개발이 대단히 어려운 점을 감안하여 종합적인 개발계획이 수립된 후 개발이 되어야 한다.

본고에서는 금후 점차 사회간접자본의 투자 대상이 되고 있는 지하공간개발에 장애요인으로 존재하는 요소를 열거·분석하고 지하공간 개발을 활성화시킬 수 있는 방안을 모색하고자 한다.

8.2 지하공간 활용(6)

8.2.1 사회적 배경

최근 급격히 지하공간 활용도가 증대되고 있는 사회적 배경 중 첫 번째 요인은 지상공간의 공급한계를 들 수 있다. 산업의 발달과 더불어 토지수요는 계속 증대되고 있으나 지상공간의 공급은 거의 한정되어 있다. 지상공간을 고층화하거나 산지 개발, 해안 매립 등으로 토지의 평면적 확장을 시도하고 있으나 이에 의한 공급 효과는 그다지 크지 않다. 특히 대도시권의 인구집중현상은 기존 도시기능의 유지 및 향상을 위하여 교통·통신시설, 도시공급시설(가스, 전력, 상하수도 등)을 위한 기능공간의 수요를 증대시키고 있다. 그 밖에도 시기적으로 저장, 저류를 필요로 하는 음식물이나 연료 등의 비축을 위해 필요하며, 각종 폐기물의 처분을 위한 공간도 계속 필요하였다. 그러나 지가 상승 등에 의하여 지상공간을 순조롭게 공급하지 못하고 있다. 따라서 이에 대한 대비 방안으로 지하공간에 새로운 역할을 부여하는 문제를 고려하게 되었다.[1-3]

지하공간 개발이 가능하게 된 두 번째 요인으로는 지하공간 개발기술의 급속한 발달에 있다. 지하공간 개발기술은 건설기술과 운용관리기술의 두 가지로 크게 구분할 수 있다. 건설기술은 조사, 해석, 설계, 굴착시공상의 기술이며, 운용관리기술은 개발된 지하공간 이용 시 방재 등의 안전성 확보와 심리적 부담을 해결할 수 있는 기술이다. 이와 같은 기술의 급격한 발달은 지하공간의 개발을 기술적으로 가능하게 해주고 있다.

마지막 요인으로는 지하공간 개발의 경제성 증대를 들 수 있다. 지하를 굴착하여 지하공간을 확보하는 것은 매우 비용이 많이 든다. 따라서 아주 특수한 목적의 경우를 제외하고는 주로 지상공간을 활용하였고 지하공간개발은 우선 경제적으로 타당성이 없는 것으로 취급하였다. 그러나 지상토지가격의 상승으로 인하여 지상공간의 확보 비용이 나날이 비싸지고 있는 반면 지하공간 개발비는 지하공간 개발기술의 발달과 더불어 싸지고 있어 점점 지하공간개발 부담금이 지상공간 확보비와의 차이가 좁아지고 있다. 이러한 경향이 계속되면 지하공간 개발의 경우가 지상공간 개발의 경우보다 저렴해질 것이다.

이 현상은 지하공간을 개발할 수 있는 아주 큰 사회적 배경이라 할 수 있다. 특히 국토의 70%가 산지, 임야고 총 인구의 80%가 도시에 집중되어 있는 우리나라와 같은 경우에는 지하공간의 활용은 토지의 효율성을 증대시킬 수 있는 가장 큰 해결책이라 할 수 있다. 아직 지상공간의 고층화와 토지의 평면적 확장 등의 여지가 남아 있어 적극적인 지하공간 개발이 경제적으로 반드시 유리하지는 않지만 가까운 미래를 대비하여 지금부터 대책을 마련하는 것이 현명하다.

8.2.2 활용 분야

최근 지하공간의 활용은 매우 다양해져서 장차 지상공간은 주택, 공원, 광장으로만 활용하고 그 나머지는 되도록 지하공간을 활용하고자 하는 OECD의 제언대로도 노력에 따라서는 가능할 정도다. 현재 지하공간의 활용 분야는 다음과 같이 5가지로 대별할 수 있다.

(1) 교통·수송시설

사회간접자본의 투자 대상이 되는 도로, 철도, 지하도, 지하하천, 지하상가 등으로 사람이나 물자 등의 수송에 관련된 모든 시설을 의미한다. 원래 이들 시설은 지상공간에 마련되었으나 도시가 팽창함과 더불어 이들 도시시설의 건설을 위하여 마련되어야 할 용지의 확보가 지상공간에서는 점점 불가능하게 되므로 지하공간의 활용이 급속히 증대되고 있다. 그러나 지금까지 화재 등의 재해 때문에 지하도로 건설은 기피해왔다. 도로터널을 건설한 경우일지라도 연장을 비교적 짧게 설정하였다. 그러나 최근에는 기술개발로 이러한 문제를 해결하게 되므로 인하여 지하도로터널의 길이도 표 8.1에서 보는 바와 같이 매우 길어졌다.

표 8.1 세계의 주요 도로 터널(1988년도 현재)[7]

터널명	소재지	연장(m)	공사기간
Gotthard	스위스	16,322	1968~1980
Arlberg	오스트리아	13,972	1974~1978
Frejus	프랑스, 이탈리아	12,868	-~1980
Mont Blanc	프랑스, 이탈리아	11,600	1959~1965
関越	일본	10,926	1977~1985
Gran Sasso	이탈리아	10,715	-~1977
Seelisberg	스위스	9,280	1971~1980
寓那山	일본	8,649	1968~1985
Gleinlm	오스트리아	8,320	1973~1978
新神戸	일본	6,910	1970~1976
Ste marie aux Mines	프랑스	6,872	1974~1976
Pfander	오스트리아	6,718	1976~1980
San Bernardine	스위스	6,596	1962~1966
Tauern	오스트리아	6,401	1970~1975

(2) 도시공급시설

도시활동을 위하여 필요한 각종 공급시설로는 통신, 전력, 가스, 상하수도 등을 위한 시설을 들 수 있다. 이들 시설 중 일부는 지상에 마련하기도 하였다. 그러나 최근에는 안전상, 미관상 및 토지확보상의 문제점을 해결하기 위하여 지하에 마련하고 있다.

(3) 저장시설

유류, 액체가스, 식물, 농수산물의 저장장소로 지하가 활용될 때 필요한 시설이다. 이는 지하의 특성을 살려 활용함으로써 지상공간보다 물질보호에 매우 유리한 점을 활용하는 장점도 있다. 즉, 에너지 자원과 식품의 경우 시기적으로 비축을 해둘 필요가 있어 활용되는 시설이다.

(4) 폐기물 처리시설

각종 산업폐기물과 핵폐기물 처리장으로 지상공간을 공급받기가 매우 어려워져 지하공간을 활용함으로써 자연환경과 경관을 보전할 수 있는 이점을 가질 수 있다.

(5) 기타 시설

그 밖에 지하시설로 발전소, 체육관을 지하에 마련한 경우도 있으며, 군사전략상의 방어시설도 지하에 마련하는 것이 유리하여 지하공간이 활용되기도 한다. 또한 최근에는 홍수 조절 목적으로도 지하공간이 활용되고 있다.

8.2.3 지하도시 구상

앞에서 열거한 바와 같이 지하공간을 활용하는 분야와 범위가 급속히 증가하고 있는 추세다. 그러나 지금까지의 지하공간 개발은 각각 다른 개발 주체에 의하여 개별적으로 개발되었으므로 효율적인 공간활용이 되고 있지 못하였다. 주거, 경제, 여가문화, 교통 및 행정의 도시활동을 위해서 필요한 기능공간이 서로 체계적으로 연관되게 개발하여야 한다는 점에서 지상도시와 상호 연관될 수 있는 지하도시의 구상이 국내외에서 제안되고 있다.

최근 도시권에의 인구집중에 의한 인구집중현상은 도시방재 기능의 악화를 초래하여 자연재해가 발생하면 도시기능이 마비될 우려가 있다. 따라서 방재의 차원에서도 지하도시 구상은 선호되는 경향이 있다. 지하도시 구상 시에는 지하의 도시를 지상의 기존 도시와 조화시켜 공존시킬 필요가 있다. 즉, 기존 도시기능을 지지하면서 상호기능이 보완되어 보다 좋은 도시가 되도록 구상할 필요가 있다. 몇몇 지하도시 구상을 살펴보면 다음과 같다.

(1) 파리의 지하도시 구상[5]

파리의 재개발지구인 레아르 지구를 대상으로 구상된 지하도시로 1979년부터 3기에 걸쳐 개발하였다. 제1기에는 교외고속도로(REP)의 7차선을 지하에 설치하고 지하 25m에 길이 300m의 중앙역을 설치하고 지상까지의 3층 구조물에 쇼핑센터, 공공통로, 지하도로망, 주차장이 설치되었다. 제2기에는 1986년에 완성된 문화시설로 음악당, 극장, 도서관, 수영장, 체육관, 유도장 및 450m^{2}의 열대식물원으로 되어 있으며, 지상부는 녹지공원으로 되어 있다. 제3기에는 1989년 6,000m^2 규모의 해양센터를 완성하였다.

(2) 도시 지하격자망 구상

이는 1985년경부터 동경수도권의 인구집중현상에 대한 해결책의 하나로 제시된 구상이다. 과밀도시 동경을 모델로 한 도시 지하격자망(urban geo-grid)[2] 구상은 격자망 포인트와 이들을 연결시키는 지하 네트워크로 구성된 복합계획이다. 지하 네트워크는 방재 시 피난로뿐만 아니라 정보의 네트워크, 물자 수송 시에 위력을 발휘할 것으로 기대된다.

(3) 지하복합도시 구상

삼성종합건설에서 제시된 지하도시 구상으로 서울의 도심지역 중 서울역에서부터 시청 앞에 이르는 구간을 대상으로 한 지하복합도시 구상[4]이다. 이 지하도시 구상의 목적은 도심중추기능 회복과 가용토지의 활용 및 지역 간 연계기능 보완에 두고 있다. 총 84,000평 범위의 지하개발 구상 속에는 23,000평의 서울역 지구를 교통·물류처리기능 지구로, 20,000명의 남대문 지구를 업무·금융·유통기능지구로, 16,000평의 시청 앞 지구를 정보·문화기능지구로 지정하였고 이들 지구 간의 남대문로와 태평로에 각각 13,000평 및 12,000명의 물류·상업·레저의 원시설과 업무·금융·행정지원시설을 마련하고 있다.

(4) 도시, 산악, 지하공간 개발 구상[4]

본 구상은 선경건설 주식회사 지하비축 설비팀에서 마련된 구상으로 서울의 아차산 지하 145,000평을 다목적 공간으로 개발하고자 하는 구상이다. 본 구상에 의하면 지하공간을 4개 공간으로 구분하여 제1공간에는 호텔 보완기능 및 지원시설을 마련하고, 제2공간에는 문화기능,

정보기능 및 스포츠 기능시설을 마련하였다. 본 공간에는 폭 60m의 아이스링크장을 마련하며 Rib in Rock 혹은 Rope Bolting 굴착공법 등 신공법의 도입으로 국내 기술 향상을 함께 도모하면서 개발을 시도할 예정이다. 한편 제3공간에는 상업, 위락 기능을 부여하고 제4공간에는 연수 및 연구 기능을 부여하고 있다.

(5) 지오토피아 구상

지오토피아(geotopia) 구상[4]은 도시기능 활성화를 위한 목적으로 주식회사 삼림컨설턴트에서 남산공원의 지하공간을 대상으로 제시한 구상이다. 즉, 남산공원 부지 중 차량 및 보행 접근이 용이한 해발 100m 진입을 기준하여 남산순환도로 상부 약 80만 평 권역을 대상으로 하고 있다. 토지이용 계획으로는 근린시설, 공공 공익시설 및 스포츠 레저시설의 3개 시설을 계획하고 동선계획은 차량동선, 보행동선 및 내부순환 동선을 마련하고 있다.

8.3 기술적 문제점 및 대응 방안

현재 대심도 지하공간을 적극적으로 개발하는 데 대두되고 있는 문제점 중에 가장 큰 문제점으로 기술적 문제점을 들 수 있다.[8] 즉, 기술적 문제점은 지하 구조물 및 설비를 어떻게 안전하게 건설할 수 있는가 하는 건설기술상의 어려운 점과 지하공간을 개발한 후 안전하게 활용할 수 있게 하는 운용관리기술상에 경험이 그다지 많지 못한 점의 두 가지로 구분할 수 있다.

건설기술은 사전조사에서 해석, 설계, 시공에 이르기까지의 기술이며 운용관리기술은 개발된 지하공간 이용 시의 방재 환경 등에 대한 안전성 확보와 지하공간의 폐쇄성에 대한 심리적 부담을 해결할 수 있는 기술이다.

이러한 기술적 문제점을 해결하기 위해서는 현재의 기술 수준을 충분히 파악·정비하고 금후 기술개발 사항을 열거한 후 개발 방향을 제시해야 한다. 고성능, 고능률의 굴착기나 자동굴착 시스템을 도입하여 안전성 신뢰성이 높은 설계시공법의 개발이 기대되고 있다. 이러한 기술개발에서는 다음의 두 가지를 고려하면서 추진되어야 한다.

(1) 시공에서 운용까지의 일관된 안전성을 확보할 것

(2) 지하공간 개발에 의한 환경영향을 최소화시킬 것

8.3.1 건설기술

건설기술은 조사설계단계와 시공단계의 두 단계로 구분할 수 있다. 조사설계단계에 필요한 기술로는 지반정보의 평가기술, 설계정보관리기술 및 방재설계기술을 들 수 있으며, 시공단계에 필요한 기술로는 굴착기술, 복공기술 및 차수기술을 들 수 있다.

지반정보의 평가기술은 지반물성을 분석 평가하여 설계에 활용하는 기술을 의미하며, 설계정보관리기술은 건설 중 시공현장의 상황과 계측 데이터를 파악, 현장에 맞는 정보화 시공과 설계의 수정을 가능하게 하는 기술이다. 방재설계기술은 재해 발생 시 긴급피난 배려가 우선이 되어 안전성에 방재기술의 역할이 크게 되도록 하는 설계기술이다.

한편 굴착기술은 굴착, 버럭 운반, 공동의 안정화, 지보공 록볼트의 합리적 시공을 위하여 개발하여야 하는 과제다. 복공기술은 공간의 구조 규모 지반특성에 적합한 복공을 굴착 진행에 맞춰 적절한 시기에 경제적으로 시행하는 기술을 말하며, 지하수가 높은 지층에서는 차수기술이 안전성 확보에 필요한 기술이다.

(1) 조사설계기술

대심도의 지반조사를 실시하기 위해서는 현재의 지반조사 기술을 대폭 개량·발전시켜야 한다.

① 대심도 보링기술 및 코어 채취 기술 개발

지표 부근의 지반조사 시 사용하는 보링 공을 통한 조사시험법을 발전시켜 대심도 지반조사 시 사용하려면 연장이 긴 연직 및 수평 보링 기술과 코어 채취 기술의 개발이 필요하다.

② 보링공 내 3차원적 정보 취득 기술 개발

보링공을 이용한 조사시험기술 중에 고성능의 기술 개발이 요구된다. 고성능기술에는 셀프 보링 조사, 공내재하시험, 공내지하수 샘플링 장치 등을 들 수 있다. 특히 보링공벽 전계 화상작성장치에 의해서는 공내의 전계화상과 3차원 화상을 얻을 수 있고, 컴퓨터와 연계시켜 지중의 3차원 정보를 취득할 수 있어야 한다. 이 기술개발로 균열의 주향 경사 개구폭을 해석·통계·

처리할 수 있으며 단층이나 파쇄대의 존재를 사전에 파악할 수 있다.

③ 광범위 탐사 기술 개발

무한한 지하공간 지반을 조사하기 위해서는 보링공에 의한 지반조사 이외에 광범위의 지질 조사를 위하여 물리탐사와 매설물 조사 등의 기술이 개발되어야 한다.

④ 현장계측치의 피드백에 의한 평가기술 개발

지반조사는 계획설계시공의 각 단계에 필요한 항목, 정도에 대해서 계획적으로 실시하여 현장계측을 이용한 피드백으로 재평가할 수 있는 기술의 개발이 필요하다.

지하구조물의 설계 시에는 토압과 수압이 상당히 높아질 것이 예상되나 그 정확한 예측이 가능해야 한다. 또한 지하구조물은 내구연한이 반영구적이며, 대규모의 공간을 이용하므로 이러한 특성에 맞는 설계법이 개발되어야 한다. 이에 부응하는 기술혁신으로 신공법 혹은 신재료를 사용한 구조물의 설계도 가능하도록 연구하여야 한다. 또한 지하는 특성상 ① 내진성, ② 단열성, 항온성, 항습성, ③ 방음성, 차음성, ④ 방화성, 불연성, ⑤ 방폭성, 내압성 ⑥ 기밀성, 방진성, ⑦ 차광성, ⑧ 전자파 차단성, ⑨ 방사능 차단성의 특성을 가지고 있으므로 설비 설계 시 이러한 점을 고려 혹은 활용하여야 한다. 금후 개발해야 할 기술항목으로는 ① 방재대책기술, ② 공간의 환경유지기술, ③ 모니터링 기술, ④ 구조물의 유지기술을 들 수 있다.

(2) 시공기술

토사지반 및 암반에서의 굴착기술은 지하공간 개발의 성공 여부를 판가름하는 기본적 기술이 된다. 대심도 굴착의 경우는 대개 터널공법이 많이 사용되는데, 주로 실드 공법, 도시형 NATM 공법, TBM 공법이 많이 채용될 것이다.

실드 공법을 사용할 경우는 현재의 실드 공법을 발전시켜 대심도 굴착에도 활용할 수 있게 하여야 한다. 지하공간 개발을 위한 실드 터널 굴착 시공 시 개발되어야 할 기술로는 실드의 대심도에 적용 기술, 대단면 굴착, 장거리 굴착, 무인자동화 및 특수단면의 기술이 연구되어야 한다.

도시형 NATM 시공을 대심도 지하공간 개발 시 실시할 경우 연구·개발되어야 할 기술은 높은 지하수압에 대한 대응기술, 기계화 시공기술, 막장전방 지반조사기술 및 대단면 시공기술을 들 수 있다. 또한 굴착 버력 처리, 지하수 대책, 쇼크리트 및 지보공에 대한 검토를 실시해야 한다. 그 밖에도 굴착토사의 수송 및 잔토처분기술과 시공관리기술도 빠뜨릴 수 없는 사항으로 여겨진다.

8.3.2 운용관리기술

(1) 방재기술

지하공간은 폐쇄적 인공환경으로 계획되기 때문에 화재, 지진 등의 재해 발생 시에 대비한 대책을 마련해야 한다. 특히 화재가 발생하면 공조 설비의 덕트가 연기 확산을 조장하게 되며, 신선한 공기를 얻기 힘들다. 최종 피난 장소인 지상까지의 피난 방향과 연기의 상승 방향이 동일하여 피난이 용이치 않으므로 심층부로부터의 탈출이 매우 곤란하다. 또한 소방대의 진입도 용이치 않아 인명의 위험이 크다.

따라서 필요한 피난유도설비 및 각종 소화 시스템을 마련하여 두는 이외에 화재대책의 기본적 방침을 설정하여 둘 필요가 있다. 화재에 대해서는 ① 화재의 미연 방지, ② 화재의 조기 발견, ③ 화재의 초기 소화 및 구획화, ④ 안전장소로의 대피 유도에 대한 대책이 필요하다. 즉, 지하공간의 내장재를 불연화시키고 독성가스 방출재료 사용 금지, 가연물을 삭감하여 화재 발생 확률을 되도록 줄여야 하며, 화재감지장치나 감시 모니터로 화재를 조기 발견하도록 하여야 한다. 일단 화재가 발견되면 소화기, 실내 소화전 등을 활용한 소화는 물론 자동소화 시스템에 의한 스프링클러 등을 사용하여 초기 소화시키도록 하여야 한다. 구획의 상황을 파악하여 지하공간을 구획화시키고 안전장소로 인간을 대피·유도시켜야 한다. 이러한 직접적인 대책을 포함한 감시·통보설비를 충실하게 하고 화재 발생 시의 안전한 피난 경로의 확보, 피난유도방법, 지하공간의 연기 제어 등의 종합적인 대책을 마련하여야 한다.

(2) 환경제어기술

환경은 내부환경과 외부환경으로 구분하여 취급할 수 있다. 우선 내부환경문제를 취급하면 지하공간 내 공기 중에는 일산화탄소, 질소산화물, 포름알데히드, 라돈, 석면·부유분진 등의 유해 물질이 많아 환기 시스템을 갖추어 항상 신선한 공기를 공급할 수 있도록 하여야 한다. 또한 지하공간은 고온 다습한 환경이 되기 쉬우므로 온·습도를 잘 조절하여야 한다.

지하공간에 장시간 근무할 경우 자연광의 부족, 공조설비의 불충분성, 외부경관의 부족, 밀실에 대한 공포감, 방향감각의 상실 등으로 인하여 정신적·심리적 부담을 갖게 된다. 이러한 정신적·심리적 부담을 감소시켜 주는 대책으로는 다음의 네 가지를 들 수 있다.

① 환기, 방음 등의 환경제어기술로 지하공간이라는 느낌 없이 지상에서의 생활과 동일한 생활을 영위할 수 있도록 한다.
② 지하공간의 폐쇄감, 압박감 등을 경감시켜주어야 한다. 천장을 높게 하고 넓은 공간이나 공기유통실 등을 배치하여 지하라는 압박감을 경감시킬 필요가 있다. 이는 광섬유 등에 의한 자연채광의 채택, 공기유통실, 지상 모니터의 도입 등으로 어느 정도 해결할 수 있을 것이다. 반사경이나 광섬유를 이용한 햇빛유도 시스템이 이제 실용화 단계에 있다.
③ 지하공간의 안전성을 확보하도록 한다.
④ 지상에의 접근성이 좋도록 한다.

한편 외부환경에 관하여는 지하공간 개발에 따라 발생할 수 있는 지반변형, 지하수 변동에 관한 사항과 대기오염, 수질오탁, 지반오염을 들 수 있다.

8.4 법·제도적 문제점 및 대응 방안

8.4.1 토지소유권과의 마찰

헌법 제23조에 의거하여 국민의 재산권은 보장을 받고 있으며, 공공의 필요에 의하여 재산권을 제한하고자 할 경우는 정당한 보상을 전제로 하고 있다. 한편 지하공간 개발 대상이 되는 위치에서의 지상토지소유권이 효력을 발휘할 수 있는 범위에 대해서는 민법 제212조에 의거하여 정당한 이익이 있다고 판단되는 지하심도까지 소유권을 인정하고 있다. 이들 법에 의거 지하공간 개발 시 법률로 정할 보상의 결정을 두고 항상 많은 분쟁이 발생하고 있다.

현재 지하개발에 필요한 일반적인 보상제도는 없는 상태며 도시철도법으로 약간의 지하보상을 규정하고 있을 뿐이다. 이 보상제도는 지하철도 건설을 위하여 필요한 토지 확보의 지하이용

저해율을 감안하여 보상하며 지하이용 저해율은 지자체조례로 정하도록 규정하고 있다.

토지소유권의 범위는 민법 제212조와 같이 지하심도와 관계없이 경제성에 근거를 두고 있어 역시 지하공간 개발상에 지상토지소유권과 마찰의 여지가 많다. 그러나 민법 제289조의 제2항에서는 구분지상권을 규정하여 지하 또는 지상공간의 상하범위를 정하여 건물 기타 공작물의 지상권을 따로 인정하고 있어 지하공간개발의 가능성을 마련하고 있다. 그러나 이 구분지상권은 토지소유권자의 승낙을 전제로 하고 있기 때문에 그다지 용이한 것만은 아니다.

따라서 토지소유권과 지하이용권을 구분할 수 있는 법제화가 조속히 이뤄져야 한다. 공공사업을 위한 토지수용법, 특정사업법 등에 근거한 수용특권, 공기업특권을 부여하는 반면 헌법에 의거한 사유재산권의 보호 관점으로부터의 조정이 이뤄지도록 하는 일정한 사회적 합의 형성이 성립되도록 하여야 한다.

8.4.2 관련 법규의 통일성 부족

1970년대 중엽 서울의 지하철 1호선 건설이 시작되면서부터 우리나라도 지하공간의 활용도가 증대되기 시작하여 현재는 지하철, 지하상가, 지하도 등 지표공간이기는 하나 지하공간 활용이 크게 증가하고 있는 추세다.

그러나 이러한 지금까지의 지하공간 활용도 종합적인 계획하에서 체계적으로 개발하지 못하고 개발 주체별로 개별법에 의거하여 단편적이고 부분적으로 개발하였기 때문에 각종의 도시기능 간의 상호 연계나 지하시설의 이용 또는 지하공간의 관리 측면에서 보완하여야 할 점이 많이 나타나고 있다.

현재 지하공간개발의 관련 법규로는 도시계획법, 도로법, 철도법, 국토개발법, 소방법, 건축법, 토지수용법, 공공용지의 취득 및 손실보상에 관한 특별법 등을 들 수 있다. 이들은 개발 주체와 개발 목적에 따라 적합하게 마련된 법규이므로 보상규정 등의 적용상에서 형평의 원칙이 지켜지지 않는 경우도 발생한다.

따라서 지하공간을 활용한 공공시설의 건설시 토지소유권과의 마찰을 조정할 수 있는 통일된 단일법의 설정이 필요하다. 1992년 5월4일부터 건설부 국토계획국, 국토개발연구원 및 한국건설기술연구원이 함께 참여하여 지하공간개발법(가칭)을 연구하고 있음은 다행스러운 일이다.

지상과 지하의 도시공간이 체계적이고 효율적으로 기능을 발휘할 수 있도록 하면서 지하공간을 공공용지의 지하에만 국한하지 않고, 사유지의 지하공간도 공공 또는 공익시설용으로 활용할 수 있게 하여 한정된 토지의 고도 이용을 도모하고 쾌적한 도시를 구축하기 위하여 지하공간 개발제도를 정립시킬 필요가 있다.

8.4.3 각종 기준의 미비

토지소유권과 지하이용권을 구분할 수 있게 하기 위해서는 토지소유권의 한계심도 설정 기준이 마련되어야 한다. 현재, 민법상 토지소유권의 한계는 심도 기준에 의거하지 않고 경제성에 의거하고 있으므로 연구위원회의 구성을 통하여 각 지역사회의 여러 가지 특성에 맞게 한계심도를 결정하여야 한다.

지하공간에 대한 설계·시공기준, 환경기준, 안전기준, 소방법 및 건축법도 지하 개념에 맞게 보완이 필요하다.

또한 지하구조물의 설계·시공기준 및 시설기준의 확립과 운용유지관리에 관한 규정화도 마련되어야 한다. 특히 화재에 대한 안전기준, 소방법, 내장재 선택기준의 엄격한 규정이 마련되어 방재로부터 지하공간을 보호하는 것이 좋다.

8.5 결 론

우리나라와 같은 노년기의 지질구조를 가진 국가에서는 지하공간 개발상 유리한 조건을 가지고 있어 금후의 지하공간 개발을 적극적으로 추진할 것이 예상된다.

금후에 지하공간 개발을 활성화시키기 위해서는 관산학이 협력하여 토지소유권과의 마찰을 해결할 수 있는 체계적 법률의 정비와 인허가 절차상의 제도적 보완을 마련함과 동시에 기술개발연구에 투자를 적극적으로 실시하여야 한다.

끝으로 지하공간을 개발하는 데 다음의 두 가지 사항을 제안하고자 하는 바다.

8.5.1 종합적 국토개발계획 수립

개발 주체별로 단편적으로 실시된 지금까지의 지하공간 개발 방식을 지양하고 지상의 도시계획이나 국토개발계획과 조화를 이룰 수 있는 종합적인 지하공간 개발계획을 수립할 필요가 있다. 일단 개발하고 나면 회복이나 변경이 어려운 지하공간의 특수성을 감안하여 시작 전에 치밀한 검토를 거쳐 종합계획을 마련하며, 이 계획 아래 모든 지하공간 개발사업이 진행되도록 한다. 이 계획상에는 이용층도 구분해둠으로써 지하공간을 효율적이고 체계적으로 이용하여 혼란을 방지할 수 있다. 즉, 지표면으로부터 지상건물, 도로, 지하가, 가스 등 공급시설, 지하철 및 지하고속도로를 깊이순으로 활용깊이를 결정하면 개발 후에도 관리하기 편리할 것이다.

8.5.2 지하공간의 정보관리센터 설립

지금까지 지표공간에 대한 개발이 많이 이뤄져왔으나 기록 미비로 인하여 현재 지하시설물의 위치가 충분히 파악되지 못하고 있는 실정이다. 이는 지하공간을 개발하는 데 큰 장애요인이 될 수 있고 유지관리 측면에서도 큰 문제가 된다.

지하공간의 효율적 이용 및 효과적 개발계획 작성을 위해서는 지하공간 이용 상태를 파악할 수 있는 정보가 제시되어야 한다. 따라서 금후의 지하공간 개발 시기는 각종 분야의 지하이용정보가 수록된 지층정보를 보관·관리할 필요가 있으며, 이를 위한 종합적인 정보관리센터가 마련되어야 한다. 이 센터에서 종합적으로 관리함으로써 혼란을 방지할 수 있고 효과적인 개발이 가능하다.

• 참고문헌 •

(1) 대한토목학회지(1991), 국제심포지움 '도시발전과 지하공간', 제39권, 제36호, pp.73-112.

(2) 상동(1992), 제40권, 제1호, pp.88-113.

(3) 상동(1992), 제40권, 제2호, pp.110-126.

(4) 한국지하공간협회(1992), 국제세미나 '지하공간 발달의 방향과 활동 구상'.

(5) 한국자원연구소(1992), 지하공간 활용기술 개발계획수립연구.

(6) エンジニアリンク振興協會マスタープラン 專門委員會(1922), 地下空間利用 マスタープラン.

(7) 日本土木學會編(1990), Geo Front ニューフロンティア地下空間, 日本土木學會編, 技報堂.

(8) フォーラム(1993), '大深度地下利用に關する地盤工學上の課題', 開催報告, 土と基礎, Vol.41-5, pp.99-104.

Chapter

09

전철 안전시공 점검사항

전철 안전시공 점검사항

9.1 서론

최근 전철, 지하철 등 지하구조물의 시공 중 발생하는 재해가 증가하였고, 특히 다른 건설재해와 연계되어 기술자는 물론 일반 시민들의 관심이 고조되고 있다. 근년에 들어 터널공사의 시공기술, 안전기술이 상당히 진보되었고, 시공방법으로는 NATM의 도입에 이어 기계화 시공이 많이 시도되고 있다. 그럼에도 불구하고 증가하는 이유는 난공사의 증가, 공사물량의 증가, 숙련된 기능인의 감소, 공기의 단축 등을 들 수 있다. 그러나 대부분의 재해는 시공관리, 작업원의 서임 및 지명에 의한 기계화 시공, 설비의 충실, 안전위생교육 등의 질적 향상 등에 의하여 사전에 예방할 수 있는 것이므로, 재해에 대한 기술적인 대응이 절실히 요구되고 있다.[1-5]

잠재사고의 방지를 포함한 안전관리를 충실히 하기 위해서는 다음을 수행하는 것이 중요하다.

(1) 설계 및 시공계획의 책정단계서부터 안전평가를 수행한다.
(2) 시공 중의 안전위생을 효과적으로 수행하기 위하여 점검목록에 의한 점검을 수행한다.
(3) 안전위생관리체계를 충실히 하여 시공 중의 지도감독을 강화한다.

지하철의 안전시공에 관한 점거사항으로서 계획단계 또한 시공 중의 실시상태 및 지도감독에서 중요한 사항을 터널굴착구간과 개착식 굴착구간으로 나누어 정리하면 다음과 같다.

9.2 터널굴착구간

9.2.1 굴착작업

(1) 굴진작업

굴진작업에서는 지형, 지질에 적응하는 작업계획을 세우고, 지반의 변화에 대해서는 신속히 상세한 대응책에 의하여 붕괴 등에 의한 재해를 방지해야 한다. 점검사항은 다음과 같다.

① 굴착의 방법, 시기, 순서의 적합성
② 흙막이 계획, 시공요령의 적합성
③ 기계기구의 선정과 배치
④ 붕괴 방지의 조치: 선행 볼트, 숏크리트, 경사
⑤ 지반의 안정: 관찰 상황, 부착효과의 확인, 보조공법의 채용, 지질의 적정 판단
⑥ 분진의 억제 조치와 보호구의 착용
⑦ 소음, 진동 방지 조치와 보호구의 착용

(2) 기계관리

시공단면, 시공조건에 적합한 기계계획을 세우고, 운전상황을 확인하여 접촉 충돌 등의 다발 재해를 방지한다. 점검사항은 다음과 같다.

① 기계의 가동계획과 표준 사이클타임의 설정
② 기계굴착의 방법, 천공방법의 적합성
③ 공동작업자와의 접촉방지 조치: 지휘 유도, 출입 금지 조치
④ 승강설비, 난간, 작업대의 설치
⑤ 신호의 통일
⑥ 작업순서의 주지

(3) 폭파작업

폭파에 의한 지반의 이완을 극소화하고, 붕괴 방지를 도모하는 동시에, 비석에 의한 노동재해의 방지 및 기기 설비의 손상을 저감시켜야 한다. 점검사항은 다음과 같다.

① 폭파작업계획의 적합성

② 천공 패턴, 장약 패턴의 적합성

③ 작업기준의 적합성

가. 천공, 장약의 요령과 순서

나. 도피 및 경계의 방법

다. 경보, 신호방법

라. 잔류화약의 처치

마. 발파 후의 환기

④ 비석 방지의 실시상황

⑤ 화약도난방지의 방법: 운반 중, 가치 시, 장약 중

⑥ 천공 및 장약 동시작업의 금지

⑦ 작업지휘의 상황: 유자격자의 식별 표시, 직접지휘와 감시

⑧ 붕락 방지의 방법: 천공, 장약 중의 감시

⑨ 보안교육의 실시상황: 교육계획, 교육내용

⑩ 비석 방지의 실시상황

⑪ 화약 도난 방지의 방법: 운반 중, 가치 시, 장약 중

⑫ 천공 및 장약 동시 작업의 금지

⑬ 작업지휘의 상황: 유자격자의 식별 표시, 직접지휘와 감시

⑭ 붕괴 방지의 방법: 천공, 장약 중의 감시

⑮ 보안교육의 실시상황: 교육계획, 교육내용

9.2.2 버럭처리

(1) 적재작업

버력의 적재작업에서는 단면의 형상, 굴착방식, 버력의 성상 등을 고려한 계획을 세워서 기계설비 등의 취급기준을 세우고, 접촉, 충돌, 틈새 낌 등의 재해를 방지하여야 한다. 점검사항은 다음과 같다.

① 버럭 처리 계획의 적합성

② 적재 기기의 선정

가. 적재방법

나. 굴착단면에의 적응성

다. 안전설비(head guard, 안전장치, 승강설비, 전도방지설비)

③ 배기가스 처리장치

④ 적재의 상황: 출입금지 조치, 기계의 취급상황

⑤ 기계의 전도, 추락, 접촉방지장치

(2) 운반작업

버력의 운반계획에서는 단면형상, 굴착방식, 경사 및 곡률, 버력의 성상 등을 고려한 계획을 수립하고, 운반기계, 운반설비 등의 취급기준을 설정하며, 취급 운반재해를 방지하여야 한다. 점검사항은 다음과 같다.

① 운반방법, 하역방법의 주지

② 운반차량의 구조기준: 제공장치, 안정장치 등

③ 운행경로, 방향전환설비의 설정

④ 운행관리기준의 설정

가. 제한속도

나. 서행운전의 구간

다. 신호장치

라. 최대적재하중

마. 운전자, 유도자의 지명

⑤ 취급기준

가. 후진 시의 서행기준

나. 갱 입출 시의 우선순위

다. 운전석 이탈 시 조치(브레이크 확인, 주차, 동력 차단, 열쇠 보관)

⑥ 보수점검의 실시: 노면, 시설 및 차량 등

⑦ 안전통로의 확보

⑧ 매연제거장치: 내연기관의 배기가스 조치

9.2.3 터널지보

갱내에서 낙반, 붕락, 붕괴의 위험성이 있을 때 또는 갱구부의 위험방지를 위하여 강재 지보공 등에 의하여 재해를 미연에 방지하여야 한다. 더구나 터널지보공과 관련하여서는 설치 중은 물론 운반작업 중 및 해체 중에도 많이 재해가 발생하고 있으므로 충분한 주의를 필요로 한다. 또한 NATM 공법은 굴착 후 신속히 지반을 지보하고, 붕락을 방지하는 동시에 지반의 이완을 최소한으로 억제하며, 안전한 공간을 확보하는 것이 특성이다. 지반의 관찰 및 계측관리를 통하여 피드백을 적절히 행하지 않으면 붕괴에 이를 수가 있다. 시공관리로 적절한 상황 판단 및 신속한 처치에 특별한 유의가 필요하다.

(1) 쇼크리트

① 기기선정의 적합성: 습식 또는 건식, 부착능력 등

② 붕괴 방지 조치: 지반의 안정, 용수처리 등

③ 분진 억제: 환기장치, 집진기, 억제제

④ 보호구의 착용

⑤ 보수점검의 실시

⑥ 안전운전관

(2) 록볼트

① 기기 선정의 적합성: 시공단면과의 적합성, 비계장치

② 록볼트의 선정의 적합성: 정착력, 시공성

③ 붕락 방지 조치: 지반의 점검, 감시

④ 강결 상황 점검 여부: 인발시험, 효과의 확인

(3) 강재지보

① 지보공 설치계획의 적합성

② 지보공의 선정: 재질, 형상, 치수, 강도

③ 설치 방법: 기계 인원의 배치, 비계, 순서 등

④ 설치 상황: 설치 간격, 설치 형상, 침하 방지

⑤ 작업의 지휘

⑥ 점검의 실시: 부석, 균열, 지질, 비보공의 상황, 주변 함수 및 용수, 기록

⑦ 보호구의 착용: 프로텍터(protector), 마스크

(4) 영구 라이닝

영구 라이닝을 타설하기 위한 이동식 형틀은 굴착공법의 진보에 따라 조립, 탈형, 이동의 급속성이 요구에 부합되는 것이어야 하므로, 취급이 용이하고 구조가 견고하여야 한다. 설계도서에 기준한 강도 확입, 조립부재의 검사, 콘크리트 타설 전의 총 점검 등이 중요하다. 또 콘크리트 타설 중은 타설 속도, 편압 등을 항상 감시하여 형틀지보공에 이상이 발생할 경우에는 신속한 대응이 가능하도록 작업간의 연락체계를 확보할 필요가 있다. 점검사항은 다음과 같다.

① 형특지보공 구조도와 조립 상황

② 형틀조립, 해체, 이동의 방법, 시기, 순서

③ 형틀의 도괴, 좌굴 방지 조치

④ 타설기계의 선정

⑤ 타설설비의 점검

⑥ 콘크리트 품질관리

(5) 계측관리

① 계측계획의 적합성

② 계측의 실시 상태

③ 계측 결과의 평가: 판단 기준의 확립

④ 계측 결과의 활용 상태: 패턴 변경의 실시상황(조건 변화에의 대응)

9.2.4 특수재해의 방지

(1) 가스폭발

가스폭발에 의한 재해는 가스측정을 포함한 관리체계를 강화하여 현저히 감소시킬 수 있다. 지질의 조사 등에서는 종래로부터 미비함이 있다. 점검사항은 다음과 같다.

① 지질조사

② 가스 측정 계획과 실시 상황

③ 연락통보 설비, 체계의 확립

④ 환기설비의 상황: 풍양의 적부, 운전관리

⑤ 경보장치의 설치

⑥ 화기사용의 통제: 방화담당자의 배치, 소화기의 설치, 잔화의 확인

⑦ 안전교육의 실시: 폭발 방지, 측정, 연락 통보, 피난 및 구호요령 등

(2) 이상흡수

이상출수의 대책에 대해서는 지질도 등 조사성 과물을 상세히 검토하여 단순한 출수만이 아니고 출수에 동반하는 지반의 붕괴 등을 방지하는 방법을 계획 실시할 필요가 있다. 점검사항은 다음과 같다.

① 보링 조사: 수평 보링 등

② 배수갱의 검토

③ 차수공법의 검토

④ 긴급용 펌프, 자재의 준비

⑤ 연락통보 설비체제의 확립

⑥ 안전교육의 실시: 응급처지, 피난, 통보 등

(3) 화재

갱내 화재에 대해서는 그 발생원에서 초기소화에 실패한 경우에 피해가 크다. 화재 또는 연기가 갱내에 찬 경우에는 소화 및 구출작업이 극히 곤란하므로 화재원의 관리와 초기소화 설비 및 소화훈련이 중요한 요건이다. 점검사항은 다음과 같다.

① 가연물 저장상황: 저장 제한, 방화 조치

② 소화설비의 설치

③ 화재원, 전기설비 등의 점검

④ 방화관리조직의 편성

⑤ 화기취급관리의 철저

⑥ 방화담당자의 배치

⑦ 소화, 대피훈련의 실시

(4) 낙반

NATM에서는 계측점에서 지반의 점검을 실시하게 되므로 점 사이면의 점검은 목측에 의하게 되나 쇼크리트 타설에 의하여 관찰이 불충분해질 수 있다. 정기적으로 굴착표면 또는 버럭을 점검하는 등 관찰을 실시하여 낙반 방지를 도모할 필요가 있다. 점검사항은 다음과 같다.

① 지질조사

② 지반의 점검, 계측 결과의 분석

③ 보조공법의 검토: 록볼트, 쇼크리트, 강제 아치 등의 증가

④ 지질의 주지: 관찰 결과의 전달

⑤ 조건 변화에의 대응상황: 패턴 변경의 지시

⑥ 긴급 시의 조치: 대응대책, 연락통보, 대피

⑦ 지반의 분류, 판단기준의 적합성

9.2.5 작업환경관리

(1) 갱내 환경

① 공기측정 계획: 기온, 통기량, 탄산가스, 일산화탄소, 가연성가스, 산소 농도, 분진 측정

② 환기 계획: 환기방식, local fan, 환기량 계산서, 설비의 설치 상황, 보수관리

③ 분진 대책: 습식기계, 배수설비, 밀폐장치, 집진기의 설치, 보호구의 착용

④ 조명설비: 조도, 배치위치, 수량, 보수관리

⑤ 소음진동: 방음 및 방지보호구, 방음장치된 기기, 방진공구, 작업시간관리

(2) 갱 환경

① 소음, 진동 대책: 발파음의 억제, 방음벽, 장약량의 제한, 작업시간 제한

② 비석 방지 대책: 제어발파, 방폭 시트

③ 오탁수 대책

9.2.6 긴급 시 대책

(1) 연락설비

① 통화설비의 설치

② 경보설비의 설치

③ 예비전원의 준비

④ 야광도료에 의한 명시

⑤ 교육훈련에 의한 주지

(2) 연락체계

① 긴급 시 체제의 확립

② 갱내 출입자의 파악

(3) 피난, 구호

① 긴급용 예비전원의 확보

② 대피용구의 설치: 호흡용 보호구, 휴대용 조명기구, 비상용 망치, 구급침대, 로프

③ 구호기기의 설치

④ 긴급대피소의 설치

⑤ 구호대피훈련 계획의 실시: 계획 내용, 구호체제에 의한 훈련의 실시, 설비 등의 사용, 기록

⑥ 긴급자재의 확보

9.3 개착식 굴착구간

9.3.1 장해물의 처리

(1) 지상시설

작업구역 내에 설치된 항타기, 크레인 차 등이 전선에 접근 또는 접촉하여 전선로 공작물 등에 손상을 주고, 작업관계자가 재해를 당하는 경우가 있다. 정전사고에 대해서는 사회공공에 미치는 영향이 중대하고 인명재해를 방지하는 것은 기업으로서의 의무이므로 보안상 필요한 사항을 조사하여 적절한 조치를 하여야 한다. 점검사항은 다음과 같다.

① 관리체계의 확립: 점검 및 긴급연락, 긴급대책

② 사전조사: 공사구역 내의 조사, 각 관리자와의 검토, 입회 확인

③ 시설의 관리: 시공의 시기 및 순서, 사고 방지 조치의 검토 및 주지, 입회 확인의 실시

④ 긴급 시의 교육훈련

⑤ 방호설비

(2) 매설물

매설물의 종류는 가스, 전력, 전기통신, 상하수도 등이 있다. 각각의 사용 및 공급 목적에 따라서 매설방법이 다르나 근접한 공사를 행하는 경우에는 사전에 장해물의 관리자 및 관계자와 협의 및 확인을 하여 현상의 파악은 물론, 사고 발생 시의 연락체제, 구조활동 등에 대해서도 충분히 타협해야 할 필요가 있다.

① 본 공사 착공 전의 처리

가. 이설(영구이설 또는 일시이설)

나. 관 종류 변경(영구 변경 또는 일시 변경)

다. 긴급차단장치의 설치

라. 통관시험 등

② 굴착 중의 처리

가. 보호조치의 적합성(현수, 가설)

나. 보강조치

다. 흙막이 배면 부근의 보호

라. 사용의 일시 중지, 신축이음의 설치

마. 입회, 점검 등

③ 복구 시의 처리

가. 보호조치의 적합성(슬래브식, 기둥식, 부유기초식)

나. 이설

다. 통관시험 등

9.3.2 흙막이공

(1) 흙막이공

지반의 굴착을 행하는 경우에는 굴착구역 내의 지질조건, 주변지역의 환경조건, 기타 공사 중에 작용하는 하중에 대해서 충분히 견딜 수 있는 경사를 가지거나 또는 흙막이공을 시공하여 지반의 붕괴나 유해한 변형이 발생하지 않도록 위험 방지의 배려를 하여야 한다. 점검사항은

다음과 같다.(6)

① 토질조사의 타당성: 형상, 지질, 지층, 균열, 함수 및 용수, 유해가스 등
② 흙막이벽 선정의 적합성: 차수, 지반보강, 주변 영향, 안전
③ 공법 선택의 적합성: 시공성, 경제성, 안전성
④ 흙막이벽공의 설치 시기 및 순서
⑤ 흙막이벽의 구조적 안정: 엄지말뚝, 나무널판, 기타 벽체

(2) 흙막이지지공

① 토질조사의 타당성
② 흙막이지지공의 설치시기와 순서
③ 흙막이지지공의 구조적 안정: 버팀대, 띠장, 버팀보, 앵커, 중간말뚝

(3) 노면복공

노면복공은 일반교통에 대해서 충분한 강도와 강성을 지닌 것으로서, 중차량 및 일반통행차 등의 안전이 확보되어야 한다. 또 노면의 유지관리에 대해서는 표면의 단차, 미끄럼, 틈새 등에 유의하여야 한다. 점검사항은 다음과 같다.

① 노면복공의 시공방법, 시기, 순서
② 복공의 구조: 복공판 및 복형의 재질, 강도, 조립해체 계획, 전도 방지
③ 위험 방지 조치: 단차, 틈새, 미끄럼방지, 이동 및 튀어오름 방지, 방호전용 거더
④ 추락 방지 조치: 출입구 주위, 채색 및 조명, 폐쇄조치, 개구 시의 이동책, 유도원 및 감시원의 배치, 출입금지 조치, 복공의 복원
⑤ 순회점검: 복공의 마모, 지승부의 변형, 틈새, 단차, 연결부의 침하 및 함몰, 구조부재의 이상, 긴급자재

9.3.3 굴착

굴착에 대해서는 일반통행과 연계하여 교통대책에 유의한 시공계획을 세워 적절한 작업지역을 확보하고, 소음 및 진동대책을 고려한 기계의 선정에 의하여 부근 주민과의 문제를 극소화하는 것도 중요하다. 또 지하매설물의 방호, 인접구조물의 안정, 노반의 침하 및 변형 등에 대해서도 관리가 불충분한 경우에도 대규모의 사고가 발생하므로 위해방지대책에 대해 특별한 주의가 필요하다. 점검사항은 다음과 같다.

① 사전조사: 지질, 지형, 지층 및 매설물, 지하구조물, 공기, 유해가스 등

② 굴착의 방법, 시기, 순서의 결정

③ 굴착기계 및 설비의 선정과 배치: 구조기능 및 안전장치, 호퍼타워(hopper tower) 시설의 위치구조

④ 주변 지반 붕괴 방지 조치: 경사의 확보, 용수처리, 보조공법의 검토

⑤ 굴착저면 붕괴 방지 조치: 히빙, 보링

⑥ 접촉재해 방지조치

⑦ 교통대책: 운행경로의 명시, 보행자 통로의 확보, 개구부의 조치, 보안요원 등

⑧ 사토처리 계획의 적합성

9.3.4 본 구조물

(1) 형틀 등

① 형틀 및 형틀지보공의 조립해체 계획

② 작업용 비계의 구조: 난간, 작업대, 승강설비

③ 추락 방지 설비: 안전망, 안전지역

④ 낙하설비

⑤ 점검의 실시: 활동, 침하, 부재 등의 도괴 방지

(2) 콘크리트 타설

① 콘크리트 타설 계획: 타설 방법, 순서

② 타격설비 및 기계의 선정: 투하설비, 압송기기

③ 콘크리트 품질관리

④ 유도원의 배치

⑤ 신호의 설정: 노면과 타설 장소 및 압송기기 간

⑥ 점검의 실시: 형틀 및 형틀지보공의 이상 등

• 참고문헌 •

(1) 홍원표(1989), '도시 내 지하굴계의 안전성 및 영향', 대림기술정보, pp.1-11.

(2) 홍원표 · 김학문(1991), '흙막이구조물 설계계획 및 조사', 흙막이구조물 강좌(I), 한국지반공학회지, 제7권, 제3호, pp.73-92 44.

(3) 홍원표(1991), 건설행정 도시설계, 제4편 건축 관련 지반공학 중앙대학교 건설대학원 도시관리전문교육과정교재, 91-2-1, pp.297-347.

(4) 홍원표(1993), '지하공간개발에 따른 장애요인 및 대책방법', 토지개발기술, 1993, 여름호, pp.21-31.

(5) 홍원표(1993), 주열식 흙막이벽체, 흙막이구조물강좌(II), 한국지반공학회지, 제9권, 제3호.

Chapter

10

매립처분

Chapter 10

매립처분[1]

10.1 서 론

10.1.1 폐기물의 매립처분

(1) 육상매립: 토지이용의 상황 및 처분장의 주변환경에 미치는 영향 때문에 산간 매립이 주류

(2) 수면매립: 천해를 매립하여 해면 섬형 매립

(3) 자원화, 재이용 → 감량화, 무해화, 안정화(중간 처리) ⇒ 최종 처분장

(4) 중간처리: 소각이나 분별공정을 거쳐 무기화·안정화된 것은 토지조성의 소재로 이용

(5) 최종 처분장의 장래상: 매립기술의 일층진보에 의하여 어느 기간 매립한 후 필요하면 그 폐기물이 일부 자원으로 이용되는 저류장으로의 기능을 가지기를 기대함

10.1.2 매립처분에 관계되는 기본적 용어

(1) 매립지의 지형적 특징을 중심으로 한 분류

매립지를 지형적 특징으로 분류하면 다음 분류표와 같다. 이들의 특징을 설명하면 다음과 같다.

① 계절곡매립: 융기 준평원, 삼각주, 선상지(扇狀地), 화산 등의 지표면이 하천의 침식작용에 의하여 파여진 계곡에 실시되는 매립

② 수제매립: 해안, 안의 일부를 막아 실시하는 매립

③ 섬형매립: 얕은 바다나 호수를 막아 하나의 섬처럼 실시하는 매립

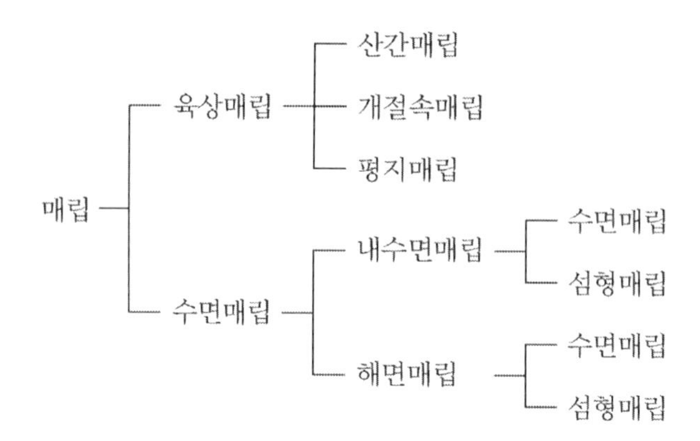

(2) 최종 처분장의 구성

최종 처분장은 육상매립과 수면매립으로 구분하여 다음 그림과 같이 구성되어 있다.

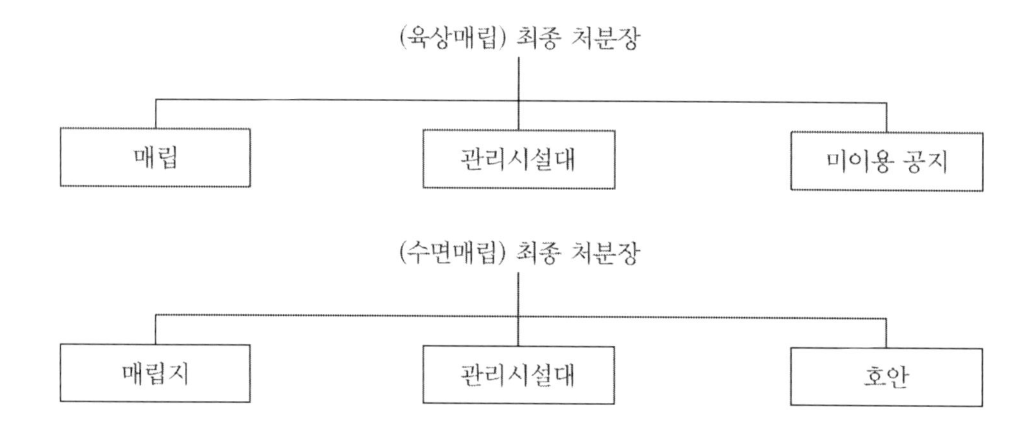

(3) 최종 처분장을 구성하는 개벽시설, 설비의 명칭

최종 처분장을 구성하는 개벽시설, 설비는 다음과 같다.

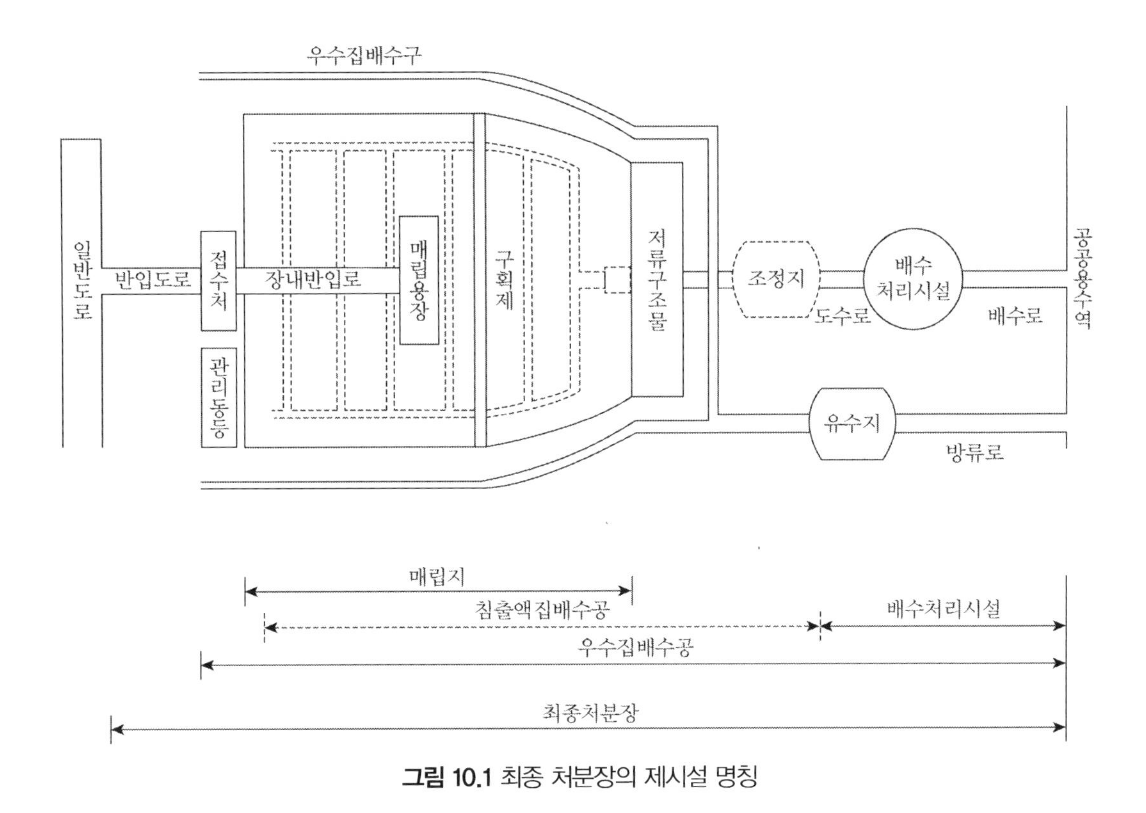

그림 10.1 최종 처분장의 제시설 명칭

10.2 처분장의 선정, 확보

10.2.1 기본 구상

(1) 최종 처분장의 바람직한 규모

종래의 매립지는 폐기물의 단순한 투기장이었다. 따라서 주변환경에 악영향을 주었다.

① 곤충, 유리 등의 해
② 냄새의 확산
③ 주변 수로의 침수액에 의한 오염
④ 발생 가스에 의한 나무의 고사 등

결국 인근 주민의 반대로 용지취득이 매우 곤란하였다.

매립지의 계획 조사·설계에 요하는 기간은 면밀히 실시할 경우에는 수 년에 이르는 경우가 많다.

① 공해방지시설을 설치할 경우: 내용연수는 최저 7~10년
② 폐기물의 처분계획을 확실히 하기 위하여 매립지 용량은 10년 이상을 목표로 하는 것이 바람직함
③ 수십만~수백만m^3

(2) 매립처분 폐기물의 질과 양

최근 가연성 폐기물과 불연성폐기물을 중심으로 한 처분장에서 불연성을 주체로 한 처분장으로 변하고 있는 실정이다.

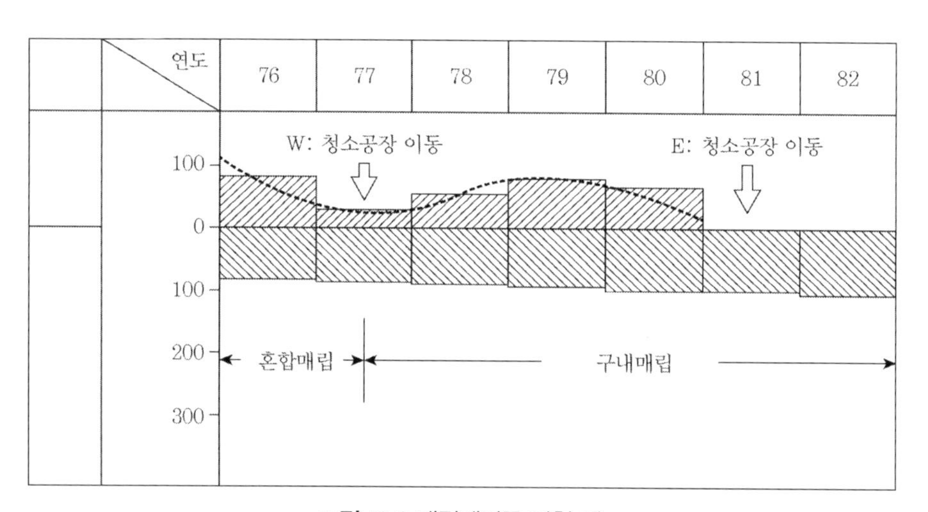

그림 10.2 매립폐기물 변천 예

① 일반폐기물과 산업폐기물을 모두 받는 최종 처분장
② 일반폐기물만 받는 최종 처분장
③ 일반폐기물 중 불연성폐기물만 받는 최종 처분장

청소공장의 이동에 따라 가연성 폐기물의 매립량은 급감하는 반면 불연성폐기물은 완만한

증가의 경향을 나타내고 있다.

• 분리수거체제: 일반적으로 2종으로 나누며 가연성, 불연성 3~4종류도 있음

(3) 매립처분 체적의 상정

① 폐기물 양의 표시 단위: 중량 표시

② 매립된 폐기물은 다음 열거 사항으로 인하여 질량과 체적이 매년 감소

가. 상재하중에 의하여 물리적으로 가압된 압축, 파괴 등이 발생

나. 생물화학적 작용을 받아 분해

다. 가스체 혹은 용액, 현탁물로서 물질의 소멸을 발생시킴

③ 체적환산계수: 폐기물 1t의 매립후의 체적(m^3) 폐기물의 성상, 매립 방법, 분해의 진행 정도 등에 인자의 영향을 받음

표 10.1 중간 복토 직후의 시험 블록의 체적계수(m^3/t)

	가연쓰레기		분별쓰레기		일반쓰레기	적요
	제1층	제2층	제1층	제2층		
체적 환산 계수	0.91	1.18	1.25	1.49	2.47	(복토 불포함) 쓰레기층만의 체적
	1.05		1.37		2.47	(복토 불포함) 쓰레기 중량 톤 반입량
현장밀도 체적변환계수	1.02	1.07	1.80	1.57		굴착 체적
	1.05		1.69			쓰레기 굴착 체적
복토재의 체적 점유율(%)	17	18	16	15	15	쓰레기 중량 톤 반입량 복토의 중량 톤 반입량
겉보기 비중	1.21	1.01	0.95	0.82	0.62	총 완성체적

10.2.2 적지의 선정

(1) 최종 처분장의 사회적 특징

현재의 흐름은 혐오시설은 10년 이상의 규모가 바람직하므로 일단 3~5년은 1구분으로 사업을 완성하고 매 구분당 주변 환경을 포함한 프로필을 만들어 관계자를 충분히 납득시켜야 한다.

현재 매립지의 주 이용법은 스포츠시설을 포함한 공원, 학교 등의 공공시설을 관계자에게

환원시켜야 한다.

(2) 적지의 조건

표 10.2 매립지의 조건

	내륙	수면
사회적 조건	• 주변에 인가가 없고 주거 구역에서 떨어져 있을 것 • 용도 지역상의 규제를 받는 지역은 피할 것 • 지역주변의 생활 의존도가 매우 큰 지역은 피할 것(농경지 산림)	• 주변에 인가가 없고 주거 구역에서 떨어져 있을 것 • 매립법상의 규제를 받는 장소(수산자원 확보법, 자연공원법, 자연환경 보존법, 문화재 보호법은 피할 것) • 지역주민의 생활의존도가 극히 큰 지역은 피할 것(어장, 양식장, 오락장) • 완성 매립지 이용이 편리할 것
환경적 조건	• 지하수의 흐름이나 지하우수가 존재하지 않을 것 • 상수도의 수원지대가 아닐 것 • 항상 바람 방향이 일정한 곳 주거구역이 없을 것 • 오수처리장 등의 용지 확보가 충분하며 공해대책, 안전대책 등 처분지의 관리가 집중적으로 행할 수 있을 것 • 경관을 현저하게 손상하지 않을 것	• 조류 특성에 변화를 줄 수 있는 장소를 피할 것 • 물질 확산의 영향을 줄 수 있는 장소를 피할 것 • 해저의 지형이나 지질에 큰 변화를 줄 수 있는 장소를 피할 것 • 부영양화한 헤드로를 제거하는 경우에 문제가 될 장소는 피할 것 • 용존산소의 공급, 해수와 담수와의 혼합, 부유유생이 어느 기간 사는 장소는 피할 것
방재적 조건	• 집수면적이 적을 것 • 계곡구배의 안정도가 클 것 • 산의 지형이 방재, 저류시설의 시공에 용이할 것	• 표사의 이동에 의한 침식을 받는 장소는 피할 것 • 파랑, 쓰나미, 고조(高潮)가 변화를 일으킬 장소는 피할 것
경제적 조건	• 공간 용량의 확보가 가능할 것 • 적정 운반 거리를 가질 것 • 전력, 수도, 전화가 쉽게 놓일 수 있을 것 • 복토용 토사가 쉽게 얻어질 것	• 헤드로가 얕은 장소를 선택할 것 • 적당한 운반경로가 확보될 것 • 수심이 얕고, 수위의 변화가 적어 토질이 안정되어 있는 장소를 선택할 것

(3) 선정 순서

① 기존 자료에 의한 적지 조사

가. 후보적지에 관계되는 각종 관계법령조사 매립지의 토지이용에 관한 법률을 도시계획, 자연환경보전, 방재관점으로 분류

나. 후보 적지 판정에 필요한 조사 항목

다. 도시 성격과 매립지, 폐기물의 양과 질, 기상해상, 재해, 지형지질, 수계, 운반로, 공간용량, 생태계

라. 문화재, 공해방지 협정환경기준, 이용 상황

② 실지 탐사에 의한 자료 수집

현장시험, 주변문의조사, 실태조사 등이 필요하다.

표 10.3 적지조사를 위한 실지 답사

조사사항	육상매립	수면매립
지질지층 조사	① 답사 ② 보링 ③ 탄성파시험 ④ 전기탐사 ⑤ 투수시험 ⑥ 지하수위 관측(보링공이용) ⑦ 지하수 유향조사 ⑧ 지하수의 주변 이용 상황 ⑨ 후보지의 유역과 자유량(自流量)	① 답사 ② 보링 ③ 음파탐사(해저의 형상) ④ 사운딩 ⑤ 투수시험 ⑥ 지하수위 관측(보링공 이용)
토질조사	① 표준관입시험 ② 토질시험 축압축 압밀시험 입상분포 투수시험 다짐시험 간극비 함수비	① 표준관입시험 ② 토질시험 축압축 압밀시험 입상분포 투수시험 다짐시험 간극비 함수비
식생조사	① 잠재의식과 현식생 ② 특별한 동물이 생식하고 있는지 여부	① 산란 장소 ② 추존어기(推存漁期)의 장소 ③ 그들을 배양하는 장소
교통량조사	① 교통량 ② 소음 ③ 교통사고	① 교통량(해상교통량) ② 소음 ③ 교통사고
문화재조사	매장문화재의 유무	매장문화재의 유무

(4) 적지의 종합비교

표 10.4의 관점으로부터 비교·검토한다.

표 10.4 적지의 종합판정항목

	판정사항	내용
①	공간용량과 매립연수	실질매립용량과 매립연수 차지의 경우는 매립용량과 계약매립연수
②	설치위치와 지형지질	설치 위치는 수집운반에 관계됨. 지형지질은 공사의 시공법이나 지하수에 대한 오염문제에 연결됨
③	적지이용의 유효성	지역관계자의 불충분한 환원과 이용시설의 유효성
④	경관을 포함한 주변 환경과의 조화	지형 등의 변화에 따른 조망의 변화와 주변 환경의 조화. 시대의 경우와 함께 변화하는 주변 환경의 매집지의 조화
⑤	변동에 대한 대응성	매립계획이 장기에 이를 경우에 그때 그 시대에 적응하여 대응할 수 있는지 여부
⑥	공간용량과 매립연수	공사의 총사업비의 적정한 크기와 쓰레기 $1m^3$당 적정 공사비

10.3 매립처분방법

10.3.1 폐기물 매립에 따른 2차 공해와 대책

(1) 현황 변경에 따른 장해

① 육상매립의 경우

가. 경관의 악화

나. 유역의 변화

② 수면매립의 경우

가. 하천소통의 방해

나. 해류의 변화

다. 정서피해

라. 어업피해

마. 선박운항 방해

(2) 주변수역의 수질오탁(汚濁)

① 매립법에 따른 오탁

② 준설작업에 따른 오탁

③ 토지입지시설에 따른 오탁

(3) 곤충 등의 발생

① 저항성 큰 파리의 대량 발생

② 쥐의 대량 발생

③ 까마귀 무리의 발생

(4) 가스 발생

① 악취의 발생

② 화재의 발생

(5) 교통장해

① 차량집중에 의한 장해

② 선박집중에 의한 장해

③ 수송 도중의 오염

(6) 토지이용상의 장해

① 지반 불량

② 말뚝 타설공사의 장해

③ 공사 시 산소 결핍 발생

④ 식생의 생육 저해

⑤ 유해물의 노출 비산

(7) 자연파괴

① 토지 채취 적지의 파괴

가. 2차 공해는 매립작업 중 발생하는 것과 매립 종료 후도 계속되는 것이 있다.

나. 유기물질이나 중금속을 많이 포함할수록 심하다.

다. 폐기물의 노출부를 적게 하도록 매일 복토해야 한다.

표 10.5 폐기물과 2차 공해

2차 공해의 종류 / 폐기물 종류	외관	쓰레기 비산 유출	악취	파리, 쥐 발생	쓰레기 화재	오수의 침출	메탄가스 발생	유해물질 지하침투	지반침투
젖은 쓰레기	◎	◎	◎	◎	◎	◎	◎	◎	◎
불연성 폐기물	○	○	○	△	△	△	△	○	△
가연성 폐기물	◎	◎	◎	○	◎	◎	◎	◎	◎
소각재	△	△	○	△	△	○	○	◎	△
오니	◎	○	◎	△	△	◎	○	◎	◎
토사기와	△	△	△	△	△	△	△	△	△

* ◎ 문제가 크다. ○ 보통이다. △ 문제가 적다.

표 10.6 2차 공해와 방지대책의 대응

2차 공해의 종류 / 폐기물 종류	외관	쓰레기 비산 유출	악취	파리, 쥐 발생	쓰레기 화재	오수의 침출	메탄가스 발생	유해물질 지하침투	지반침투
복토	◎	◎	○	◎	◎	○	○		
쓰레기층 두께			○			○	○		○
축제	○	△				○			
에어레이션			○	○		○	○		
비산 방지 펜스	△								
바닥의 불투수층						○		◎	
집수시설						◎		○	○
집가스기설							◎		
방취제			○						
소화시설					○				
살충제				○					
수면매립의 중간 칸막이		○			△				
파쇄처리	○		○	△	△				
압축처리	○	○	○	△	○	△			◎

* ◎ 문제가 크다. ○ 보통이다. △ 문제가 적다.

10.3.2 전처리의 효용

매립처분에 앞서 폐기물에 손을 가하여 매립물의 안정효과를 얻는다. 파쇄와 압축고화를 생각할 수 있다.

(1) 파쇄

폐기물을 파쇄시켜 매립처분을 하면 다음과 같은 이점이 있다.

① 밀도가 높아진다.
② 쥐, 파리 등의 세균 발생을 억제할 수 있다.
③ 최종 복토 이외 복토의 필요성이 없어진다.
④ 매립지의 재이용을 보다 빨리 실시할 수 있다.

미파쇄된 젖은 쓰레기의 경우에는 매립지가 안정되어 재이용까지 15년이 필요한 반면 파쇄시킨 경우에는 5년도 걸리지 않는다.

그 밖에 실제 매립장에서의 작업상의 이점은 다음과 같다.

① 파쇄 폐기물 위를 통행하는 경우 복토한 경우와 같이 먼지가 나지 않는다.
② 우천 시도 복토재 운반장치의 가동이 가능하다.
③ 겨울에 복토재 동결에 따른 문제가 없다.
④ 타이어 펑크가 감소한다.
⑤ 화재, 비산, 장치의 수리 및 손실시간이 감소한다.

이와 같은 이점을 살리기 위한 매립기술상의 제반(Hartz)은 다음과 같다.

① 파쇄 폐기물(젖은 쓰레기를 중심으로 한 일반폐기물)의 집적고는 90cm를 넘지 말 것
② 그 후 연속적으로 들어오는 각종 폐기물은 두께 15cm로 넓힐 것 ⇒ 폐기물 중 공기가 침입하여 호기적 조건 유리 가능
③ 폐기물의 급속한 안정화 촉진 때문에 20% 이상의 수분을 유지하는 것이 바람직함
   예) 이 조건에서 새 매립지 온도는 82°C며 이후 3개월간에 약 49°C로 떨어져 이 기간 중 중요한 분해가 이뤄지며 지반이 단단해짐
④ 90cm 두께의 매립고로 1, 2년간 방치함이 바람직함. 6개월 이내에 매립 작업을 재개하지 말 것
⑤ 매립 종료 후 미관상 37cm의 최종 복토 필요

위의 조건에 의한 매립의 경우는 다음과 같다.

겉보기 비중은 600kg/m² ┐
잘 다려진 경우 900kg/m² ┘

간극 속 공기 점유물 25~30%
(호기성 상태)

일본의 경우는 다음과 같다.

10m 이상의 매립고로 겉보기 비중: 800kg/cm³
매립 후 5년 경과 시: 1000kg/cm³
간극의 공기점유물 10% → 따라서 유기물의 분해도 완만함

(2) 압축고화

매립지의 공간 용량을 최대한으로 활용하기 위하여 파쇄하여 쌓는 이외에 폐기물에 압력을 가하여 압축고화시킨 것을 매립지에 처분하는 기술을 말한다.

폐기물(한 변이 700~800mm 정도 크기인)에 230~250kg/cm²의 압력으로 압축고화 → 철망으로 싸서 200°C 부근 온도에 가열한 아스팔트로 코팅하여 프레스 석을 만듦. 하나의 중량이 500~900kg → 수단으로 쌓아 매립 처분

10.3.3 매립구조의 종류와 특징

(1) 혐기성 매립구조

기존의 산간지나 저습지의 매립은 폐기물을 가능높이까지 투입하여 매립층 내가 물에 젖는 상태는 다음과 같다.

물이 거의 빠지지 않고 층 내가 항상 혐기성 상태 → 고인 오수의 수질이 매우 나쁨 → 취기, 파리, 쥐의 온상이 되는 매립구조

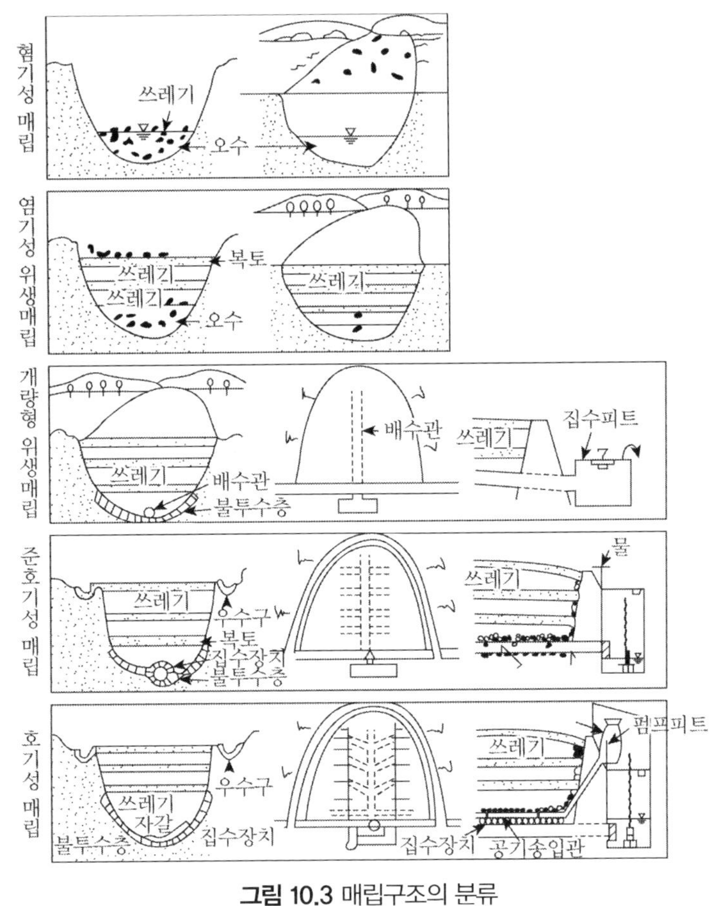

그림 10.3 매립구조의 분류

(2) 혐기적 위생매립구조

상기 매립구조의 개량형이다.

일정 매립고(층고 3m, 복토층 50m)에서 일정의 복토를 실시하는 공법 → 취기, 파리, 쥐, 화재해결 → 출오수나 가스문제는 남음. 고 BOD, 고질소류 등으로 주변 수역을 오염시킴

(3) 개량형 위생매립구조

① 상부공법에 추가하여 저부에 불투수층과 배수관을 설치하여 오수대책을 마련

② 매립장 외에 저류조를 마련 오수를 배제

③ 매립 1년 후 BOD가 위 두 개 공법의 1/100 정도로 저하(표 10.7 참조)

표 10.7 매립구조와 침출오수 수질

항목		매립 계속 시	매립 완료 6개월 전	매립 완료 1년 후	매립 완료 2년 후
혐기성 매립	BOD(ppm)	40,000~50,000	40,000~50,000	30,000~40,000	10,000~20,000
	COD*(ppm)	40,000~50,000	40,000~50,000	30,000~40,000	20,000~30,000
	NH_3-N(ppm)	800~1,000	1,000	800	600
	Ph	6.0 전후	6.0 전후	6.0 전후	6.0 전후
	투수층	0.9~1.0	1~2	2~3	2~3
개량형 위생 매립	BOD(ppm)	40,000~50,000	7,000~8,000	300	200~300
	COD*(ppm)	40,000~50,000	10,000~20,000	1,000~2,000	1,000~2,000
	NH_3-N(ppm)	800~1,000	800	500~600	500~600
	Ph	6.0 전후	7.0 전후	7.0~7.5	7.0~7.5
	투수층	0.9~1.0	1~2	1.5~2	1~2
초호 기성 매립	BOD(ppm)	40,000~50,000	5,000~6,000	100~200	50
	COD*(ppm)	40,000~50,000	10,000	1,000~2,000	1,000
	NH_3-N(ppm)	800~1,000	500	100~200	100
	Ph	6.0 전후	8.0 전후	7.5 전후	7.0~8.0
	투수층	0.9~1.0	1~2	3~4	5~6
호기성 매립	BOD(ppm)	40,000-50,000	200~300	50	10
	COD*(ppm)	40,000-50,000	2,000	1,000	500
	NH_3-N(ppm)	800-1,000	50	10	1~2
	Ph	6.0 전후	8.5 전후	7~8	8.6 전후
	투수층	0.9~1.0	6~7	2~3	2~5

* $K_2Cr_2O_2$법

(4) 준호기성 매립구조

① 매립장 저부에 고인 오수를 되도록 빨리 매립지 외에 배제하여 폐기물층과 저부에의 물의 압력을 저감시켜 지하 토양에의 오수 침투를 방지한다.

② 동시에 집수단계에서 될 수 있는 한 침출액을 정화할 수 있도록 집수 장치를 마련한다(자갈과 유공관).

가. 집수장치: 간선과 지선으로 된 분기형

나. 자갈과 유공 흄관을 조합

다. 유공흄관: 지선 ϕ30cm, 간선 ϕ60cm

라. 자갈: 30~150mm 크기

마. 이상강우 시: 오수를 매립층 내 저류

처리장 능력에 맞게 저류 오수를 처리장에 송수(집수관물에 펌프 부착)할 수 있도록 집수관 끝에 펌프피트를 부착한다.

펌프피트 내의 수면은 항상 집수관보다 아래에 있게 하여 통기가 용이 하도록 한다(침출액의 조기 안정화 효과).

(5) 호기성 매립구조

① 매립층에 강제적으로 공기를 보내 층내를 호기성 상태로 한다(폐기물을 더욱 빨리 분해하여 안정화시킬 수 있는 구조).

② 공기입방식: 저부에 배수파이프를 부설 그 위에 주관과 분기관을 깔고 분기 관측 아래 방향에 있는 구멍을 통하여 공기를 분출시켜 관의 상부에 쌓인 50cm 두께의 자갈층에 공기를 분기시켜 상부 폐기물 층에 확산시킨다.

가. 매립 종료 1년 후의 BOD는 50PPM

나. 비싼 운전비가 든다(단점).

10.3.4 매립처분시설

주변 특징 파악을 위한 조사 항목은 다음과 같다.

(1) 매립지의 위치

(2) 매립지의 기상, 해상

① 평균기온

② 강수량

③ 평균풍속

④ 풍향별 출현율

⑤ 풍배도

⑥ 조류

⑦ 반사파

⑧ 표사

⑨ 희석 확산력

(3) 지형 및 용량

(4) 지질

① 지질과 암석

② 지질구조

③ 산사태, 붕괴

(5) 토질

① 채취 시 평균함수비

② 습윤밀도

③ 건도밀도

④ 비중

⑤ 최적함수비, 실내투수계수, 액성한계, 소성한계, 입도시험, 간극률, 압밀시험

(6) 토양의 화학특성: 토양의 이온교환용량, 토성(산성, 알칼리성)

(7) 식생, 곤충 및 조류

(8) 지하수: 현장투수계수, 지하수류량, 유향, 유속, 지하수질

(9) 하천의 유량

(10) 강, 바다 및 주변 우물의 수질

(11) 주변의 강, 해수와 지하수의 이용 상황

(12) 매립을 실시한 경우 주변에의 영향: 소음(운반차, 매립기 등), 취기, 경관의 변화

(13) 주변 토지이용과 적지이용계획

직접 매립처분시설의 설계의 필요한 매립폐기물의 성질을 수치적으로 파악하는 것이 바람직한 항목은 다음과 같다.

① 저류구조에 관한 토성계산에 쓰이는 토질상수

② 매립폐기물층의 안정검토에 쓰이는 토질상수

③ 보수 용량을 구하기 위한 간극률
④ 침출액 집수공 설계를 위한 수리적 상수
⑤ 재질의 선정 및 부식대의 결정에 관한 부식성
⑥ 폐기물 수입량을 구하기 위한 체적환산계수
⑦ 매립폐기물의 트래피카빌러티(traficability)

(1) 저류설비

① 자중, 토압, 수압, 파력, 지진력 등에 대해서 구조 내력상 안전할 것
② 매립폐기물, 지표수, 지하수 및 토양의 성상에 따른 부식방지 조치를 강구할 것

상기조건을 만족하는 설비로 흙댐, 콘크리트 중력댐, 철근콘크리트 옹벽, 성토, 널말뚝, 호안 등이 있다.

① 산간부 매립의 경우
  가. 연약지반: 흙댐
  나. 견고한 지반: 콘크리트중력댐, RC 옹벽
② 해면매립의 저류구조양식: 중력식, 셀식, 사석식

자연조건, 이용조건, 시공성, 공기, 매립공법 등을 비교·검토하여 결정해야 한다.

(2) 차수공

매립지는 지하수면이 낮은 곳을 선택하는 것이 일반적이나 지하수면이 높은 경우는 매립장 내에 지하수가 침입 시 대량의 침출액을 발생시킨다. 반대로 매립장 내의 폐기물이 지니고 있는 오염물이 지하에 침출하여 지하수가 오염된다.

이러한 물의 이동을 막기 위한 차수는 연직차수공과 저부차수공으로 분류된다.

① 연직차수

가. 널말뚝, 콘크리트 점토 등에 의한 연직벽 → 오수나 지하수의 침투로를 길게 한다.

나. 불투수층까지 연직벽을 세울 경우에 효과적이다(해면매립의 경우).

② 저부차수

매립지 내의 저부나 측벽의 지질이 투수성이 크거나 저부암반에 틈이 많은 경우는 다음과 같다.

가. 점토 등으로 충분히 다져 30~100cm 정도 두께의 Earth lining 공법

나. 1.5mm 정도 이상의 합성고무 시트를 까는 시트공법(폐기물에 따라서는 시트를 파손시킬 염려도 있다)

다. 소일시멘트나 아스팔트 등으로 라이닝 시공

10.3.5 복토(覆土)

(1) 복토의 역할

① 복토의 종류

가. 당일 복토: 매일 매립작업 종료 시 실시

나. 중간 복토: 일시적으로 매립을 멈춘 시기에 실시

다. 최종 복토: 매립 완료 시 실시

② 복토의 역할

가. 폐기물의 보기흉한 모양을 덮어 미관을 유지: 종이, 플라스틱유가 바람에 날리는 것을 방지

나. 냄새나 화재 발생을 방지: 혐기성 분해에 의한 악취 발생 방지

다. 복토에 의하여 강우의 지하 침투를 방지: 최종 복토는 될 수 있는 한 불투성 흙을 사용. 단, 최종 복토 이전에 꼭 가스 배출 설비를 마련할 것

라. 당일 복토 시 생물 발효를 가능하게 하는 오니를 이용하면 유기물을 포함한 폐기물을 보다 빨리 분해·안정시킬 수 있음. 중간 복토나 당일 복토의 경우 복토재는 될 수 있는 한 투기성이 좋은 것이 공기의 소통이나 가스발산에 유리함

(2) 복토 두께와 복토재의 성상

① 일반폐기물의 경우 매립두께 3m에 50cm 복토

② 유기물 함유량이 40%인 경우 매립두께 50cm에 50cm 복토

③ 매립폐기물의 표면을 완전히 복토할 수 있는 두께

가. 미파쇄 쓰레기: 약 45cm

나. 파쇄 쓰레기: 약 20cm

표 10.8 복토 두께의 두께에 따른 득실의 비교

항목		두껍다		얇다	
		사질토	점성토	사질토	점성토
분해에 관한 사항	공기유입 방해하지 않음	△	×	○	
공해에 관한 사항	가스의 확산	○	×	○	×
	파리, 쥐의 발생	○	○		×
	쓰레기 비산의 방지	○	○	○	○
	외관의 개선	○	○	○	○
	악취의 방지	×	○	×	△
	화재의 방지	○	○	○	○
	우수의 침투 방지	×	○	×	△
작업에 관한 사항	작업성 확보	○	×	△	
	복토 작업량	×	×	○	△
매립에 관한 사항	매립용량이 많음	×	×	○	○
	필요토량이 적음	×	×	○	○
	재료 확보가 용이	×	△	×	○
	지반의 조기안정에의 기여	○		△	×

(3) 복토량과 시공관리

$$\text{복토량} = \frac{\text{투입폐기물량}(t)}{\text{폐기물의 다짐 단위체적중량}(t/m^3)} \times \alpha(m^3)$$

α = 복토계수(매립층 두께와 복토 두께에 의하여 결정)

① 당일복토: 쓰레기의 비산, 파리의 산란, 냄새 발산 방지 등이 주목적이므로 다짐을 충분히

할 필요가 없다.

② 최종복토: 강우의 침투방지 및 지반침하를 최소화하여야 하므로 최적이다.

③ 입도, 함수비를 구하여 시공하여야 한다(다짐 시험으로).

④ 복토법면구배: 폐기물층 법면구배: 15~25%

⑤ 최종 복토 법면구배: 3%

⑥ 평탄면도 배수나 침하를 생각하여 2~3% 전후 경사가 필요하다.

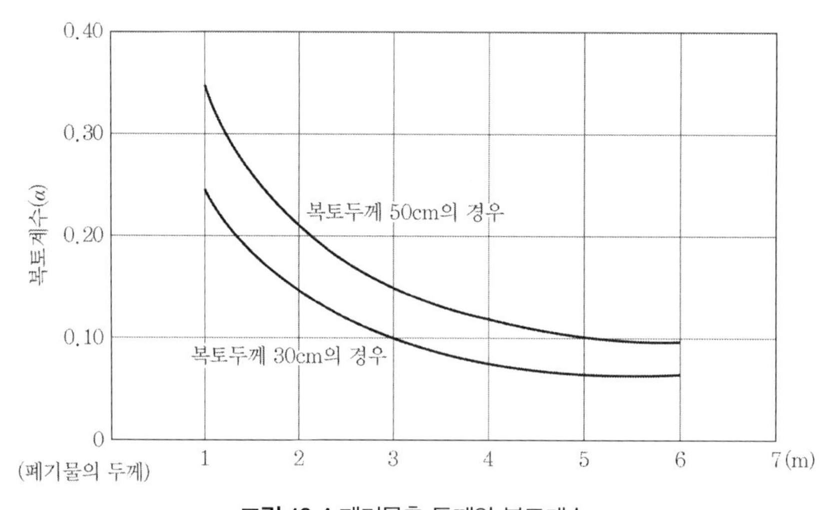

그림 10.4 폐기물층 두께와 복토계수

매립지의 침하량에 영향을 미치는 요소는 다음과 같다.

① 매립재 재질의 상태에 따라 젖은 쓰레기 등 유기성 폐기물은 침하량이 크다.

② 강우량이 큰 지역은 침하량이 크다.

③ 매립층의 두께가 클수록 침하량이 크다.

④ 매립구조, 매립공법 등에 의한 침하속도, 침하량이 다르다.

• 참고문헌 •

(1) 都市ごみ處理, ガイドブック, 環境技術硏究會, pp.667-754.

'홍원표의 지반공학 강좌'를 마치면서

이 서적을 집필하는 동안 우리나라에서는 집중호우로 예년에 없던 막대한 인명과 재산상의 피해를 보았다. 전 세계적인 기상이변으로 인한 이런 경향은 앞으로도 계속될 거라는 전망이다.

이번 피해는 산사태와 제방붕괴가 주원인으로 밝혀졌다. 2023년 7월 15일 경상북도 예천군 효자면 백석리 일대에서 발생한 산사태로 3명이 실종되었고, 청주시 오송읍 궁평 제2 지하차도의 수몰로 2023년 7월 17일 현재 14명이 사망하였다. 이들 피해를 유발시킨 원인은 갑자기 내린 폭우지만 더욱 분석해보면 산사태와 제방붕괴로 집약된다.

경상북도 예천에서의 산사태는 폭우로 인하여 발생한 뒷산붕괴로 피해가 발생하였고, 청주시 오송읍은 미호천 주변의 제방이 무너져 강물이 지하차도로 유입되면서 이곳을 지나던 버스와 승용차가 수몰되 사망자가 많이 발생하였다. 이 폭우로 사람 이외에도 58만 마리의 가축이 폐사한 것으로 알려졌다. 어찌 이런 막심한 피해를 계속 반복하겠는가.

이제 우리의 옛 생각을 바꿔야 할 때가 되었다. 우리나라에서 경치 좋고 살기 좋은 곳은 '배산임수' 지역이었으나 이런 곳은 산사태가 발생가기 쉬운 곳이다. 산사태가 얼마나 위험한지 이번 폭우피해로 여실히 드러났다.

선진국일수록 새로운 '인프라의 구축'보다는 이미 축조된 '인프라의 유지보수'가 앞으로의 큰 과제가 되었다. 이 관리가 잘 되지 않으면 자연재해도 인재로 여겨진다.

「건설사례편」 집필을 끝내는 이 시기에 산사태의 위험도가 새롭게 부각되었으며 토목의 중요성이 다시 한번 강조되고 있는 시기다. 일전에 강원도 처가에 갈 때도 요즈음 유행인 풍력발전소를 축조한다고 벌채를 한 채로 방치한 벌거숭이산을 볼 때마다 인간의 무모함을 심히 걱정스러워했는데 이런 걱정이 현실로 닥쳐왔다. 자연의 힘을 무시한 채 자연을 마구 훼손시킨 인간에게 자연은 준엄한 꾸중의 형태로 큰 형벌을 주어 자연의 막대한 힘의 위력을 보여준 사례라고 할 수 있다. '배산임수'의 풍광이 좋기만 한 것이 아님을 우리는 알아야 한다. 그렇다고 자연을 마구 두려워만 할 것도 아니다. 이번에 내린 폭우는 우리에게 자연의 막대한 힘만 보여준 것이 아니고, 자연을 활용하려면 훼손시킨 만큼 자연에 투자를 해서 유지관리를 철저히 해야 한다는 교훈을 주는 것이라 생각된다. 그것이 토목의 존재 이유고 토목을 연구·발전시켜야 하는 이유를 의미하는 것이다. 산은 건드리지 않으면 언제고 안전하게 유지할 수 있다. 그러나 인간은 산을 도로나 택지 등의 확보를 목적으로 건드린다. 이에 따라 방재에 각별히 투자를 해야 함을 잊지 말아야 한다.

이것이 토목을 연구 발전시키는 금후의 목적이며 우리 산천을 개발해야 하는 우리의 숙명이기도 하다. 이 경향은 기후변화에 따른 우리의 자연 대처능력을 배워야 하는 길이기도 하다. 부디 '홍원표의 지반공학 강좌'가 우리 생활 주변에 스며들기를 바란다.

끝으로 이 어려운 시기에 집필을 무사히 끝낼 수 있게 해주신 주님께 감사드리는 바다. 이제 다음 단계의 계획을 수립해야 할 시기다. 아마도 다음 단계는 지금까지 집필한 내용을 '유투브 강좌'로 강의할 구상을 하고 있다.

본 서적의 집필 중에 필자의 주변에는 유난히 우환이 많았다. 무엇보다 내가 가장 사랑하는 아내가 쓰러져 중앙대병원에서 '지주막하출혈'이라는 병명(일종의 외출혈)으로 세 차례의 응급수술을 받은 사실은 무엇보다 필자에게 아픈 상처를 남겼다. 필자가 은퇴할 때 죽음이나 병마는 나에게는 먼 이야기라고 생각하였다. 그러나 지금 생각해보면 내 나이 70대 중반이 되고 보니 몸도 마음도 쇠약해지고 사회에서도 '할아버지'로 불리는 경우가 많아졌다. 이제는 건강에 대하여 각별히 신경 써야 할 시기가 된 것 같다. 신이 나를 부를 때까지 건강에 각별히 신경 써야 함을 이번 기회에 절실히 느꼈다.

그렇지 않아도 요즈음 신체의 체력이 점차 감소함을 절실히 느끼던 터에 예방주사를 맞은 것 같아 이번 기회에 건강보험과 운전자보험에 서둘러 가입하였다. 건강이 가장 값진 재산이라는 말이 허언이 아님을 절실히 느끼게 되었다.

작년에는 나의 애제자인 제주대학교의 남정만 교수가 식도암으로 항암치료 중 사망하여 나를 슬프게 하였고, 요즈음에는 며느리도 대장암으로 항암치료 중인데 아내까지 뇌수술을 해야 하는 형편이 되다 보니 더욱 슬픈 환경이 되었다. 부디 식사에 더욱 신경 쓰며 운동도 게을리 하지 않아야겠다.

그 밖에도 이 서적을 집필하는 와중에 지난 2024년 1월 3일에 우리 학과에서 같이 근무하셨던 이형수 교수님께서 유명을 달리하셨다는 부고를 받았다. 인자하신 이 교수님의 웃는 용상을 생각하면서 좋은 곳으로 승천하시기를 바라는 바다.

2024년 8월 '홍원표지반연구소'에서

저자 **홍원표**

찾아보기

■ ㄱ

■ㄴ

■ㅅ

■ ㅇ

■ㅈ

■ㅊ

■ ㅋ

저자 소개

홍 원 표

- (현)중앙대학교 공과대학 명예교수
- 대한토목학회 저술상
- 중앙대학교 학생처장, 건설대학원장, 대외협력본부장(부총장)
- 서울시 토목상 대상
- 과학기술 우수 논문상(한국과학기술단체 총연합회)
- 대한토목학회 논문상
- 한국지반공학회 논문상·공로상
- UCLA, 존스홉킨스 대학, 오사카 대학 객원연구원
- KAIST 토목공학과 교수
- 국립건설시험소 토질과 전문교수
- 중앙대학교 공과대학 교수
- 오사카 대학 대학원 공학석·박사
- 한양대학교 공과대학 토목공학과 졸업

구조물의 안정사례

초판인쇄 2024년 08월 14일
초판발행 2024년 08월 21일

저　　자 홍원표
펴 낸 이 김성배
펴 낸 곳 도서출판 씨아이알

책임편집 박영지
디 자 인 윤지환, 박영지
제작책임 김문갑

등록번호 제2-3285호
등 록 일 2001년 3월 19일
주　　소 (04626) 서울특별시 중구 필동로8길 43(예장동 1-151)
전화번호 02-2275-8603(대표)
팩스번호 02-2265-9394
홈페이지 www.circom.co.kr

I S B N 979-11-6856-202-8 (세트)
979-11-6856-207-3 (94530)
정　　가 26,000원